水文气象学与气候学

荣艳淑　葛朝霞　朱坚　吴福婷　钟时　编著

·北京·

内 容 提 要

本教材围绕水文气象学和气候学的基本理念、基本思想和最新的科技动态进行了阐述和解释。全书设置了8章内容，包括绪论、水文气象要素、气候系统与水分循环、大气水与地表径流、暴雨与洪涝、干旱与旱灾、气候变化及其影响、气候变化趋势预估和径流预测。

本教材可以作为水文水资源、气象学、地理学和大气科学等专业的研究生教材，也可以作为水利院校、气象院校、农业院校、师范院校学生的辅助教材，同时可作为相关专业的广大师生和科学研究者的参考书和工具书。

图书在版编目（CIP）数据

水文气象学与气候学 / 荣艳淑等编著. -- 北京 : 中国水利水电出版社, 2021.8
ISBN 978-7-5170-9873-7

Ⅰ. ①水… Ⅱ. ①荣… Ⅲ. ①水文气象学－高等学校－教材②气候学－高等学校－教材 Ⅳ. ①P339②P46

中国版本图书馆CIP数据核字(2021)第169932号

书　　名	**水文气象学与气候学** SHUIWEN QIXIANGXUE YU QIHOUXUE
作　　者	荣艳淑　葛朝霞　朱　坚　吴福婷　钟　时　编著
出版发行	中国水利水电出版社 （北京市海淀区玉渊潭南路1号D座　100038） 网址：www.waterpub.com.cn E-mail：sales@waterpub.com.cn 电话：（010）68367658（营销中心）
经　　售	北京科水图书销售中心（零售） 电话：（010）88383994、63202643、68545874 全国各地新华书店和相关出版物销售网点
排　　版	中国水利水电出版社微机排版中心
印　　刷	清淞永业（天津）印刷有限公司
规　　格	184mm×260mm　16开本　12印张　292千字
版　　次	2021年8月第1版　2021年8月第1次印刷
印　　数	0001—1500册
定　　价	**48.00**元

凡购买我社图书，如有缺页、倒页、脱页的，本社营销中心负责调换

前言

本教材是作为河海大学水文水资源学院研究生的专业课教材而编著的。

水文气象学从"河川是气候的产物"这一理念的提出，到目前在全球气候系统的框架下研究水文学与气象学和气候学的关系，已经经历了一百多年的历程，是研究大气、海洋和地表以及它们之间如何通过能量、水分和物质循环耦合的一门学科。然而，我们始终缺少完整的教材。经过长时间的酝酿、准备和总结，终于完成了本教材的编写。

本教材共有8章。绪论对水文气象学和气候学的起源进行了简单回顾。第1章主要介绍了相关的气象、水文要素。第2章介绍了气候系统和水分循环，包括气候系统内部的相互作用和各种反馈，以及气候系统与水分循环的关系。第3章介绍了大气水的特性和分布、大气水汽的运移规律和可降水量的估算、降水与地表径流的转化等内容。第4章介绍了暴雨特征、分布和形成原因，对典型地区的暴雨成因进行了阐述，对中国历史上的几个典型暴雨过程及其产生的洪涝灾害进行了剖析。第5章主要阐述了全球及中国干旱的分布、典型干旱区的形成，特别对一些典型的干旱过程及成灾情况进行了详细分析。第6章主要介绍了气候变化及其影响，探讨了极端气候的检测和诊断技术、全球极端气候和中国极端气候的特征，特别针对人类活动产生的城市气候、人类活动对水资源和径流的影响进行了详细阐述。第7章介绍了全球气候模式和如何利用各种气候模式评估气候变化，另外，针对径流预测，分别从陆-气耦合模式和统计理论两个方面，介绍了径流的短期和中长期预测方法。

本教材由河海大学水文水资源学院荣艳淑、葛朝霞、朱坚、吴福婷和钟时共同编写完成。主要编著人员长时期从事气象学、水文气象学和气候学本科生、研究生的教学工作，具有丰富的教学经验。书中有些内容来源于编者的科研成果，有些内容来源于已经公开发表的学术论文和IPCC第五次气候评估报告等。荣艳淑负责完成绪论、第1章1.2节，第2章，第3章3.1节、3.2.2～3.2.5，补充完善第4章4.4节、第5章，第6章6.1节、6.2.1～6.2.4等章节。葛朝霞负责完成第1章1.1节，第3章3.2.1，第4章4.1.2、

4.4.3。吴福婷负责完成第4章4.2.1、4.2.2、4.3.1～4.3.4、4.4.1、4.4.2、4.5.1～4.5.5，第6章6.2.5、6.2.6。钟时负责完成第7章7.1～7.3。朱坚负责完成第7章7.4。

本教材的参编人员还有石丹丹、吕星玥、冯瑞瑞、杨宜颖、韩靖博等，感谢他们，文中的多数图稿均由他们绘制。感谢中国水利水电出版社的编辑同志为本书的顺利出版提供了很多帮助。

作者

2021年1月

目　录

前言

绪论 …… 1
0.1　水文气象学和气候学的定义 …… 1
0.2　水文气象学和气候学的起源 …… 1

第 1 章　水文气象要素 …… 4
1.1　气象要素 …… 4
1.2　水文要素 …… 12

第 2 章　气候系统与水分循环 …… 16
2.1　气候系统 …… 16
2.2　气候系统内部的相互作用和反馈过程 …… 18
2.3　气候系统与水分循环过程 …… 21

第 3 章　大气水与地表径流 …… 26
3.1　大气水的特征 …… 26
3.2　全球水量平衡 …… 28
3.3　大气中水汽的分布和运移规律 …… 30
3.4　大气可降水量的估算 …… 34
3.5　降水与河川径流 …… 37

第 4 章　暴雨与洪涝 …… 49
4.1　暴雨概述 …… 49
4.2　暴雨的时空分布特征 …… 51
4.3　暴雨成因 …… 57
4.4　可能最大暴雨及可能最大洪水估算 …… 64
4.5　我国重大洪涝灾害过程与水文状况 …… 74

第 5 章　干旱与旱灾 …… 87
5.1　干旱指标 …… 87
5.2　干旱的时空分布特征 …… 92

5.3　干旱成因 …………………………………………………………………… 93
5.4　我国重大干旱过程与水文状况 ……………………………………………… 96
第6章　气候变化及其影响 ………………………………………………… 111
6.1　气候变化及原因 …………………………………………………………… 111
6.2　极端气候与旱涝的关系 …………………………………………………… 119
6.3　气候变化与人类活动 ……………………………………………………… 125
6.4　人类活动与水资源的关系 ………………………………………………… 129
第7章　气候变化趋势预估和径流预测 …………………………………… 140
7.1　全球和区域气候模式介绍 ………………………………………………… 140
7.2　气候变化预估 ……………………………………………………………… 146
7.3　陆-气耦合的径流短期预报 ………………………………………………… 147
7.4　基于统计理论的径流中长期预测 ………………………………………… 152
参考文献 ………………………………………………………………………… 177

绪　论

0.1　水文气象学和气候学的定义

水文气象学是个由来已久的名词。在《辞海》中，水文气象学的定义是研究大气中水分与降雨、地下水和径流等方面关系的学科。在文献中，水文气象学的定义是研究水文循环和水分平衡中与降水、蒸散发有关问题的一门学科。

如果从水分循环的本意出发，或许能更清楚地了解水文气象学的真实含义。众所周知，大气中的水汽被抬升到空中，凝结成云，当云滴增大到大气托不住时，降水落到地球表面。地表面的水分蒸发成水汽，又回到空中，完成一次水分循环。水文学涉及更多的是地球各种水体的运动和变化规律研究，气象学涉及更多的是大气水汽的运动与传输规律，以及从大气降落过程中的变化等问题。这两个学科综合到一起时，才能完成对水分循环的完整研究。因此，水文气象学就是综合了水文学和气象学的交叉学科，是将气象学知识应用于水文学研究，应用气象学来研究水循环、水量平衡和各类降水等问题的综合学科。

美国水文学家 Walter Langbein（1967）认为，水文气候学是研究气候对陆地水分影响的科学。他认为降水和蒸散及其不平衡关系是水文气候学的核心。事实上，水文气候学是研究水在地表和大气中的三种相态相互转换及其输送的一门学科，是水文学与气候学的交叉，其研究内容包括能量和水分在地-气之间的交换以及随大气的输送及转移。这相当于研究气候背景下的水文事件。

水文气候学的研究领域涉及很多自然过程，还可用于检验人类活动对气候系统和水循环的影响。它强调研究降水与蒸散发的时空差异性及其不平衡所导致的后果；而降水和蒸散发又因气象条件、物理条件和环境等因素的不同而变化。水文气候学重点研究的内容包括能量及水分不平衡的本质和原因，以及地-气交换中水循环不平衡导致的结果。

0.2　水文气象学和气候学的起源

无论是气象学和气候学，还是水文学，特别是关于许多发生在大气中的直观天气现象，包括雨、雪、风、雹、雷电等，人类在公元前均已有所涉及。在公元前3000年，美索不达米亚的天文学家和数学家，就已开始研究云和雷电，甚至提出了风的概念；古埃及的天文学家和数学家也认识到日照还有季节性变化。在公元前2100—前1600年，中国夏王朝的著作中，既有天气变化的记载也有关于气候的论述。在公元前3000年，古印度已有供水、灌溉和排水系统的记载，之后甚至修筑了堆石坝。事实上，在古代各大文明发展时期，均有关于修建各种水利设施的记载。因此，这些学科已经有了几千年的发展历程。

在近代，在18世纪的欧洲，人们对气象仪器进行了完善和标准化。在1800年以前，降水观测网就开始形成，在整个18世纪，越来越多的学者参与气象方面的学术活动，但是，在大气本质的认识上，进展仍然缓慢。哈德莱（Hadley）在1735年发表了热带环流的论文，Black在1760年引入了潜热的概念，Erasmus Darwin在1788年论述了绝热条件下云的形成。18世纪水文学领域标志性的进展，是欧洲科学家把数学应用于流体力学和水力学，形成了水力学原理，也为现代水文学奠定了基础。在1744年，Leclerc描述了地球水循环的概念，并于1750年使用了与现代意义大致相同的"水文学"一词。在此期间，温度、降水和径流的量测手段也得到了改进。

大约在1800年，John Dalton建立了蒸发理论和现代全球水循环的概念，1851年，Mulvaney提出了集流时间概念，成为径流计算方法的基础。1856年，Darcy发现了多孔介质流动定律，清除了理解地下水和水循环的最后一个障碍。19世纪后半叶，开始出现水文和土木工程师协会等学术组织。科学家们设计桥梁和其他建筑物时，开始研究降雨量和径流量之间的基本关系，这些概念和原理都侧重陆地水，都属于地表水循环的内容。

在19世纪，随着对大气环流认识的提高，关于大气水循环的研究也深入开展。Redfield在1831年解释了风暴的环流性质，科里奥利在1835年给出了科氏力公式，Ferrel在1856年提出了三圈环流模式，Coffin在1875年编制了世界风系图。在1892年，开始使用气球来监测自由大气。在19世纪早期，天气仪器网的使用也扩大到欧洲以外的地区。在1820年，印度建立了天气仪器网络体系，在1847年，Smithsonian研究所开始汇集全美国的气候数据。

但是，综合认识水文气象学相对偏晚。在1884年，A. N. 沃叶意柯夫首次提出了"河川是气候的产物"这一科学论断。他指出，河道是水流冲出来的，而水流是降水所供给的。所以研究水文学，必须首先研究作为水文要素且是气象要素之一的降水现象。

在1911年苏联水文学家Э. M. 奥里杰柯普进一步发展和改进了A. N. 沃叶意柯夫关于河川含水量与气候之间的关系的原理，他在研究了西欧地区50处河川流域的年平均雨量与年平均蒸发量的资料之后指出，不使用径流的直接观测资料，而只根据降水量及其他气象要素资料，计算各种不同流域的蒸发量和径流量是有可能的。

20世纪30年代，美国天气局成立水文气象处，从气象资料推算可能最大降水和可能最大洪水，以满足防洪建筑设计的需要，这是水文和气象相结合的开始。在实践中，水文气象学关注降水的观测和分析，包括点降水量的观测到一定空间尺度的外推，确定降水概率、计算风暴频率、评估洪水灾害等。

自20世纪60年代以来，随着气象雷达、气象卫星等探测技术的发展，降水监测的水平有了很大提高，为降水短时预报与洪水预报的结合创造了条件，使水文气象学得到了新的发展。特别是从2000年以来，多种探测设备，包括雷达、卫星、遥感、自动气象站网等，从大气层到地表面，建立了水文气象多种要素的立体监测网，使水文气象学的数据更加丰富，应用前景也更为广阔。

但是，水文气象学和水文气候学的学科界线并不明显，所研究的问题往往重复涉及气象学、气候学、水文学、云物理学和天气学等多种学科的研究范畴。目前，水文气象学和气候学的主要研究内容可概况如下：①大气水汽估算及水分运移；②可能最大降水量的估算——特定流域范围内一定历时（为50年一遇、100年一遇）可能的理论最大降水量，这是大型水利工程枢纽设计的重要参数；③暴雨分布、暴雨成因及其洪涝灾害；④干旱分布、干旱成因与旱灾；⑤气候变化与径流响应等。

在本书中，主要从7个方面分别阐述和说明水文气象学与气候学的相关内容。

第1章　水文气象要素

水文气象要素是指所有表示大气和水文属性和现象的物理量，如气温、气压、湿度、风向、风速、云量、降水量、能见度、地表径流和地下径流等。如果从气象学和水文学角度分别考虑，又可将它们划分为气象要素和水文要素。

1.1　气　象　要　素

1.1.1　气温

气温是空气温度的简称，是表示空气冷热程度的物理量。气温决定着空气的干、湿与降水；决定着气压的大小，是影响大气运动和大气变化的基本因素。

气温随地点、高度和时间都有变化。通常所说的气温，是在离地面1.5m高的百叶箱内用水银温度表测得的。我国常用摄氏温标（℃）表示气温的高低。在气象学的计算中，常用到绝对温标，以K表示，这种温标中1度的间隔和摄氏度相同，但其零度称为“绝对零度”，规定等于－273.15℃，所以它们的换算关系为

$$T=273.15+t \tag{1.1}$$

式中：T为绝对温度，K；t为摄氏温度，℃。

此外，有的国家用华氏温标（℉）。它们之间的换算关系为

$$\begin{cases} t_F=\dfrac{9}{5}t+32 \\ t=\dfrac{5}{9}t_F-32 \end{cases} \tag{1.2}$$

式中：t为摄氏温度，℃；t_F为华氏温度，℉。

华氏温标的单位较小，只相当于5/9摄氏温标的大小；同时在华氏温标中，水的冰点为32℉，而在摄氏温标中为0℃。

目前，对气温的观测已经十分完善，整个对流层的大气温度都可以通过观测得到。

1.1.2　气压

气压指大气的压强。从流体静力学的观点来看，它是由空气柱的重量所产生的；从空气动力学的观点则可看作由分子运动所产生。

一般情况下，气压值是用水银气压表测量的。设水银柱的高度为h，水银密度为ρ，水银柱截面积为S，则水银柱的重量$W=\rho ghS$。由于水银柱底面积的压强和外界大气压强是一致的，从而所测大气压强为

$$p=\frac{W}{S}=\frac{\rho ghS}{S}=\rho gh \tag{1.3}$$

所以气压单位曾经用毫米水银柱高度（mmHg）表示，现在通用百帕（hPa）来表示。1hPa 等于 $1cm^2$ 面积上受到 10^2 牛顿（N）压力时的压强值，即

$$1hPa=10^2 N/cm^2$$

当选定温度为0℃、纬度为45°的海平面作为标准时，海平面气压为1013.25hPa，相当于760mm 的水银柱高度，称此压强为1个大气压。

1.1.3 辐射

自然界中，一切物体都以电磁波的形式向外放射热量，这种传递能量的方式称为辐射。物体通过辐射放出的能量称为辐射能。辐射波与光波的物理性质相同，都是电磁波，都具有反射、折射等光学特性。

与气象和水文现象关系密切的辐射是太阳辐射、地球辐射和大气辐射。太阳辐射的波长范围为 0.15～4μm，属于紫外线、可见光和红外线的波段范围。可见光的波长范围为 0.39～0.76μm（$1\mu m=10^{-4}cm$）。地球辐射和大气辐射的波长约为 3～120μm，属于红外线波段。因此，在气象学上，称太阳辐射为短波辐射，地球辐射和大气辐射称为长波辐射。

太阳一刻不停地向茫茫宇宙空间辐射着大量电磁波，其中射向地球的那一部分，向地球输送了大量的光和热。地球在一年中从太阳获得的能量，相当于人类现有各种能源在同期内所提供能量的上万倍。地球上的热量基本来源于太阳辐射，除了从太阳那里获得能源外，还可从其他天体，如月球等获得能量，但其数量是微不足道的。所以说，太阳是地球和大气能量的源泉，是地球水文气候的主要驱动力。

1.1.3.1 太阳的辐射

地球水分循环和气候变化都与太阳辐射特性有密切关系。到达地面的太阳辐射包括了直接投射到地面上的直接辐射和以散射形式到达地面的散射辐射两部分。

1. 太阳直接辐射

在太阳光未被遮挡的地方，可接收太阳直接辐射，其大小主要是由太阳高度角和大气透明度所决定。直接辐射随太阳高度角的加大而增加，一方面是由于太阳高度角越小时，等量的太阳辐射能散布的面积越大，则单位面积上接受到的能量就越少；另一方面是因为太阳高度角越小时，太阳光穿过的大气层就越厚，大气对太阳辐射的减弱作用就越强，所以到达地面的辐射能就越少。直接辐射随着大气透明系数的改变而改变，当大气中的水汽、杂质等含量越多时，太阳辐射被削弱得越多。

太阳高度角的大小与纬度、季节及一天中的时间有关。因此直接辐射有明显的日变化、年变化和随纬度的变化。在无云的天气条件下，一天中，直接辐射一般是中午最大，最小值是在日出、日落时刻。直接辐射也有显著的年变化，这种变化主要取决于太阳高度角的年变化。对一个地区来说，一年中，直接辐射在夏季最大，冬季最小。但由于盛夏时，大气中的水汽含量增加、云量增多，也能使直接辐射减弱得较多，使得直接辐射的月平均值的最大值不出现在盛夏，而出现在春末夏初的季节。

2. 散射辐射

太阳辐射射入大气层后，通过空气分子、尘埃和云滴散射后，一部分辐射能返回宇宙空间，而另一部分则以散射光方式由空中射到地面。散射辐射和太阳直接辐射强度一样，

随着太阳高度角的增大而增强。大气中尘埃、微粒或云量减少时，散射辐射减弱。云量对散射辐射强度的影响很大，在有薄的高云时，散射辐射的强度要比无云晴天时的散射辐射强度大得多，有时散射辐射值可和太阳直接辐射值相当。散射辐射随海拔增加而减小，这是因为高山上空空气稀薄，微尘含量小的缘故。平均来说，返回宇宙空间的能量约占射入大气内的太阳辐射总量的6%。

3. 总辐射

到达地面的太阳直接辐射与散射辐射之和称为太阳总辐射。晴天时，总辐射由太阳直接辐射和散射辐射两部分组成；阴天时，总辐射等于散射辐射。总辐射的年变化特征是，一般在一年中总辐射强度（月平均值）在夏季最大，冬季最小。但受当地气候特征的影响，各地很不一致。

4. 太阳常数

为了表示太阳辐射能量的强度，定义了一个太阳常数 I_0，它实际上是大气上界在日地平均距离上，垂直于太阳光线的单位面积上单位时间内通过全部波长的太阳辐射量。这一数值对于水文气象与气候学研究气候变化、气候形成、蒸散发等问题相当重要。

原则上，太阳常数应当随太阳的不停运动和变化而变化，从物理学角度认为太阳常数是有变化的。但是，获得它的真值仍有一定的难度。1981年10月在墨西哥召开的世界气象组织仪器和观测委员会第八届会议上决定，把太阳常数取值为（1367±7）W/m^2［或1.96$cal/(cm^2 \cdot min)$］。

1.1.3.2　大气辐射

在太阳辐射穿过大气的过程中，大气中的臭氧、水汽及二氧化碳等温室气体能够吸收太阳辐射中的紫外线、可见光和红外线，但是，大气对太阳辐射的吸收量只有16%左右。

大气对来自地面长波辐射的绝大部分都能吸收。大气吸收了较多的地面辐射而使温度升高，同时也放射长波辐射，这称为大气辐射。大气辐射中一部分外逸到宇宙空间，另一部分投向地面。向下达到地面的大气辐射，称为大气逆辐射。

大气主要靠水汽及液态水吸收地面长波辐射能，大气辐射也主要靠水汽放出，所以大气辐射的强弱决定于大气温度、湿度和云况。气温越高，水汽和液态水含量越大，大气辐射也就越强。

大气逆辐射被地面吸收，实际上等于增加了地面的能量收入，从而提高了地面的温度，大气的这种作用称为大气的保温效应，或简称为温室效应。据计算，如果没有大气，地面平均温度应为－23℃，有了大气逆辐射，地球表面的平均温度为15℃，比没有大气时高38℃。月球则因为没有像地球这样的大气，致使它表面的温度昼夜变化剧烈，白天表面温度可达到127℃，夜间可降至－183℃。

1.1.3.3　地球辐射

地面以自己的温度向外放射辐射能，称为地面长波辐射。地面所放射的辐射量与被地面所吸收的那部分大气逆辐射量之差称为地面有效辐射。

影响地面辐射和大气逆辐射的因子都会对有效辐射产生影响，主要影响因子有：地面温度、地面性质、空气温度、湿度及它们的垂直分布和云况等。

通常大气温度低于地面温度，地面辐射大于大气辐射，地面会因有效辐射而失掉热量。白天，地面吸收的太阳辐射能量超过有效辐射，地面增温。夜间，因有效辐射地面损失热量，又无太阳辐射补充，地面就冷却。但在逆温情况下，大气逆辐射甚至超过地面辐射，有效辐射变为负值，地面反而获得热量。

在其他条件不变的情况下，有效辐射强度随着地面温度升高而增大。因此，有效辐射存在明显的日变化和年变化，其日变化与温度日变化相似，在一天中，有效辐射最大值一般出现在中午，最小值出现在日出之前，其年变化也与温度年变化相似；在一年中，一般夏季最大，冬季最小。

云量对有效辐射值的影响很大。云层像一覆盖层，阻挡地面辐射返回宇宙空间，使得大气逆辐射增大，减小地面有效辐射。有云的夜晚通常要比无云的夜晚暖和一些。云被的这种作用，也称为云被的保温效应。人造烟幕能防御霜冻，其道理也在于此。云层越密越低，大气逆辐射越大。在浓密的低云下，有效辐射值可减低到 0。雾和水汽能够强烈减弱有效辐射强度。

另外，海拔高度对有效辐射也有影响。海拔越大，空气越稀薄，水汽含量和尘埃含量减少，大气逆辐射减弱，有效辐射将增强。

1.1.4 大气湿度

表示大气中水汽量多少的物理量称大气湿度，它和云、雾、露、霜等物理现象有关。表示大气湿度的方法有很多种，生产领域不同，或研究的问题不同，可采用不同的表示方法。大气湿度常用下述多种物理量表示。

1. 水汽压和饱和水汽压

大气中的水汽所产生的那部分压力称为水汽压（e），它的单位和气压一样，也用 hPa 表示。水汽压随高度增加而迅速减少，1500m 高度的水汽压为地面的 1/2，5000m 高空则减少为地面的 1/10。水汽压的地理分布与气温相同，赤道区最大，约为 26hPa，向两极逐渐减少，35°N 处约为 13hPa，65°N 为 4hPa，极地为 1～2hPa。

自然条件下水汽分压力存在一个极大值，当水汽分压力接近这一极大值时便有水汽凝结出来，以保持水汽分压力不超过这一极值。如果水汽含量达到此限度，空气就呈饱和状态，这时的空气称为饱和空气。饱和空气的水汽压称为饱和水汽压（e_s），也称为最大水汽压。实验和理论都可证明，饱和水汽压是温度的函数，随温度的升高而增大。在不同的温度条件下，饱和水汽压的数值是不同的。根据实验结果用公式表示为

$$e_s = 6.11 \times 10^{at/(b+t)} \tag{1.4}$$

式中：e_s 为饱和水汽压，hPa；t 为温度，℃；a 和 b 为常数。

a、b 的数值为：在冰面上 $a=9.5$，$b=265.5$；在水面上 $a=7.63$，$b=241.9$。

含有水汽但未达到饱和的空气称为湿空气。水汽含量达到饱和的空气则称为饱和空气。自然条件下空气中的实际水汽压可能出现大于同温度下的饱和水汽压的情况。但在实验室中，在人工清除了所有凝结核的情况下，实际水汽压可能远大于饱和水汽压，这种情况被称为过饱和空气。

2. 绝对湿度

单位体积空气中所含的水汽质量称为绝对湿度，实际上也就是水汽密度，以 g/m^3 表示。它可用下式计算：

$$\rho_w = \frac{e}{R_w T} \times 10^3 \tag{1.5}$$

式中：e 为水汽分压力，hPa；T 为气温，K；ρ_w 为水汽密度，g/m^3；R_w 为水汽的比气体常数，$R_w = 461.5J/(kg \cdot K)$。

当水汽达到饱和时，用饱和水汽压 e_s 值代入上式中计算，即得到饱和绝对湿度值。

3. 比湿

在一团湿空气中，水汽的质量与该团空气总质量（水汽质量加上干空气质量）的比值，称为比湿（q）。其值是一个比值，本来没有量纲，但其单位常标以 g/g，即表示每克湿空气中含有多少克的水汽。因该量很小，也可以用每千克质量湿空气中所含水汽质量的克数表示，即 g/kg。

$$q = \frac{m_w}{m_d + m_w} \tag{1.6}$$

式中：m_w 为该团湿空气中水汽的质量；m_d 为该团湿空气中干空气的质量。

据式（1.6）和气体状态方程可导出

$$q = 0.622 \frac{e}{p - 0.378e} \tag{1.7}$$

由上式知，对于某一团湿空气而言，只要其中水汽质量和干空气质量保持不变，不论发生膨胀或压缩，体积如何变化，其比湿都保持不变。因此在讨论空气的垂直运动时，通常用比湿来表示空气的湿度。

当空气达到饱和时，其饱和比湿 q_s 可按下式计算：

$$q_s = 0.622 \frac{e_s}{p - 0.378e_s} \tag{1.8}$$

计算中水汽压和大气总压力要用同样的单位 hPa。由于 e_s 是温度的函数，公式中又包含 p，所以饱和比湿是温度和气压的函数。

4. 混合比

一团湿空气中，水汽质量与干空气质量的比值称为水汽混合比（w），与比湿一样，常标以 g/g 或 g/kg。

$$w = \frac{m_w}{m_d} \tag{1.9}$$

据其定义和气体状态方程可导出

$$w = 0.622 \frac{e}{p - e} \tag{1.10}$$

因为 $e \ll p$，所以按照式（1.7）算出的 q 与按式（1.10）算出的 w 差别很小，而且可以近似认为

$$\begin{cases} q \approx w \approx 0.622 \dfrac{e}{p} \quad (\text{g/g}) \\ q \approx w \approx 622 \dfrac{e}{p} \quad (\text{g/kg}) \end{cases} \tag{1.11}$$

5. 相对湿度

相对湿度（f）就是空气中实际水汽压与同温度下饱和水汽压的比值（用百分数表示），即

$$f = \frac{e}{e_s} \times 100\% \tag{1.12}$$

相对湿度的大小直接反映空气中水汽含量距离饱和的程度。当空气中水汽含量达到饱和时，相对湿度为100%，未饱和时则 $f<100\%$。很明显，相对湿度值还可由以下公式计算：

$$f = \frac{\rho}{\rho_s} \times 100\% = \frac{q}{q_s} \times 100\% \tag{1.13}$$

从相对湿度的计算公式可以看出，当水汽压不变时，气温升高，饱和水汽压增大，相对湿度会减小。

6. 露点和霜点

在空气中气压和水汽含量不变的条件下降温，使水汽相对于水面达到饱和（$t>0$℃）时的温度，称为露点温度，简称露点，其单位与气温相同。同样的过程使水汽相对于冰面达到饱和（$t<0$℃）时所应降低到的温度，称为霜点温度，简称霜点。地面温度降低到露点则出现露；地面温度降低到霜点则出现霜冻。已知水汽压，由式（1.4），计算露点或霜点温度 t_d 时可应用以下关系式

$$e = 6.11 \times 10^{at_d/(b+t_d)} \tag{1.14}$$

式中：e 为实际水汽分压力，hPa；t_d 为露点（或霜点）温度，℃。

当计算露点时，$a=9.5$，$b=265.5$（$t_d>0$℃）；

当计算霜点时，$a=7.5$，$b=237.3$（$t_d<0$℃）。

对式（1.14）两边取常用对数，经过运算可得到以下根据水汽压 e 求露点（或霜点）温度 t_d 的公式：

$$t_d = b\lg(e/6.11)/[a - \lg(e/6.11)] \tag{1.15}$$

由上式可以看出，在气压一定时，露点（或霜点）的高低只与空气中的水汽含量有关，水汽含量越多，露点（或霜点）越高，所以露点（或霜点）也是反映空气中水汽含量的物理量。在实际大气中，空气经常处于未饱和状态，露点（或霜点）温度常比气温低（$t_d<t$）。因此，根据 t 和 t_d 的差值，可以大致判断空气距离饱和的程度。

7. 饱和差

实际大气处于未饱和状态是经常的，饱和状态时较少，因此露点温度总比实际大气温度低，只有当空气在饱和状态时，气温（t）等于露点温度（t_d）。因此在一定温度下，饱和水汽压与实际空气中水汽压之差被称为饱和差（d），也称为湿度差，即 $d=e_s-e$。d 表示实际空气距离饱和的程度。在研究水面蒸发时常用到 d，它能反映水分子的蒸发

能力。

上述各种表示湿度的物理量（水汽压、比湿、混合比、露点）基本上表示空气中水汽含量的多少。而相对湿度、饱和差则表示空气距离饱和的程度。

1.1.5 降水

降水是指从天空降落到地面的液态或固态水，包括雨、毛毛雨、雪、雨夹雪、霰、冰粒和冰雹等。降水量指降水落至地面后（固态降水则需经融化后），未经蒸发、渗透、流失而在水平面上积聚的深度，降水量以毫米（mm）为单位，该单位与 kg/m^2 相同，因为 1kg 水分平铺在地面 $1m^2$ 面积上所形成的水层深度为 1mm。降水量常用雨量器（雨量筒、雨量计）测定。

在高纬度地区冬季降雪多，还需测量雪深和雪压。雪深是从积雪表面到地面的垂直深度，以厘米（cm）为单位。当雪深超过 5cm 时，则需观测雪压。雪压是单位面积上的积雪重量，以 g/cm^2 为单位。

降水有不同的分类方法，水文上更注意降水强度及持续时间。我国气象界以一日或一小时的降水量作为划分降水强度的标准，见表 1.1 和表 1.2。降水量是表征某地气候干湿状态的重要因素，雪深和雪压还反映当地的寒冷程度。

表 1.1　降水强度标准　　单位：mm

降水强度	小雨	中雨	大雨	暴雨	大暴雨	特大暴雨
1h 雨量	≤2.5	2.8～8.0	8.1～15.9	≥16.0		
12h 雨量	≤0.5	5.0～15.0	15.0～30.0	30.0～70.0	70.0～140.0	140.0 以上
24h 雨量	≤10	10.1～25.0	25.1～50.0	50.1～100.0	100.1～200	200.0 以上

表 1.2　降雪强度标准

降雪强度	小雪	中雪	大雪	暴雪
12h 雪量	≤1.0	1.0～2.9	3.0～5.9	≥6.0
24h 雪量	≤2.5	2.5～4.9	5.0～9.9	≥10.0

1.1.6 风

空气的水平运动称为风。风是一个表示气流运动的物理量。它不仅有数值的大小（风速），还具有方向（风向）。因此风是向量。

单位时间内空气在水平方向流动的距离就是风速，风速单位常用 m/s、knot（海里/小时，又称“节”）和 km/h 表示，其换算关系如下：

1m/s＝3.6km/h　　1knot＝1.852km/h

1km/h＝0.28m/s　　1knot＝0.52m/s

风向是指风的来向，用方位或方位度数表示。地面风向用 16 方位表示，高空风向常用方位度数表示，即以 0°（或 360°）表示正北，90°表示正东，180°表示正南，270°表示正西。在 16 方位中，每相邻方位间的角差为 22.5°（图 1.1）。

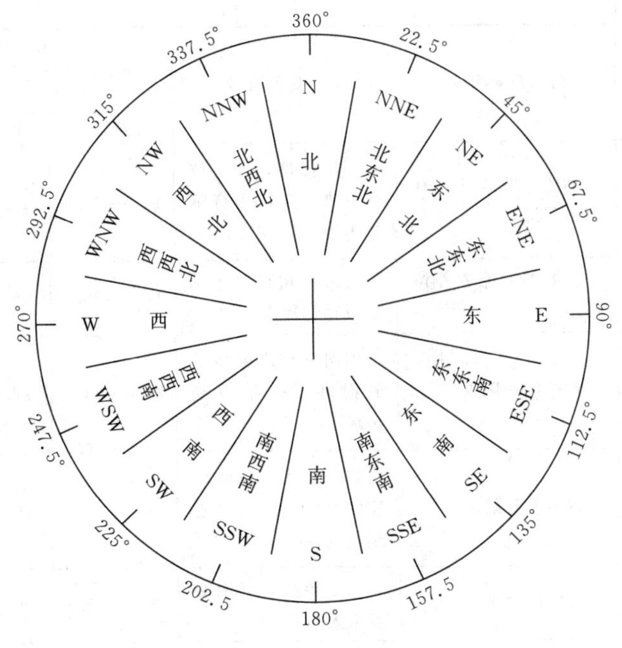

图 1.1 风向方位图

风向风速可用风向仪和风速仪测定，也可根据自然界物体受风吹动后所表现出的状况来估计风的大小，判断风的方向。蒲福风力等级表就是英国人蒲福（Francis Beaufort，1774—1857）于1805年拟定的用以目估风速的经验总结（表1.3）。根据风力等级，可粗略地估算出风速：风速$=3.02\sqrt{F^3}$，这里F是风力等级，风速以km/h计。

表 1.3 **风 力 等 级 表**

风力等级	名称	海面浪高/m		海面渔船征象	陆地地面征象	相当风速			
		平均	最高			m/s 范围	m/s 中数	km/h	节/knot
0	无风	—	—	静	静，烟直上	0.0～0.2	0.1	<1	<1
1	软风	0.1	0.1	寻常渔船略觉摇动	烟能表示风向	0.3～1.5	0.9	1～5	1～3
2	轻风	0.2	0.3	渔船张帆时，每小时可随风移行2～3km	人面感觉有风，树叶有微响	1.6～3.3	2.5	6～11	4～6
3	微风	0.6	1.0	渔船渐觉簸动，每小时可随风移行5～6km	树叶及微枝摇动不息，旌旗展开	3.4～5.4	4.4	12～19	7～10
4	和风	1.0	1.5	渔船满帆时，可使船身倾一方	能吹起地面灰尘和纸张，树的小枝摇动	5.5～7.9	6.7	20～28	11～16
5	清风	2.0	2.5	渔船缩帆（即收去帆之一部分）	有叶的小树摇摆，内陆的水面有小波	8.0～10.7	9.4	29～38	17～21
6	强风	3.0	4.0	渔船加倍缩帆，捕鱼需注意风险	大树枝摇动，电线呼呼有声，张伞困难	10.8～13.8	12.3	39～49	22～27

续表

风力等级	名称	海面浪高/m		海面渔船征象	陆地地面征象	相当风速			
						m/s		km/h	节/knot
		平均	最高			范围	中数		
7	劲风	4.0	5.5	渔船停息港中，在海中下锚	全树摇摆，大树枝弯下来，迎风步行感觉不便	13.9～17.1	15.5	50～61	28～33
8	大风	5.5	7.5	近港的渔船皆停留不出	可折坏树枝，迎风步行感觉阻力甚大	17.2～20.7	19.0	62～74	34～40
9	烈风	7.0	10.0	汽船航行困难	烟囱及平房屋顶受到损坏，小屋遭受破坏	20.8～24.4	22.6	75～88	41～47
10	狂风	9.0	12.5	汽船航行颇危险	陆上少见，见时可使树木拔起，或将建筑物吹坏	24.5～28.4	26.5	89～102	48～55
11	暴风	11.5	16.0	汽船遇之极危险	陆上很少，有则必有重大损毁	28.5～32.6	30.6	103～117	56～63
12	台风	14.0	—	海浪滔天	陆上绝少，其摧毁力极大	32.7～36.9	34.8	118～133	64～71
13		—	—	—	—	37.0～41.4	39.2	134～149	72～80
14		—	—	—	—	41.5～46.1	43.8	150～166	81～89
15		—	—	—	—	46.2～50.9	48.6	167～183	90～99
16		—	—	—	—	51.0～56.0	53.5	184～201	100～108
17		—	—	—	—	56.1～61.2	58.7	202～220	109～118

注 13～17级风力是当风速可用仪器测定时用之。

1.2 水文要素

在此节中，将蒸散发、河川径流、土壤水和地下水均归为水文要素。实际上，降水和蒸发既属于气象要素，也属于水文要素。此处的分类并不是将其割裂开来。

1.2.1 蒸发和蒸散

在地表水循环中，自由水面蒸发、裸土蒸发以及植被表面蒸腾是向上的能量和物质传输，与向下的降水互补。蒸发和蒸散对地表温度、地表气压、降水和大气运动等参数的确定具有重要作用。地表向上的物质和能量传输涉及水分由液态转为气态的过程，蒸散不像降水那样可以看得见和摸得着，水汽出现在自由水面（如湖泊、河流和海洋）和湿润土壤表面的蒸发过程，以及植物叶片的蒸腾过程中。当周围空气的水汽压梯度小于蒸发蒸腾表面的水汽压，同时存在外部来源时，就会发生自由水面蒸发、裸土蒸发和植物蒸腾。

蒸发量的大小与近地面层大气的温、湿、风关系密切，蒸发量不仅受制于气象条件，而且还受制于地理环境，下垫面的千差万别则使蒸发问题更为复杂。

在自然条件下，蒸发是发生于湍流大气之中的，影响蒸发速度的主要原因是湍流交换，并非分子扩散。考虑到自然蒸发的实际情况，影响蒸发速度的主要因子有4个：水源、热源、饱和差、动力条件（风速与湍流扩散强度）。除上述基本因子外，大陆上的蒸发还应考虑到土壤的结构、湿度、植被的特性等。海洋上的蒸发还应考虑水中的盐分。

在影响蒸发的因子中，蒸发面的温度通常是起决定作用的因子。由于蒸发面（陆面及水面）的温度有年、日变化，所以蒸发速度也有年、日变化。

研究表明，全球海洋平均每年蒸发了50.5万km^3的水分，陆地面积为海洋面积的1/2.4，但蒸发量仅为海洋的1/7。全球最大蒸发量集中在热带、副热带洋面及副热带高压控制区。在沙漠和半沙漠地区，全年蒸发量往往接近于本地区的降水量，地面水量收入几乎为零，水资源十分贫乏。

蒸发量可以使用蒸发皿或蒸发器观测得到，也可以根据蒸发的物理机制估算得到。目前蒸发量的估算方法有世界粮农组织（Food and Agriculture Organization，FAO）推荐使用的Penman－Monteith（PM）公式、道尔顿公式、水量平衡法、涡度相关法、波文比-能量平衡法等多种方法。

1.2.2 河川径流

1. 河川径流的定义

径流是指降水形成的沿着流域地面和地下向河川、湖泊、水库、洼地等处流动的水流。其中，沿着地面流动的水流称为地面径流，或称为地表径流；沿着土壤、岩石孔隙流动的水流称为地下径流。地面径流长期侵蚀地面，冲成沟壑，形成溪流，最后汇集成河流。河流流经的谷地称为河谷，河谷底部有水流的部分称为河床或河槽。水流汇集到河流后，在重力作用下沿着河道流动的水流称为河川径流。河川径流的来源是大气降水，降水分为降雨和降雪两种主要形式，所以河川径流分为降雨径流和融雪径流。我国大部分的河流为降雨径流。

2. 流域的定义

流域是汇集地面水和地下水的区域，也就是分水线包围的集水区。流域有闭合流域与非闭合流域之分。地面分水线与地下分水线重合的流域称为闭合流域。地面分水线与地下分数线不重合的流域称为非闭合流域。闭合流域与周围区域不存在水流联系。

3. 河川径流形成过程

降水是形成河川径流的主要因素。由降水到河川径流要经过蒸散发、植物截留与填洼、流域蓄渗、坡面汇流、河网汇流等过程。降水开始时并不立即形成径流，首先被流域内的植被茎叶截留一部分，不能落到地面上。而落到地面的降水，部分渗入土壤，部分蓄留在坡面的坑洼里，剩下的雨水沿着坡面流动，继而汇入河道，之前下渗到土壤的降水也可以从地下汇入河道，形成河川径流。径流沿着河道继续下流，最后到达流域出口断面。

1.2.3 土壤水

1. 土壤水的定义

土壤是指地球表面风化的散碎外壳，是一种由大小不同的固体颗粒集合而成的具有空隙或空隙的散粒体，属多孔介质。“土壤水”则是指包含在土壤孔隙中的水分。地球表面的土壤覆盖层是一个巨大的“蓄水库”，全球蓄于土壤中的水量估计有16500km^3，约为河道蓄水量的8倍。在水文循环中，土壤起着十分重要的调节和分配水量的作用。

2. 土壤水的分类

土壤中的水分主要受到分子力、毛管力和重力的作用。土壤颗粒表面的分子对水分子的吸引力称为分子力。由土壤中毛管现象引起的力称为毛管力。土壤中水分受到的地心引力称为重力。土壤中存在的液态水分，根据作用力的情况，可分为束缚水和自由水两类。束缚水又可分为吸湿水和膜状水，而自由水又可分为毛管水和重力水。

吸湿水是指被干燥土粒表面分子引力强烈吸附的水分。由于这时水分子被吸附得极紧，故土粒表面分子与水分子之间的距离小于液态水分子之间的距离，从而表现出固态水的性质。因此，固态水没有溶解力。吸湿水是不能移动的，只有受热转化为气态水才能以气态形式移动。

当具有吸湿水包围的土壤颗粒与液态水接触时，土壤颗粒分子仍然可以吸附一定的水分子，可以形成包裹在土壤颗粒外围的水膜，这种土壤水称为膜状水。膜状水的性质与液态水相似，且能移动，其移动方式是以湿润的方式从水膜较厚的土壤颗粒向水膜较薄的土壤颗粒移动。

由毛管作用保持在土壤毛管空隙中的水称为毛管水。根据其与地下水的关系，毛管水可以分为毛管上升水和毛管悬着水。地下水可凭借毛管作用上升进入土壤孔隙中。这种沿毛管上升的水称为毛管上升水。当地面获得降水或灌溉后，凭借毛管作用而保持在靠近地面土层中的水分称为毛管悬着水。

重力水是指在重力作用下能自由在土壤中运动的水。重力水一般分为渗透重力水和支持重力水。渗透重力水是指在重力作用下，沿着土壤中大的非毛管孔隙向下渗透的水。支持重力水是指由地下水所支持而存在于毛管孔隙中的连续水体或由土层中相对不透水层阻止渗透水继续向下而形成的水体。

1.2.4 地下水

1. 地下水及其赋存

地下水是指埋藏于地表以下的各种形式的重力水。岩土空隙是地下水的存储场所和运动通道，岩土空隙可以分为三类，即松散沉积物中的孔隙、坚硬不可溶岩石中的裂隙和可溶性岩石中的溶隙。

地下水埋藏条件是指地下水在垂直剖面中所处的位置，以及地下水在含水层中的分布与运动是否受到隔水层的限制。地表面与地下水面之间与大气相通的含有气体的地带，称为包气带或非饱和带。地下水面以下，岩土的空隙全部被水充满的地带称为饱水带。饱水带中，根据含水层埋藏条件不同，地下水可分为潜水和承压水。

2. 地下含水层类型

自然界的岩土层按含水性和透水性好坏，分为含水层和隔水层。含水层指能够给出和透过相当数量水的岩层。含有孔隙，虽能够储水但导水能力极小的岩土层，称为隔水层，如黏土或页岩组成的岩土层就是隔水层。不含有孔隙，因而不能吸收水分和储存水分也不能导水的岩土层，称为无水层或不透水层，如密实的花岗岩就是不透水层。透水而不饱水的岩层是透水层。水力传导度太小，以致无法开采但又可能影响临近含水层水力特性的岩土层，称为弱透水层。

Hamtush 于 1964 年将含水层分为承压含水层、非承压含水层、滞水含水层和渗漏含水层等四类。承压含水层又称为压力含水层。承压含水层中的地下水承受的压力大于覆盖在其上面的不透水层或半透水层所承受的大气压力。非承压含水层又称为自由含水层或无压含水层或潜水层。非承压含水层中的地下水承受的是大气压力。滞水含水层是主体地下水位以上存在的相对较小范围的不透水层或半透水层所支撑的含水层，是非承压含水层的特殊情况。渗漏含水层是通过临近的半透水层损失或获得水量的含水层。至少有一个半透水隔水层的承压含水层称为承压渗漏含水层。半透水层以上的非承压含水层称为非承压渗漏含水层。

3. 地下水分类

包气带水是存在于包气带中的地下水，有时也称为非饱和带水。包气带居于大气水、地表水和饱和带水相互转化、交替的地带，是不同类型水转化的重要环节。

潜水是地表以下、第一个稳定分布的隔水层之上，具有自由水面的地下水。潜水的表面为自由水面，称为潜水面；从潜水面到隔水底板的距离为潜水含水层的厚度，潜水面到地面的距离为潜水埋深。

承压水是充满于上下两个相对隔水层之间的具有承压性质的地下水。承压含水层上部的隔水层（弱透水层）称作隔水顶板，下部的隔水层（弱透水层）称作隔水底板。隔水顶、底板之间的垂直距离为承压含水层厚度。

第2章　气候系统与水分循环

气候与水分循环有直接联系。气候变化和水资源短缺，促使人们理性地理解气候变化、水分循环和水资源之间的关系。

气候是水分循环的趋动因子，降水、蒸散发、渗流、土壤水、地下水以及各种地表水之间的复杂关系，它们与河川径流之间的相互作用，构成了水文气象学。因此，全面了解气候、气候系统及其气候系统内部的相互作用至关重要。

2.1　气　候　系　统

决定气候形成、气候分布与气候变化的物理系统称为气候系统。气候系统是在20世纪70年代以后提出的新概念，是经典气候学转变为近代气候学的标志。

气候系统定义为这样的一个系统：包括大气圈、水圈（海洋、湖泊等)、岩石圈（平原、高山、盆地、高原等地形)、冰雪圈（极地冰雪覆盖、大陆冰川、高山冰川等）和生物圈（动植物群落以及人类）的，能够决定气候形成、气候分布和气候变化的统一的物理系统。它是五个圈相互作用的整体，这种条件下再讨论气候的定义时，气候可以理解为天、地、气相互作用下大气系统的较长时间的平均状态。

1. 大气圈

大气是指包围地球外面的一层气体，其中对流层是气候变化的主要场所，当外界热量输入（主要是太阳辐射）发生变化后，大气内部通过热量输送和交换过程能在一个月时间内（称为热响应时间尺度）重新调整对流层温度的分布。所以大气是气候系统中最容易变化的部分。

2. 水圈

水圈包括海洋、湖泊、江河、地下水和地表上的一切液态水，其中海洋在气候形成和变化中最重要。海洋是由世界大洋和邻近海域的海水所组成的。其总面积为3.6×10^{8} km^{2}，约占地球表面积的71%，相当于陆地面积的2.5倍。海洋的分布在南北半球是不对称的。南半球海洋的面积远大于北半球。北极是由大陆包围着的北冰洋，而南极则是广大海洋包围着的南极大陆。海洋被插入其中的大陆分隔成不同的区域，按其大小而言，依次有太平洋、大西洋、印度洋和北冰洋。

海水是由液态水和溶于水中的盐分及气体所组成的。在每1000g海水中溶有氯化钠（NaCl）23g，氯化镁（$MgCl_2$）和硫化钠（Na_2S）分别为5g和4g，此外还有其他微量盐分。海水中还溶有少量大气中的各种气体，其中以O_2和CO_2对海洋生物过程和气候过程最为重要。

由于海洋对太阳辐射的反射率比陆面小，海洋单位面积所吸收的太阳辐射比陆地多

25%～50%，全球海洋表层的年平均温度要比全球陆面温度高10℃左右。据估算，到达地表的太阳辐射能约有80%为海洋表面所吸收。通过海水内部的运动，平均厚度约为240m的海洋上层水温有季节变化，其质量为8.7×10^{10}t，热容量为36.45×10^{16}MJ/℃；而陆面温度有季节变化的平均厚度只有10m，质量为3×10^{15}t，其热容量只有2.38×10^{15}MJ/℃。大气、海洋活动层和陆地活动层的质量比是1∶10.4∶0.55，热容量比是1∶68.5∶0.45。可见，无论从动力学还是热力学效应来看，海洋在气候系统中具有最大的惯性，是一个巨大的能量储存库。如果仅考虑100m深的表层海水，即占整个气候系统总热量的95.6%，可见其在气候系统中的重要性。上层海洋或冰与大气的相互作用时间尺度为几个月到几年，而深层海洋的热力调整时间则为世纪尺度。

3. 岩石圈

岩石圈亦称陆地表面，包括山脉、地表岩层、沉积物和土壤等。岩石圈变化的时间尺度甚长，其中如山脉形成的时间尺度约为10^5～10^8年，大陆漂移的时间尺度约为10^6～10^9年，而陆块位置和高度变化的时间尺度则更在10^9年以上。它们的这些特征对地质时期的气候变化是有巨大影响的，但对近代在季节、年际、十年际乃至百年际的气候变化中是可以忽略的。在上述近代气候变化的时间尺度内，除火山爆发外，对大气的作用主要还是发生在陆地表面。因此在气候系统中也常采用陆面一词。

陆地表面具有不同的海拔高度和起伏形势，可分为山地、高原、平原、丘陵和盆地等类型。它们以不同的规模错综分布在各大洲之上，构成崎岖复杂的下垫面。在此下垫面上又因岩石、沉积物和土壤等性质的不同，其对气候的影响更是复杂多样。

4. 冰雪圈

冰雪圈包括大陆冰原、高山冰川、海冰和地面雪盖等。目前全球陆地约有10.6%被冰雪所覆盖。海冰的面积比陆冰的面积要大，但由于世界海洋面积广阔，海冰仅占海洋面积的6.7%。陆地雪盖有季节性的变化，海冰有季节性到几十年际的变化，而大陆冰原和冰川的变化要缓慢得多，其体积和范围显示出重大变化的周期在几百年甚至几百万年。

由于冰雪对太阳辐射的反射率很大，在冰雪覆盖下，地表（包括海洋和陆地）与大气间的热量交换被阻止，因此冰雪对地表热量平衡也有很大影响。

海冰和积雪有明显的季节变化，冰川和冰原的变化要缓慢得多，冰川和冰原的体积变化与海平面的变化有密切关系，冰雪具有很大的反射率，在气候系统中，它是一个致冷因素。

5. 生物圈

生物圈主要包括陆地和海洋中的植物，在空气、海洋和陆地生活的动物，也包括人类本身。生物圈的各个部分变化的时间尺度有显著差异，但它们对气候的变化都很敏感，而且反过来又影响气候。生物对于大气和海洋的二氧化碳平衡、气溶胶粒子的产生，以及其他与气体成分和盐类有关的化学平衡等都有很重要的作用。植物自然变化的时间尺度为一个季节到数千年不等，而植物又反过来影响地面的粗糙度、反射率以及蒸发、蒸腾和地下水循环。由于动物需要得到适当的食物和栖息地，所以动物群体的变化也反映了气候的变化。人类活动既深受气候影响，又通过诸如农牧业、工业生产及城市建设等，不断改变土地、水等的利用状况，从而改变地表的物理特性以及地表与大气之间的物质和能量交换，对气候产生影响。

总之，气候系统是非常复杂的，它的每一个组成部分都具有十分不同的物理性质，并通过各种各样的物理过程、化学过程甚至生物过程同其他部分联系起来，共同决定各地区的气候特征。

2.2　气候系统内部的相互作用和反馈过程

2.2.1　气候系统内部的物理过程

气候系统的一个显著特点是：它是一个开放系统，系统内部各组成部分之间存在着能量交换和物质交换。气候系统各个组成部分之间的相互作用是多种多样的，陆地、冰雪和海洋表面之间的能量和物质交换可以通过各种渠道在各种时间尺度内发生。

气候系统的属性可以概括为以下四个方面：①热力属性，包括空气、水、冰和陆地表面的温度；②动力属性，包括风、洋流及其与之相联系的垂直运动和冰体移动；③水分属性，包括空气湿度、云量和云中含水量、降水量、土壤湿度、河湖水位、冰雪等；④静力属性，包括大气和海水的密度和压强、大气组成成分、大洋盐度及气候系统的几何边界和物理常数等。这些属性在一定外因条件下通过气候系统的物理过程（也有化学过程和生物过程）而互相关联着，并在不同时间尺度内变化着。

2.2.2　气候系统内部的反馈过程

在气候系统内部存在着大量的反馈过程，它们起着从内部调节气候系统的作用。其中有些反馈过程使系统变化振幅加大，称为正反馈；另一类反馈过程则有对系统变化的阻尼作用，称为负反馈。反馈过程表明气候系统各组成部分之间的耦合或相互补偿作用。气候系统中的主要反馈过程有如下几类。

1. 水汽一辐射反馈

低层大气对红外辐射的不透明度基本上决定于大气中水汽的绝对含量。在相对湿度保持不变的条件下，气温上升使水汽含量增加，从而增加对地表射出长波辐射的吸收，结果使低层大气的温度进一步升高。因此，气温与水汽的耦合作用使气候系统产生不稳定。这种反馈是正反馈，也是地球大气产生温室效应的原因，故水汽一辐射反馈也称水汽一温室效应正反馈。

2. 冰雪一反射率反馈

冰雪表面对入射太阳辐射具有很大的反射作用，它是支配极区气候的一个重要因子。地球表面冰雪覆盖的面积取决于气温。全球温度的降低，将导致地球表面冰雪覆盖面积的扩大，从而使温度进一步降低。在其他因子不变的条件下，温度的下降造成冰雪范围进一步扩大，并使温度更加下降。冰雪覆盖与反射率这种耦合作用是气候变化正反馈机制的一个明显例证。

冰雪覆盖与反射率之间的正反馈作用，在冰雪出现部分消融时也表现得很明显。例如，当冰雪部分消融时，地表反射率降低，对太阳辐射的吸收增加，从而使下垫面温度增高，冰雪消融进一步增加。这是冰雪覆盖与反射率正反馈机制的又一个例证。

3. 云量一地面气温反馈

地面温度随着吸收更多的太阳辐射而升高，将促使地面蒸发加剧，从而导致大气中水汽含量增加，促使云得到发展，云量的增加使入射到地表的太阳辐射减少，地面温度随之降低，这是负反馈的一个例子。

大多数云既能吸收地球向上放射的红外辐射，也能反射入射的太阳辐射，云量是决定全球辐射平衡的一个重要因子。因为云顶温度低于云下面的地表温度，使得地球向宇宙空间逸出的红外辐射因云的存在而减少。同时，云顶反射掉的入射太阳辐射也取决于云量。云量增大的结果将使地面温度降低，这是云量与地面温度之间负反馈作用的结果。根据全球平均的一维模式计算结果表明，只要全球平均云量变化百分之几，或者云顶高度变化几百米，就会引起全球平均地面温度改变1℃左右。这个负反馈机制涉及温度、太阳辐射、红外辐射以及云量和云高等多种要素。

4. 二氧化碳—海洋—大气反馈

由于大量燃烧矿物燃料，使大气中二氧化碳含量增加，导致低层大气温度升高，海洋表层水温也随之升高，海水的垂直稳定度因而加大。这样便使海洋吸收二氧化碳的能力降低，海洋已吸收的二氧化碳由于海温升高而使海水的酸度增加，同样降低海洋表面吸收二氧化碳的能力。其结果是使大气中二氧化碳的增加速率越来越大，低层大气增温越来越明显。这是另一种引起气候变化的正反馈过程，这个过程将物理系统和生物化学系统联系起来，其形成机制与水汽—温室效应正反馈作用相似，所以也可称为二氧化碳—温室效应反馈。

应当指出，整个气候系统中各个组成部分之间的相互作用和反馈过程是极为复杂的，不能孤立地考虑其中一个过程而忽略其他过程。从总体上来看，在一个相当长的时间内，地球气候的自然变化趋势是相对稳定的，这是由气候系统内部各种过程的相互作用和相互依赖所决定的。

2.2.3　气候系统内部的相互作用

在气候系统内部还存在相互作用。各圈层之间不仅存在相互作用，多圈层之间也存在相互作用，这些气候系统内部的相互作用，构成了水文气象学的许多研究领域。

1. 大气圈与水圈的相互作用

大气现象离不开水汽的参与，海洋的存在则改变了全球气候分布的纬度地带性，大气中的水汽和云、地表面的水体和冰雪通过对辐射的作用而改变了地球系统的热量分配。大气环流对水循环的蒸发、降水和水汽输送等环节起着决定作用，在风力的驱动下，海洋、湖泊沿着稳定的方向流动，形成洋流或湖流。而厄尔尼诺和南方涛动现象（ENSO）则是海气相互作用引发气候异常的重要信号，这说明地球表层环境的整体性会因某一局部的变化而改变，这种变化可能导致另一局部的变化，也可能向着全局变化的方向发展。

2. 水圈与岩石圈的相互作用

水与岩石的形成有关，如沉积岩的剥蚀、搬运、沉积、成岩过程，火成岩的水汽逸出等。地表的轮廓在水的作用下得以形成，如河谷、河口、海滩、冰斗等，地圈的结构又约束着水循环的速度与方向。地圈的变形可改变水圈的结构，如水的分布或厚度，水的重力负荷发生改变后，又引起新的地圈变形。在水的作用下，地表岩体发生断裂或破碎，引发滑坡、崩岸、泥石流等灾变，海底地震、火山喷发又引发海啸等灾难。

3. 水圈与生物圈的相互作用

生命来源于水，生物的生存离不开水，植物消耗的水主要用于蒸腾作用，动物和人类的新陈代谢也都必须有水的参与。水的多少决定了生物的特征、种类与分布，形成不同的生物群落。反过来，生物的作用又在一定程度上改变了水的分布、水的循环、水的组成与性质，植被的蒸腾作用和截留降水减慢了水分大循环的速度，同时加强了局地水循环的速度。水圈和生物圈的相互作用，决定了地球表层自然环境的某些性质。

4. 水圈、大气圈与岩石圈的相互作用

水圈、大气圈与岩石圈的相互作用主要表现为黄土地貌、冰川地貌和冰缘地貌。

黄土地貌：大部分黄土是由风力堆积而成的，如黄土阶地、黄土坝以及黄土覆盖原始地形而成的黄土源、梁、峁等。水力的侵蚀形成了沟谷，根据侵蚀的程度可分为纹沟、细沟、切沟、冲沟、坳沟，流水切割也可使沟间的黄土源破碎形成黄土梁、峁。由于水中可溶盐类被淋溶、流失而沉陷形成湿陷（潜蚀）地貌，即黄土碟、陷穴、桥等。黄土地貌的发育主要受到原始地形、黄土堆积和水的作用的限制。原始地形条件是岩石圈运动以及岩石圈与水圈、大气圈相互作用的结果；黄土堆积是大气圈与岩石圈相互作用的产物；水的侵蚀、溶蚀、潜蚀和淋滤是黄土地貌发育的重要动力。因此，黄土地貌是水圈、大气圈和岩石圈相互作用的产物。

冰川地貌和冰缘地貌：冰川、冰缘地貌是由冰川、冰缘作用形成的。冰川、冰缘作用的发生，是水圈、大气圈和岩石圈相互作用的结果。冰川的形成，首先是气候寒冷，大气降水以雪为主，平坦的地面接纳积雪。冰缘的形成与冰川相似，但降雪较少或地形陡峭，不能形成冰川。冰川的侵蚀、搬运、堆积、溶水作用形成了冰蚀地貌、冰碛地貌和冰水地貌。冰缘原指冰川边缘地区，现已泛指不被冰川覆盖的气候寒冷地区，大体与多年冻土分布范围相当，所以又称冻土地貌。

5. 水圈、大气圈与生物圈的相互作用

水圈、大气圈与生物圈的相互作用主要表现在湖泊效应、沙漠化效应、绿洲效应和洋面封冻效应。

湖泊效应：类似于海陆间的季风环流，由于水和土壤在比热、热容量上的差异，导致水体温度变化迟缓，土壤变化迅速，成为不同的大气加热下垫面，因此形成局地性大气环流和小气候。蒸发的水分输送到附近地区，增加了降水，植被茂盛，加速了水分小循环，形成正反馈作用。

沙漠化效应：沙漠化有两种机制，一是植被遭到破坏，地表裸露，由于沙石比热小，在阳光照射下地面强烈增温，地表长波辐射增强。而地表反射率大，加之大气逆辐射弱，地表散失大量热量，呈现失热状态。在缺少平流热量输入的情况下，为维持热量平衡，空气下沉，压缩增温，使气候变得更加干燥，导致植被覆盖继续萎缩，这就是沙漠化效应。模拟显示，非洲撒哈拉地区的反射率从 14%提高到 35%，降水量将会减少一半；南美洲 30°S 以北的森林被草地所取代，降水将减少 15%；亚马孙流域的森林被沙漠取代，降水将减少 70%，与撒哈拉持平。二是植被遭到破坏，水的利用率降低，截留、下渗减小，径流增大，涵水能力降低，地表蒸发占主导，因此破坏了区域水平衡，使气候变得更加干燥，植被进一步稀少。

绿洲效应：与沙漠化相反，植被的存在使得蒸腾加强，大气湿度大，降水随之增多。土壤含水量增加，热容量加大，以及蒸发、蒸腾对热量的调节，土壤温度和近地面气温的日温差均比沙漠地区小，这就是绿洲效应。

洋面封冻效应：洋面封冻是海洋中出现大范围结冰的现象，其产生的环境效应称为洋面封冻效应。洋面封冻将会产生下列效应：①阻断了洋流，阻断了南北洋流的热量输送，从而导致中高纬度地区气候的变冷；②增大了洋面的反射率，使得地面接收的太阳辐射减少，同样引起气候变冷；气候变冷将导致洋面封冻面积的扩大以及冰川的扩展，通过反射反馈（反射率增大—吸收的太阳辐射减少—气候变冷），导致气候变得更冷；③阻断了洋面的水汽蒸发，使得气候变得干燥；④封冻洋面由于缺乏氧气与太阳辐射，生物生产率将会大幅度降低。洋面封冻是发生在水圈的变化，但是洋面封冻不仅会影响到气候，而且还会直接或者间接地影响到生物。气候变冷和气候变干，将会引起生物生产率降低。生物生产率的降低，将使得光合作用吸收的二氧化碳减少，从而导致大气二氧化碳浓度升高、温室效应加强，由此引致气候变暖。气候变暖又将导致冰川融化、封冻洋面的融化瓦解，导致生物的繁盛。气候与生物的变化又反过来作用于水圈。因此，从洋面封冻效应可以看出水圈、大气圈、生物圈之间的相互作用的关系与机制。

6. 水圈、大气圈、生物圈与岩石圈的相互作用

水圈、大气圈、生物圈与岩石圈相互作用的典型代表是喀斯特地貌。喀斯特地貌是在一定的大气、气候和生物条件下，水对岩石溶蚀、侵蚀及淀积沉积的结果。水对可溶性岩石以化学过程为主、机械过程为辅的破坏与改造作用，称为喀斯特作用。各个圈层对喀斯特地貌的贡献分述如下。

水圈：水对岩石的溶蚀力强，这不仅取决于水的性质，还受到水中二氧化碳和有机酸、无机酸含量的影响；水的流动性好，不仅可增加溶蚀力，还具有侵蚀作用，增大岩石被溶蚀的面积，这与气候条件、地形坡度、岩石的孔隙类型和连通性有关。

大气圈：提供二氧化碳，加大水的溶蚀力；具备温湿气候背景，高温有利于水中碳酸的离解，降水多有利于水的流动。

生物圈：提供二氧化碳，有利于有机酸的形成。因此，喀斯特地貌是水圈、大气圈、生物圈和地圈相互作用的典型实例。

岩石圈：需要可溶性好的岩石类型，即易被溶解和溶蚀，如碳酸盐类、硫酸盐类和卤盐类岩石，其中以碳酸盐类岩石分布最广；透水性好，岩石裂隙和孔隙越大，水与岩石的接触面积也越大，有利于溶蚀，这些都与岩石圈的结构和运动有关。

2.3 气候系统与水分循环过程

2.3.1 全球水分循环

地球上各种形态的水总是处于不断的变化之中，这种变化可能是热力条件下的相态转换，也可能是在重力作用下的斜面运动，或是沿压力梯度、密度梯度的垂直、水平输送。通过蒸发、水汽输送、降水、下渗和径流等过程，分布在地球系统各个层次的水被联结起来，进行着周而复始的、跨越四大圈层的水分循环，称为水循环。水循环广及整个水圈，

并深入大气圈、岩石圈及生物圈，同时通过无数条路线实现循环更替。地球上的各类水体，就是通过水循环形成了一个连续而统一的整体，成为水圈。

地表的各种水体，包括海洋、河川、湖泊、沼泽、冰雪，以及土壤、岩石、植被，乃至动物和人类，它们内部的水都在不断的更新之中，这种更新就是水分的循环。关于水循环的描述，可以从地表面的蒸发开始。蒸发的水汽（大部分来自海洋）升入空中，在大气环流的控制下，进行着海洋与陆地，以及不同纬度之间的交换；水汽遇冷凝结成降水（包括雪等固态水），海洋表面的降水直接回归海洋，陆地表面的降水可分为多种途径：一部分水（地表水体、湿润的植被和土壤等）重新蒸发返回空中，另一部分水在土壤、岩石中不断下渗，直至达到饱和，形成壤中水和地下水径流；进入土壤的水又有部分被植被吸收，通过蒸腾作用重回空中；经过截留、下渗、吸收、地面蓄积等过程后，剩余的水才形成地表径流；在这些过程中，又包含了动物和人类对水的攫取和排泄。地下和地表径流在地形地势的制约下不断汇集，最终归入海洋；重返空中的水汽又重复着输送—降水—蒸发—下渗—径流的全过程。

水循环的过程实际上就是物质与能量的传输、储存和转化过程，服从质量守恒规律，其基本动力是太阳辐射和重力作用。大气环流、海陆分布、地形地势、地表状态等外部环境制约着水循环的路线、规模与强度。在水循环的过程中还携带有其他物质，成为地球生物化学输送的一种载体。

水循环按不同途径和规模，分为大循环和小循环，其差别在于水汽输送是否跨越了海陆的界线。大循环又称外循环或海陆循环，它是发生在海洋与陆地之间的水交换过程。海洋（或陆地）表面蒸发的水汽，随着气流运动被输送到陆地（或海洋）上空成云致雨，降落到陆地（或海洋）表面。陆地表面的部分降水流回海洋，维持着海陆间水量的相对平衡。小循环又称内部循环，是发生在海洋与大气（或陆地与大气）之间的水交换过程。海洋表面蒸发的水汽，在海洋上空成云致雨，直接降落到海洋表面，即为海洋小循环。陆地表面蒸发的水汽全部返回陆地，即陆地小循环；大循环产生的降水称为外雨，小循环产生的降水称为内雨，一个地区总降水量是外雨和内雨之和。

有资料显示，全球海洋每年蒸发 43.4 万 km^3 的水进入大气，其中 91.7%在海洋上空形成降水，8.3%随气流进入陆地上空。进入陆地上空的水汽形成降水，其中 66%通过蒸发、蒸腾重返大气，34%以径流形式汇入海洋（其中的数据与联合国教科文组织 1978 年公布的数据不同）。这表明，海洋蒸发的绝大部分水参与了过程相对简单的海洋小循环，仅有一小部分水进入了海陆间的水分交换过程。

发生在全球海洋和全球陆地之间的大循环具有全球尺度的概念，其下又包含了许多彼此耦合的次级循环，具有不同的时间和空间尺度，较大尺度如海洋—大气、陆地—大气、冰雪—海洋、冰雪—大气，较小尺度如大气—土壤—植被、地表水—土壤水—地下水等，这些次级水循环多属于小循环，其总和构成了全球水循环系统。全球尺度的水循环是一个闭合的系统，而局限于某个区域或次一级的水循环则是开放的。

2.3.2　水分循环的主要过程

水循环的过程十分繁杂，主要包含了蒸发、水汽输送、降水、下渗和径流等环节。蒸发和降水发生在水循环的垂直方向上，它以相态的变化实现水分和热量的转移，平衡了水圈垂直结构的失调。这是一对互逆的组合，缺一不可，蒸发使地表损失水分以补充大气，同时消耗了大气的热量；降水却从大气获取水分，同时向大气释放热量。水汽输送是水循环的大气过程，它通过调整的大气水分，来重塑地表面上的水分格局。下渗和径流均可归入水循环的陆面过程，它与生物群落交织在一起，形成不断细分的次级水循环，成为全球水循环中最活跃也最复杂的部分，径流的水，无论地表的，抑或地下的，终归是汇入海洋。

1. 蒸发

地球表面的水分——如海洋、河川、湖泊、沼泽中的水，植被叶面、枝干截留的水，浸入土壤表层的水——在受热后都会向空中蒸发。水循环的蒸发过程，也应包括植被呼吸时的蒸腾，冰雪表面的升华。蒸发量的大小与近地面层大气的温、湿、风关系密切，下垫面的千差万别使蒸发问题变得更为复杂。蒸发量一般是由计算求出，主要的算法有梯度扩散法、热量平衡法、实验计算法、桑斯威特（Thornthwaite）法、彭曼（Penman）法、布德科（Будыко）法和巴哥罗夫（Barpob）法等。

海洋因其巨大的蒸发量而被视为地球的水源。联合国教科文组织 1978 年公布的数据显示，全球海洋平均每年蒸发 50.5 万 km^3 的水分，陆地面积为海洋面积的 1/2.4，但蒸发量仅为海洋的 1/7。在热带纬度以外的地区，蒸发量呈随纬度增高而递减的趋势。由于陆地影响较小，南半球高纬地区的等值线基本与纬圈平行。在大陆边缘，等值线平行于海岸线，而且变化很快。全球最大蒸发量集中在热带、副热带洋面及副热带高压控制区。在沙漠和半沙漠地区，全年蒸发量往往接近于本地区的降水量，地面水量收入几乎为零，水资源十分贫乏。

2. 水汽输送

每年全球海洋和陆地有 57.7 万 km^3 的水通过蒸发升入空中，在大气环流的背景下形成地球上空的水汽输送。全球大气水更新 1 次只需 8 天，即 1 年可更新 45 次。如此频繁的更新使得水汽输送成为区域水循环强弱的制约因素。

行星尺度系统（水平尺度数千米、垂直尺度十多千米、时间尺度 3 天以上）的运动方向具有准常定性，这决定了水汽输送方向的稳定性。在北半球，副热带高压脊线以北盛行西风，水汽总是从大陆西部向东部输送；副高脊线以南盛行热带东风，水汽总是从大陆东部向西部输送。在南半球，则有与之对称的输送方向。不同尺度的大气运动往往决定了相应区域上空的水汽输送和水分平衡，地理纬度、海陆分布、大小地形和人类活动也各自影响着不同范围的水汽特征。

地表蒸发的水汽，在大气垂直方向的对流和湍流作用下，不断向空中扩散。随着高度的增加，扩散能力逐渐减弱，水汽含量也随之减少。水汽主要集中在距离地面 5.5km 以下的大气层。在大气环流的控制下，水汽进行着高低纬间及海陆间的水平输送。

全球水汽经向输送的一个显著特点是以副热带高压为中心，水汽向南北两个方向输送。低纬地区起作用的是哈德莱环流，中高纬地区主要是大型的涡旋（移动性的气旋、反气旋、槽和脊等）运动。

由于海陆间的巨大差异，海洋上空水汽含量较多，在适当的平流条件下，水汽被输送到陆地上空，成为陆地降水的重要来源。海陆间的水汽输送打破了水汽经向输送的规律，因此，我国虽然受到副热带高压带的控制，但总体上并不缺水，就是印度洋和北太平洋源源不断输送水汽的结果。

3. 降水

降水包括固态水和液态水，是地表水和地下水的主要来源。降水的多寡与水汽的输送关系密切。大陆上空的水汽辐合区，对应了地面的降水中心，往往也是大型河川的发育地带。因此，降水的分布与水汽输送一样，具有纬度地带性和海陆地带性。赤道低压带的上空是全球最大的水汽辐合区，与强烈的上升气流相配合，产生大量的对流性降水，全年平均降水量可在3000mm左右。随着南北纬度升高，降水量逐渐减少，在副热带高压带广阔的沙漠和草原上，年降水量只有250mm或更少，是全球年降水量最少的地区，其上空对应着全球最大的水汽辐散区。到中纬度西风带，这里冷暖气团交汇，锋面和气旋活动频繁，产生大量的锋面降水和气旋性降水。在极地，由于温度低、蒸发小、水汽含量少，降水量也小于250mm。

受到海陆分布的影响，在中纬度地区大陆西岸，自西向东的气流带来丰富的水汽，年降水量可达到1000mm以上，但深入内陆后降水量逐渐减少，可减到250mm以下。地形的存在也改变了区域降水的分布。在山脉的迎风坡由于湿热空气强烈抬升，降水量最大可达10000mm。斯堪的那维亚半岛的迎风坡（西坡）年降水量1500mm，而在背风坡面年降水量不足60mm。

4. 下渗

下渗是地表水与地下水在垂直方向上的交换，它是地下水的重要来源，也可视之为径流过程的一部分。水在土壤中的运动可分解为四个独立过程：

（1）降水期间的下渗，下渗的快慢取决于土壤孔隙的大小，一旦降水率大于土壤渗水率，或土壤水分达到饱和，就会造成地表洼地积水直至径流形成。

（2）降水期间的渗出，即反重力脱湿作用。

（3）渗漏至地下水位，形成地下水径流。

（4）自地下水位的毛细管上升，水的大张力起着关键的作用。

土壤水分的循环经历了吸水与脱水、下渗与渗出过程，因此，对于全年平均而言，土壤水分的变化接近于0。

5. 径流

地表和地下的水体因储水量的限制而将剩余水分排出的过程称为径流。径流的形成可以分为以下几个阶段：

（1）截留蓄渗阶段。降水到达近地面层后，先被植被截留，之后落到地面而不断渗入土壤。土壤的渗水率与土壤性质有关，也随土壤水分的增加而减小。当降水率大于土壤渗水率，或土壤水分含量饱和时，多余的水分就在地面洼地积蓄起来。这时尚未形成径流。

（2）径流发生阶段。一方面，地面积水不断增多，便开始沿着坡面形成大片分布的漫流，称为地表径流。地表径流量等于在降水量中扣除蒸发、截留、渗透水量的总和；另一方面，当土壤含水量饱和时，土壤中充满的水分通过土壤孔隙，由高处向低处流动，称为壤中径流，也称地下径流，它的位置和流速居于地表径流和基本径流之间。此时，地下水得到补给，水面上升，流入河川的比率也相应增加，这些流入河川的地下水量称为基本径流。基本径流是河川稳定的水源，并非仅在降水期间才产生，因其季节变化十分明显，水量可相差好几倍，所以雨季时的基本径流最为明显。需要指出的是，枯水期的基本径流补给对河川的水量平衡具有更为重要的意义。

(3) 河槽汇流阶段。地表径流、壤中径流和基本径流先后汇入河川，河川中水继续沿河道向低地势方向流动，称为河川径流。河川径流的大小即流量，为单位时间内流过某一过水断面的水量，用 m^3/s 表示。流量代表了一个区域地表水资源的丰歉。

(4) 河槽调节阶段。雨季期间，河槽起着一定的流量调节作用，它将上游的来水暂时容蓄于河槽内，使下游水位上涨缓和，最大流量减小。洪峰流量过后，蓄在河槽内的水量逐渐下泄。由于暴雨猛烈，河川的流量常为正常河床所无法容纳，此时河川水漫过堤岸，地面泛滥浸流，称为洪水径流。

(5) 基本径流维持阶段。雨季过后，地表径流逐渐势微，土壤不断蒸发变干，河川流量持续下降，在下一个雨季到来之前，河川径流的维系完全依赖于基本径流，即地下水的补给。在许多干旱区，地下水位降至河槽以下，河川得不到补给，时常断流。我国华北和西北地区一些较小的河川，大雨之后河水盈槽，久晴之后枯竭断流并非鲜见。

影响径流大小的因素很多，有些直接对河川流量产生影响，有些通过控制直接因子而发生间接的关系，归纳起来有径流给水和排水两方面的因素。

径流的补给主要是降水和冰雪融化，虽然地下水也被视为径流的重要水源，但对于河川径流（也就是陆地总的径流）而言，地下水只是其组成而已。降水总量、强度、历时和分布都对给水影响甚大，而降雪、结露、下霜等其他凝结与降水（液态的）相比则可略而不计。由于降水与气温、湿度等气候因子有关，因此这些气候因子也间接地影响着径流的给水。地形约束径流方向与速度的同时，也影响着径流的给水，山区比平原有更多的降水，加大了径流量。植被则通过截留降水减少了地面获得的水量。

影响排水的因素很繁杂，有气候上的条件，也有下垫面的特征。蒸发造成径流水分的损失，这与气温、湿度、日照、风等都有关联。水文地理的因素包括湖泊面积和河网密度等，它们的调节使下游河道的水位和流量变化比上游来得缓和些。水在土壤中的下渗多寡决定了枯水季节的河川流量，它改变了地表径流、地下径流和基本径流的比例，加快或延缓了河川径流的变化，但对于闭合流域的多年平均值影响不大，因为土壤仅仅改变了径流的季节分配，而非径流本身的大小。植被覆盖的地面温度低、蒸发小、下渗多，人类对土地的利用和水的控制与攫取都影响了径流的排水过程。

径流量是地表和地下的水汇入河川后流出的水量，一般采用流域长年实测资料进行统计分析，其多年的平均值是地面多年平均降水量减去地面多年平均蒸发量得来。

除了以上所述的水循环过程外，还有海洋的运动。洋流是全球海洋的环流体系，控制着巨大的水量迁移，促进了高低纬间热量的输送和交换，对全球热量的平衡具有重要的作用。冰雪的积累与消融对水循环也起着重要的作用，据计算，目前全球冰川的年平均消融量约为 $3000km^3$，是全球河川径流量的 1/16。

第3章 大气水与地表径流

3.1 大气水的特征

3.1.1 大气水的特殊性及重要性

地球的岩石圈（固体）的质量约为6.6×10^{21}t，水圈（液体，以海水为主）的质量不足它的千分之一，而地球的大气圈（空气）的质量仅占水圈的千分之几。空气主要由氮、氧、氩组成，大气中含有的水分（水汽）仅占空气总质量的千分之二。各种云（颗粒体）也是水分，但是它的质量仅是大气中水汽的千分之七。粗略地说，地球的这五种物质存在状态（固体、液体、气体、空中水汽、云滴颗粒）的比例关系几乎都是1000∶1的水平。

大气中的水分所占的比例非常小，但是它的活动严重影响着地球表层的生态环境和人类的生存。大气水分有其特殊性和重要性。

大气中的水分有三个明显的特殊性：①可以进行三态转化（气态、液态、固态），在地球的温度和气压条件下，水汽是大气中唯一可以进行物质三态相互转化的物质。而氮、氧、氩等，仅以气体状态存在于大气中。②频繁地进出下垫面。每年进出下垫面（海洋和陆地）的水分的数量几乎是空中水分的数量的40倍。存在强烈的水分循环，是大气水分活动的重要特点。③固态和液态的水分，以小颗粒的集合状态及云存在于空中，一旦以为小颗粒存在于地球中的水分（云）迅速变成了大颗粒（雨滴、雪花、冰雹等），它们就加快了下降速度。

大气水分的特殊性对地球生态系统和人类社会带来了严重的影响。没有大气降水，在陆地上就没有水分、没有河流，陆地生物几乎没有办法生存。短时间的雨水过多（如暴雨）或者长时间的雨水过少，就可能造成水灾或者旱灾。20世纪末，中国每年因此造成的经济损失在数百亿到数千亿元。实际上，世界各地的农业、牧业以至生态环境都与大气的水分活动（降水量等）关系密切。

3.1.2 大气水的基本形态和特征

空中的水以什么形态存在？物理学认为，物质有三种基本存在形态，即固态、液态和气态，这称为物质的三态。但后来又补充了等离子体、液晶等物质的稳定的存在状态。为突出空中水的特点，我们把空中水划分为水汽、云、降水物的三种状态，它与物理力学的三态有不同的侧重点。水汽、云、降水物是空中水的三种基本存在形态。

水汽是弥漫于大气各个角落的水汽分子，或者几个水分子的聚合体，其颗粒尺度是纳米量级，肉眼看不见。它们90%集中在对流层的近地面5km的大气低层。空中的水汽占大气总质量的0.25%，水汽含量的一个重要特点是不同温度、不同高度、不同时间其变化很大。

云是由大量的小水滴（云滴）或者小冰晶散布于大气的有限空间内而形成宏观云。云滴颗粒的尺度是微米量级，肉眼难见，但云是大量的云滴、冰晶的集合体，是可以看见的，它呈现出各种宏观的形态。所谓蓝天白云，即没有云的地方，白天的天空是蓝色的，有云的地方是白色的。而云与天有比较明显的分界。云一般是水平方向伸展，其厚度多在1km以下，有的只有数米。个别的云很厚，云顶可以伸展到10km以上。云一般有清晰的、水平的云底。我们经常看到的云是飘着的，即它不下沉，也不会像气球那样自动往上升。

关于云需要从微观和宏观两个层次上描述它们的存在和变化，在微观层次上我们关心云颗粒是由水滴、冰晶组成的，或者是它们的混合体；不同大小和形状的云滴，冰晶各有多少（所谓云滴谱）以及单位体积内有多少的液态或者固态的云滴、冰晶等。而在宏观层次上，云的厚度、笼罩面积、形状，以至颜色、结构等内容十分丰富。根据云底的高度，云被分为低云、中云、高云和直展云。人造卫星出现以后，我们又可以同时看到数百以至上千千米尺度的云的状态与分布。这也可以认为是“巨观”尺度的云（第三个层次）。云在诗人的笔下和摄影家的镜头里，那就更是多姿多彩了。

“降水”是对于雨、雪、米雪（霰）、冰雹等从天上落下来的固体或者液体小颗粒的总体的统称，而这里的“降水物”一词是指正在降落中（它依然在空中，而不是已经落到地面）的雨滴、雪花、米雪、冰雹等颗粒的总体。降水物的颗粒（雨滴、雪花、米雪、冰雹）尺度是毫米量级的，肉眼可以看到的个体。“降水物”都是在降落中，而不是飘在空中。

降水物所笼罩的面积，被称为“雨区”（含降雪等），降水物所占据的三维空间（类似云占的空间）目前没有专门的名称，但是“雨幡”一词的含义比较符合。降水物落地而形成的降水对地球生态和人类活动有着非常重要的影响。

空中水的水汽、云、降水物三种存在形态的共同特点是基本单元的颗粒性。空中水的三种基本形态之间存在着转化关系。而水汽、云、降水物的颗粒特征联系着它们在状态变化中的个体表面能（对应于潜热能）的变化。

空中水的变化很快。大气的对流层内的氧气、氮气等很多气体所占的比例基本上是不变化的，但是空中水确实是变化十分快的成分。在各个探空气象站测得的各个高度上的水分的数量固然有着一般的比湿随高度而减少的特点，但是随着降水系统的出现、锋面的存在、近地面逆温层的存在，其比湿、温度露点差随时都有变化。而云、降水的迅速变化，我们在日常生活中早有体会，这些也体现着空中水变化快的特征。这些变化，有时对降水的预报有着一定的提示意义。

循环是空中水的重要特征。所谓空中的水分循环，就是海洋、冰雪、陆地和植被等地球固体、液体表面（下垫面）具有的水分以蒸发的形式变成气体状态的水汽而进入大气，而这些水汽再变成云、一部分云变成雨雪再返回地面的循环过程（一部分的云也会再返回水汽状态）。

如果没有这个空中的水分循环，大陆就没有降水，地球上多数生物都无法生存，空中水循环把水分从甲地蒸发带到乙地降落，空中水形成的降水使地球各地生机勃勃，没有降水，也就没有河流。

3.2 全球水量平衡

水量平衡与水循环是对同一过程的不同描述，随着水文测量的发展，对水循环的认识逐渐利用质量守恒定律以加深，这就是水量平衡。地球系统的各类水体在不断更新之中，这种更新是连续有序的动态过程，并具有相对的稳定性。地球上的总水量接近一个常数，即全球水量是平衡的。对于某一区域而言，一定时段内水的收入与支出的差额等于该区域的储水变化量。就长时间尺度来看，区域内的储水变化量趋于零。大量的研究都基于水量平衡的概念，尽管不同作者的估算值还不尽相同。

3.2.1 水汽方程

对于一个空气块（微团）来说，水汽平衡方程（每单位质量）可写成：

$$\frac{\mathrm{d}q}{\mathrm{d}t}=(e-c)+\frac{\partial D_g}{g\partial p} \tag{3.1}$$

$$m=-\frac{\mathrm{d}q}{\mathrm{d}t}+\frac{\partial D_g}{g\partial p} \tag{3.2}$$

式中：q 为比湿，表示单位质量湿空气中的水汽质量；$\frac{\mathrm{d}q}{\mathrm{d}t}$表示单位质量的气块水汽质量的变化；$e$ 为气块内部的蒸发率，表示单位时间单位质量气块的蒸发量；c 为气块内部的凝结率；D_g 为水汽垂直扩散率；$g\ \frac{\partial D_g}{\partial p}$表示单位时间，由于水汽垂直扩散作用从外界输入气块的水汽净量。令 $m=c-e$，得到式（3.2），表示单位质量气块内部的净凝结率。

对式（3.1）的左边展开为

$$\begin{aligned}\frac{\mathrm{d}q}{\mathrm{d}t}&=\frac{\partial q}{\partial t}+\mathbf{V}\cdot\nabla q+\omega\ \frac{\partial q}{\partial p}\\&=\frac{\partial p}{\partial t}+\nabla\cdot q\mathbf{V}+\frac{\partial(q\omega)}{\partial p}-q\left(\nabla\cdot\mathbf{V}+\frac{\partial\omega}{\partial p}\right)\end{aligned} \tag{3.3}$$

利用连续方程

$$\nabla\cdot\mathbf{V}+\frac{\partial\omega}{\partial p}=0$$

式（3.3）右边最后一项为零，并将它代入式（3.1），得到

$$\frac{\partial q}{\partial t}+\nabla\cdot q\mathbf{V}+\frac{\partial(q\omega)}{\partial p}=e-c+g\ \frac{\partial D_q}{\partial p} \tag{3.4}$$

将式（3.4）改成垂直积分的形式，考虑从地面处的气压 P_S 到一个高度 z_T，其处气压为 P_T 的一个空气柱，同时，对时间 t 求导，则式（3.4）又可写成

$$\underset{①}{\frac{\partial}{\partial t}\int_{P_T}^{P_S}q\mathrm{d}P}+\underset{②}{\int_{P_T}^{P_S}\nabla q\vec{V}\mathrm{d}P}+\underset{③}{\int_{P_T}^{P_S}\left(\frac{\partial q\omega}{\partial P}\right)\mathrm{d}P}=\underset{④}{\int_{P_T}^{P_S}(e-c)\,\mathrm{d}P}+\underset{⑤}{\int_{P_T}^{P_S}g\ \frac{\partial D_q}{\partial P}\mathrm{d}P} \tag{3.5}$$

式（3.5）中的①就是 $(\partial W)/\partial t$，②展开后就是$\nabla\cdot Q$，③展开后就是 $\Big(\frac{(q\omega)P_S}{g}-$

$\left.\frac{(q\omega)P_T}{g}\right)$，在地面，$\omega\approx0$，因此，$\frac{(q\omega)P_s}{g}=0$。⑥展开后是 $(Dq)_{P_s}-(Dq)_{P_T}$，高空 P_T 处的水汽量近似为零，因此 $(Dq)_{P_T}\approx0$，$\lim\limits_{P-P_s}Dq=E$。⑤可以写为 $-\int_{P_T}^{P_s}(c-e)\frac{\mathrm{d}P}{g}=-\int_{P_T}^{P_s}(c-e)\,\mathrm{d}m=-P_{\text{rain}}$。事实上⑤表示的是在凝结水全部降落的前提下，$P_{\text{rain}}$ 可以看到降水率。当气柱中所凝结的水汽物不降落或形成了云被吹走，或气柱中的云雨微滴均蒸发掉，这个假定就无多大意义。然而，就一个较大区域面积上的平均情况来说，在云中所储藏的凝结物的水量与输入（出）云中的液态水同大气中的水汽含量相比要小得多，可忽略不计，所以这个假定基本不会引起误差。

于是式（3.5）又可以写为

$$\frac{\partial W}{\partial t}+\nabla\cdot Q=E-P \tag{3.6}$$

这就是水汽平衡方程的简化形式。

对于区域水汽平衡方程，需要做区域面积积分，并除以面积 A，于是可以得到

$$\frac{\partial}{\partial t}\frac{1}{A}\iint W\mathrm{d}A+\frac{1}{A}\iint\nabla\cdot Q\mathrm{d}A=\frac{1}{A}\iint(E-P_{\text{rain}})\,\mathrm{d}A \tag{3.7}$$

令 $\langle W\rangle=-\frac{1}{A}\iint W\mathrm{d}A$，$\langle \mathrm{E}-P_{\text{rain}}\rangle=\frac{1}{A}\iint(E-P_{\text{rain}})\,\mathrm{d}A$。应用高斯定律，将式（3.7）中的第二项改写为

$$\iint\nabla\cdot Q\mathrm{d}A=\frac{1}{A}\oint\overline{Q}\cdot n\mathrm{d}l=\int_{P_T}^{P_s}\left\{\oint qV_n\mathrm{d}l\right\}\frac{\mathrm{d}P}{g}$$

于是，式（3.7）又可写为

$$\frac{\partial\langle W\rangle}{\partial t}+\frac{1}{A}\oint Q\cdot n\mathrm{d}l=\langle\overline{E}-\overline{P_{\text{rain}}}\rangle \tag{3.8}$$

对式（3.8），取初始时刻为 t_1，终止时刻为 t_2，则

$$\frac{\partial(W_2-W_1)}{\partial t}+\frac{1}{A}\oint\overline{Q}\cdot n\mathrm{d}l=\langle\overline{E}-\overline{P_{\text{rain}}}\rangle \tag{3.9}$$

求时段 $T=t_2-t_1$ 内的平均值，可以得到

$$\frac{\langle W_2-W_1\rangle}{T}+\frac{1}{A}\oint\overline{Q}\cdot n\mathrm{d}l=\langle\overline{E}\rangle-\langle\overline{P_{\text{rain}}}\rangle \tag{3.10}$$

式（3.10）的物理意义是：地面上平均蒸发率与平均降水率之差等于所讨论的气柱内水汽含量的平均变化率与穿过该气柱垂直侧面积的平均水汽输送率之和。其中，水汽输送用比湿和垂直于气柱的风速分量的乘积的平均值计算，也就是可以用水汽通量散度平均值计算。式（3.10）就是常用的水汽平衡方程。若已知一个区域一定时段内的平均降水量、水汽通量散度和时段始末的气柱内可降水之差，就可求得该区域的蒸发量。

3.2.2 大气、地表和地下综合水量平衡方程

对于多年平均，某区域上空水量的局地变化可忽略不计，式（3.10）可写为

$$\langle R \rangle \doteq (F_1 - F_0) + \langle E \rangle \tag{3.11}$$

地表和地下综合水量平衡方程为

$$\langle R \rangle - \langle E \rangle - \langle r \rangle = \Delta S \tag{3.12}$$

其中，$\langle r \rangle$ 为从区域净流出的地表和地下水径流量；ΔS 为地表水和地下水的蓄量变化；多年平均值 $\Delta S \doteq 0$。

合并式（3.11）、式（3.12）可得

$$F_1 - F_0 = \langle r \rangle \tag{3.13}$$

上式表明，对于多年平均而言，区域上空水汽的输入与输出量之差（净输入量）与区域流出的径流量相等。

简化得到大气、地表和地下水综合水量平衡方程：

$$\langle R \rangle = \langle E \rangle = + \langle r \rangle \tag{3.14}$$

我国主要流域水量平衡中各分量的情况见表3.1。

表3.1　　我国主要流域水量平衡　　单位：mm

流域名称	降水量	蒸发量	径流量
黑龙江干流	470	280	190
松花江	549	405	144
辽河	464	391	73
海河	499	426	73
黄河	421	332	86
淮河	840	643	197
长江	1049	505	544
闽江	1770	683	1087
赣江	1660	689	971
珠江	1473	637	836

全国年平均降水中，蒸发量占57.1%，径流量占42.9%；在长江中下游一带，年蒸发量与年径流量各占降水量的一半；长江中下游以南地区的径流量大于蒸发量；而长江中下游以北地区的径流量小于蒸发量。这种比例越往内陆越明显，在长城以北、贺南山以西地区，降水都损耗在蒸发上，因此地表径流量很小。

3.3　大气中水汽的分布和运移规律

3.3.1　水汽量及分布的估算

1. 全球水汽质量的估算

根据各个高度上的空气里的水汽密度做积分求得整个大气层中总的水汽质量。单位面积上的水汽质量 m_v 应当用下面的公式计算：

$$m_v = \int_0^\infty \rho_v \mathrm{d}z \tag{3.15}$$

这里空气里的水汽密度 ρ_v 是高度的函数。利用气象学中经常用的气压在铅直方向与高度 z 的所谓静力学关系：

$$dp = -g\rho dz \tag{3.16}$$

这里 ρ 是空气的密度，注意到气象学里对比湿 q 的定义是水汽密度与空气密度的比值：

$$q = \rho_v / \rho \tag{3.17}$$

所以

$$m_v = -\frac{1}{g}\int_{p_0}^{0} q dp \tag{3.18}$$

即单位地球表面积上水汽的总质量等于各层的比湿对气压的积分再以除重力加速度 g（p_0 为地面的大气压）。对水汽量的计算主要依靠这个思路，而实际计算时以来气象站的探空资料，一般用下面的差分计算公式代替这个积分。

$$m_v = -\sum_{P_0}^{P_h} \frac{q_i}{g}\Delta p_i \tag{3.19}$$

以上公式中的计算多根据气象资料中经常给出的特定的等压面（如 850hPa、700hPa、500hPa）的比湿而分层计算。比湿 q_i 是两个等压面的平均值，气压差 ΔP_i 在不同层次上是不相同的。而且计算一般从地面的大气压 P_0，计算到上界 P_h，而 P_h 一般取到 200hPa 即可，也就是计算到对流层顶附近就够了。上面计算给出的是一个气象站所代表的当地上空的水分，其单位是每平方米有多少千克的水汽。所以它也可以换算为水汽总量所折合的水层厚度。这个厚度有时也被称为可降水量。

气象系统根据世界各地气象站的高空资料绘制出全球各个等压面天气图和气候图。根据这些资料中的比湿数据，就可以计算出大气总的水汽含量。目前引用得比较多的一个关于全球水汽含量的数据是联合国教科文组织在 1978 年的一个文件，它给出的数值是 1.29×10^{16}kg。与这个数据对应的是全球全年平均可降水量是 25mm，即把空气中的水分挤出，得到的水层厚度是 2.5cm。

2. 水汽垂直分布估算

在气象学中，由式（3.15）表示的静力学关系具有重要意义。它说明尽管空气无时不在流动，但是空气压强在铅直方向的变化，却几乎与静力平衡时的关系基本相同。

另外，对于空气，把它看作理想气体是妥当的。而理想气体的气压 p、温度 T、密度 ρ 和气体的分子量 m 之间存在着理想气体的状态方程：

$$p = \rho RT/m \tag{3.20}$$

这里的 R 是通用气体常数（各种理想气体都是一个常数），$R=8.31\text{J}/(\text{mol}\cdot\text{K})$，$m$ 是气体的分子量，不含水汽的干空气的分子量大约为 29。

把式（3.19）代入式（3.15），消去密度 ρ，得到

$$d\ln p = -\frac{gm}{RT}dz \tag{3.21}$$

在对流层中，空气的温度固然有变化，但是用绝对温度表示气温时，它仅从 300K 变化到 200K。即改变了大约 1/3，而气压和高度的变化范围要大很多。所以作为一级近似，

可以把温度看作是常数。式（3.21）积分以后就变成了著名的气压随高度变化的公式：

$$p=p_0\exp\left[-\frac{gm}{RT}(z-z_0)\right] \tag{3.22}$$

这个公式表明，任何高度 z 上的气压 P 随高度按负指数函数而递减。这里的 p_0、z_0 分别是低层（如地面）的气压和海拔高度，而 T 为气层的平均温度。如果取 $T=0$℃（273K），干空气的分子量 $m=29$，就近似有

$$p=p_0\exp\left(-\frac{z-z_0}{8}\right) \tag{3.23}$$

式（3.23）里的高度 z 应当以千米计。显然当（$z-z_0$）等于 8km 时，气压就减少为原量的 1/e（这里的 e 是自然数 2.71828），即减为原值的 36%。记 8km 为大气的特征高度 H。

上面利用静力学关系和气体状态方程得到的大气压的铅直递减规律完全是理论推导公式，但是这种推算基本符合实际情况。

气压随高度减少的公式不仅适用于干空气，也适用于水汽。只要把式（3.20）～式（3.22）中干空气的分子量 29 用水的分子量 18 代替就可以了，于是应当有水汽压随高度变化的理论公式：

$$e=e_0\exp\left(-\frac{z-z_0}{13}\right) \tag{3.24}$$

即水汽的特征高度是 13km，但实际情况与之不符。观测证实了大气中的水汽随高度的分布基本符合负指数递减的关系，但是其减少的速度比理论值（与分子量有关）快很多。水汽压平均值在 1.5～2km 高度处就减少到 1/2，5km 高度处减少到 1/10，远快于大气压减少现象。这可能与大气中水汽存在形式有关，空气中水不一定都是以单个水分子独立存在的，可能存在联结，所以以分子量 18 代表水汽可能不合理。

3.3.2 水汽的分布及运移规律

1. 水汽通量

水汽通量是水汽输送强度的物理量，它的定义是单位时间内通过某一单位面积的水汽质量，单位常用 g/s。一般来说，水汽输送是指水平方向上的水汽输送，用水平的水汽通量表示其强度。取一个垂直于地面及风速矢量的截面积 $ABCD$，其高为 Δz，底边长为 Δl（图 3.1），设空气单位时间内由 $ABCD$ 流到 $A'B'C'D'$，其空气体积表示为 $|V|\cdot\Delta l\cdot\Delta z$，密度设为 ρ，q 为比湿，在该体积内所包含的水汽量为

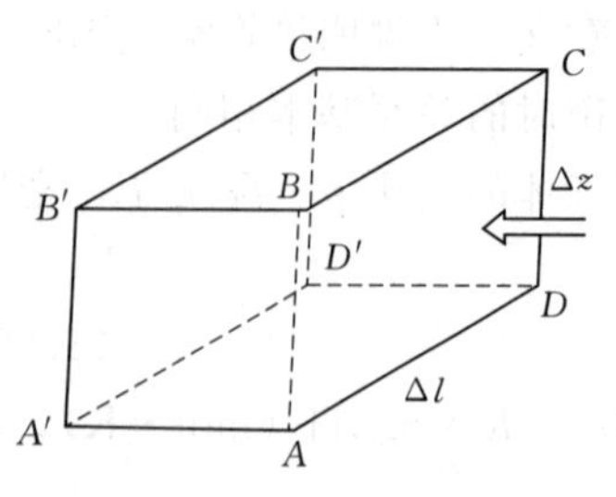

图 3.1 水平水汽通量计算示意图

$$\rho q\,|V|\cdot\Delta l\cdot\Delta z \tag{3.25}$$

考虑到气象上常以气压为纵坐标，同时，将大气静力学方程代入式（3.25），并取绝对值，便可得到：

$$\rho q\,|V|\cdot\Delta l\,\frac{\Delta p}{\Delta z}=\frac{1}{g}\,|V|\,q\Delta l\Delta p \tag{3.26}$$

式（3.26）中的各物理量的单位为：$g\sim \mathrm{m/s^2}$，$|V|\sim\mathrm{m/s}$，$q\sim\mathrm{g/kg}$，$p\sim\mathrm{hPa}$，即

$10^3 g/(cm \cdot s^2)$，l～cm。

根据水汽通量的定义，若截面积的高取为1hPa，底边长取为1cm，则此时水平水汽通量的大小为$\frac{1}{g}|V| \cdot q$。因此，在计算时，只知g、q和V三个量，g的单位取m/s^2，风速单位取m/s，比湿单位取g/kg，这样计算得出的就是每单位气压差每单位长度的水汽通量，或统称为水汽通量，其单位就是g/(s·hPa·cm)。其中风的方向即为水汽输送的方向。

根据水汽通量的表达式可以计算出中国乃至世界各地的水汽通量，绘出水汽通量图便可得到全球水汽输送的方向和强弱。在我国水汽输送主要以西北气流和西南气流为主。西北气流在冬季时盛行，输送来自大西洋和北冰洋的水汽，主要影响长江以北地区。西南气流在春季和夏季盛行，输送来自印度洋和孟加拉湾的水汽，主要影响西南和长江以南地区。在夏季，我国还受到来自南海和太平洋地区的水汽输送，这些水汽主要影响华南和华东地区。

水汽输送带有明显的季节性变化和高度变化。在冬季（1月），西北气流的水汽输送比较明显，在夏季（7月）水汽更多地来自孟加拉湾和印度洋。

在垂直方向上，对汽层中层以下水汽含量丰富，三个等压面层上，水汽输送有相似的特征，但是，在不同高度上，对流层低层（850hPa和700hPa）的水汽输送强度更大，对流层中层（500hPa）上的水汽输送已经明显减小。

2. 水汽散度

水汽通量的数值和方向只能表示水汽的来源。作降水成因分析时，常常需要考虑从各个方向运移来的水汽能否在某地集中起来，表示这种运移的水汽集中程度的物理量就是水汽通量散度，它的物理意义是在单位时间、单位体积（底面积为$1cm^2$，高1hPa）内汇合起来或辐散出去的水汽质量。水平方向的水汽通量散度可表示为

$$D=\nabla\left(\frac{1}{g}\vec{V}q\right)=\frac{\partial}{\partial x}\left(\frac{1}{g}uq\right)+\frac{\partial}{\partial y}\left(\frac{1}{g}vq\right) \tag{3.27}$$

其中，u、v分别为纬向风速和经向风速；$\vec{V}$为风矢量。若$D>0$，则水汽通量是辐散的（水汽因输送出去而减少）；若$D<0$，则水汽通量是辐合的（水汽因输送进来而增加）。水汽通量散度的单位是$g/(s \cdot cm^2 \cdot hPa)$。

通过水汽辐合和辐散分布图可以了解到，我国长江以南地区，水汽量为正值，表明水汽以辐合为主；长江以北地区水汽辐合量为负值，表示那里的水汽以辐散为主。这与我国长江以南地区水汽量大、降水多是一致的。

3.3.3 大气水汽与降水的关系

充足的水汽是降水产生的先决条件。水汽在上升过程中，因气温下降，遇到凝结核形成液态（或固态）水飘浮在空中，形成云滴，逐渐增大并克服空气中的阻力和上升气流的顶托而降落，形成降水。因此，大气中的水汽含量的多寡与降水关系密切，这也是我们讨论大气可降水量的原因。

通常大气中的水汽含量峰值出现时间超前于降水发生时间。在夏季，大气可降水量峰值超前于降水1～2h，冬季超前3h，这与季节降水特性有关（罗梦森等，2014）。夏季强

对流降水较多，强对流过程导致水汽迅速辐合上升形成降水，过程迅速；冬季多为锋面降水过程，暖湿气流沿锋面缓慢上升形成降水，过程缓慢。因此，夏季大气可降水量峰值时间超前于降水时间短，而冬季超前降水时间长。

大气水汽在短时间内的增量与出现降水时间密切相关。当大气水汽含量在2h之内迅速增加5mm时，当地降水出现的概率可达到68.8%左右（罗梦森等，2014）。也有人认为，在4h之内迅速增加5mm时，当地降水出现的概率可达到87.5%左右（王勇等，2010）。

大气可降水量的多寡与增强的量值和时间，均可作为降水预报的阈值。这对径流预报、洪水预报也有很大的帮助。

3.4　大气可降水量的估算

3.4.1　大气可降水量估算

大气可降水量的定义是把单位面积整个大气柱中的水汽全部凝结并降至地面的水量称为可降水量。设有一单位横截面积（$1cm^2$）、厚度为dz的湿空气块，其所有的水汽量为

$$dW=\rho_v dz \tag{3.28}$$

式中：ρ_v为水汽的密度，g/cm^3；W为大气可降水量，mm。

利用流体静力学方程，并从地面（$z=0$，$p=P_s$）到高度$z(p=P_T)$对式（3.28）积分，得到从地面到高度z气柱内的水汽量，即可降水量

$$W=\int_0^z \rho_v dz=-\int_{P_s}^{P_T}\frac{\rho_v}{\rho}\frac{1}{g}dp=\frac{1}{g}\int_{P_T}^{P_s}q dp$$

式中：q为比湿，g/kg；g为重力加速度，cm/s^2，设g为常数，等于$980cm/s^2$，并代入上式，得到

$$W=0.01\int_{P_T}^{P_s}q dp \tag{3.29}$$

对于地面以上整个大气柱中的总可降水，则上式改写为

$$W=\frac{1}{g}\int_0^{P_s}q dp \tag{3.30}$$

利用高空探测资料（气温和露点），由上式计算可降水量。计算步骤：首先根据露点和水汽压e(hPa)的关系，求出水汽压，然后，把有关的气压p(hPa)和水汽压e(hPa)代入比湿公式：

$$q=0.622\frac{e}{p-0.37e}$$

就可计算各高度上的比湿。

最后，把已求得的各高度上的比湿q填在温度对数压力图上，则比湿曲线与纵坐标所包围的面积数值相当于可降水量（图3.2），或用式（3.31）的差分形式计算第i到第$i+$

1 气层的可降水量：

$$\Delta W_i = \frac{1}{g}\frac{1}{2}(q_i + q_{i+1})(p_i - p_{i+1}) = \frac{1}{2g}(q_i + q_{i+1})\Delta p_i \tag{3.31}$$

而且求各气层的可降水量之和，就得到单位横截面气柱的总可降水量，即

$$W = \sum_i^n \Delta W_i = \frac{1}{2g}\sum_i^n (q_i + q_{i+1})\Delta p_i \tag{3.32}$$

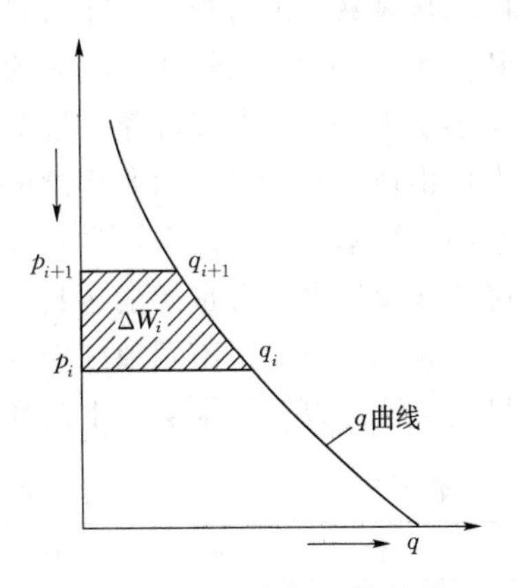

图 3.2 比湿与气压的关系

3.4.2 全球可降水量分布

利用大气可降水量的计算方法，可以求得全球各地的大气可降水量。表 3.2 即为世界上陆地和海洋上空的水汽含量，如果认为它们可全部凝结，并转为降水量，那么，表 3.2 中的数值即为大气可降水量。例如，欧洲大陆水汽 144km^3，如果这些水汽全部凝结均匀地分布其表面，约相当于 14.7mm 深的水。

表 3.2　全球大气中多年平均水汽含量（刘国纬，1997）

分类	区域	面积 /km^2	水汽含量（按体积计算，km^3）	水汽含量（按深度计算，mm）
陆地	欧洲	9.8	144	14.7
	亚洲	40.8	864	21.2
	欧亚大陆	50.6	1008	19.9
	非洲	29.5	848	28.7
	北美洲	20.1	329	16.4
	南美洲	17.7	522	29.5
	大洋洲	7.6	183	24.1
	南极洲	14.0	21	1.5
	合计	139.5	2911	20.9
海洋	北冰洋	14.7	97	6.6
	大西洋	91.7	2400	26.2
	印度洋	76.2	2100	27.6
	太平洋	178.7	5200	29.0
	合计	361.3	9797	27.1
全球合计		500.8	12708	25.4

注　表中未包括岛屿上空的水汽 200km^3，合计全球上空水汽含量 12900km^3。

在南北纬 60°以北地区，温度低大气湿层薄，水汽含量仅 10mm，一些地区甚至 5mm 以下，因此，大气水汽含量很少。在 20°S 到 20°N 区域，温度高湿度大，水汽含量多达 40mm 以上。由于海拔高及大地形的屏蔽作用，北美西部和我国青藏高原的水汽含量最小（高原对南方水汽有阻挡作用），其数值在 10mm 以下。

3.4.3　我国可降水量分布

我国因地形、地理、地貌和大气环流形势的差异，大气可降水量的分布呈现自东南向西北显著减少的特征，全年可降水量在华南地区可以达到40～50mm；在西南地区可以达到20～30mm；在长江流域大约为30mm；在黄河以北地区通常小于20mm；而在青藏高原小于10mm。大气可降水量最小的地方出现在青藏高原、塔里木盆地、柴达木盆地，最大值出现在南岭以南，北部湾附近。大气水汽含量季节图与年平均图具有相似的特征，冬季小，夏季大。在夏季，40～50mm水汽含量区可以扩展到长江流域，冬季，仅在华南沿海地区大气水汽含量才能达到30mm左右。

表3.3是我国不同地区大气水汽含量的变化。可以看到，在淮河以南的水系，水汽含量高；淮河以北的水系，水汽含量少。

表3.3　我国不同地区大气水汽含量的变化

地　区	城市	最大值/mm	月份	最小值/mm	月份	年变幅/mm
东部地区	广州	57.9	7	22.3	1	35.6
	厦门	54.9	8	20.0	1	34.9
	长沙	56.8	7	14.8	1	42.0
	武汉	57.1	7	11.0	1	46.1
	上海	52.6	7	9.3	1	43.3
	济南	47.2	7	4.9	1	42.3
	北京	43.2	7	3.2	1	40.0
	沈阳	41.3	7	3.6	1	37.7
	哈尔滨	35.5	7	2.7	1	32.8
	海拉尔	27.5	7	2.4	1	25.1
西部地区	腾冲	40.3	7	12.6	1	27.7
	昆明	35.0	7	10.8	1	24.2
	定日	15.8	8	1.5	1	14.3
	拉萨	20.0	8	2.0	1	18.8
	玉树	16.4	7	2.1	1	14.3
	格尔木	11.3	7	2.2	1	9.1
	若羌	19.9	7	5.0	1	11.9
	哈密	20.1	7	3.8	2	16.3
	乌鲁木齐	21.0	7	4.9	1	16.1
	阿尔泰	19.8	7	4.1	1	15.7

3.4.4　影响可降水量分布的因素

研究发现，大气可降水量的地理分布趋势与多年平均实际降水量大致相似，与多年平均蒸发量、径流量分布近似。年平均水汽辐合零值线与我国干湿分界线十分吻合，水汽辐合区基本上是湿润区和潮湿区，水汽辐散区一般都是干旱区。水汽辐合辐散区出现的时期，与干湿的季节出现也相一致。

我国水汽辐合（散）场存在季节性的南北进退，从秋到冬，水汽辐散区向南伸展，最冷月（12月、1月）的水汽辐散区范围最大，水汽辐合场最南最小。这种季节性的进退和我国大气环流变化、季风进退时间和界限同步。

我国主要雨季和雨带（南方春季连阴雨、华南前汛期暴雨、长江流域春季气旋雨、梅雨、华西秋雨等）与水汽的辐合中心轴线存在较好的对应关系。辐散中心分布与干旱季节分布比较一致。

除此之外，大气可降水量还受到太阳辐射、海陆分布、大地形屏障作用、大气环流和洋流等因素的影响。

3.5 降水与河川径流

3.5.1 降水-地表径流转化

地表径流是指流出流域出口断面的水流，是地表水循环的重要环节。地表径流代表扣除蒸散后的降水余项，它因为能被人类利用而显得格外重要。地表径流过程描述了水分降落到地表之后所发生的变化，是水分循环中非常重要的一环。

对于某个流域而言，影响径流的主要因素通常可分为两类，即气候因素和自然地理因素。季节性变化是影响地表径流的重要气候因素之一。尽管降水量的多少影响径流量，但降水的其他特征也很重要，它决定着降水转化为径流的比例。这些特性包括降水的形式、强度、持续时间、时空分布和发生频率以及台风动向等。

由于潜在蒸散（ET_p）受到具有周期变化的辐射能的驱动，因此属于气候因素。然而，在对径流过程的研究中，人们感兴趣的是实际蒸散量（ET_a）。量化实际蒸散量需要考虑许多因素，这些因素往往与气候因素并非直接相关。例如，植被的存在与否显著地影响蒸散量，当植被存在时，应考虑蒸散的季节变化对径流分配的影响。此外，植被对降水有截留作用，而截流效应依赖于其类型、结构、树龄及其分布密度。随着年内季节变化及降雨强度的变化，截流也会发生变化。由于植物蒸腾消耗的水分来自于土壤，因此土壤含水量和土壤水分条件都会影响实际蒸散量。

影响地表径流的自然地理因素包括流域和河道的物理特征。同气候因素相比，自然地理因素相对恒定，但也有一些随时间发生变化。在这些流域特征中，一类与流域几何特征有关，包括其大小、形状、坡度、方位、海拔以及流域内的河网密度等；另一类包括土地利用覆被、地面渗透能力、土壤类型、地下水储量和湖沼存在等。影响径流的河道特征主要与河道水力特性有关，包括其大小、形状、坡度、粗糙度和长度等。这些特征决定了河道的储水能力，并且在很大程度上决定了径流的形成时机，而不仅仅是径流量。

在某个特定的流域，在气候和自然地理因素的相互作用下，会形成某种径流格局。一般来说，大流域和小流域的径流格局并不相同，但流域大小并非径流形成的主导因素。两个同样大小的流域也可能表现出不同的径流格局。实际上，某项因素在一个流域中是决定因子，但在另一个流域中则可能无足轻重。这种交互影响十分复杂，一个流域可能同时受到气候和自然地理因素的影响。

3.5.2　水文过程线

河川径流是一个重要的水文学参数，它是气候系统和水文系统相互作用的结果。在小流域里，径流过程可以直接观察到，而在大流域，远距离的水分变化及其所引起的河川径流，并非显而易见。为了探究气候与水文响应的耦合机制，有必要认识水分从流域到达河道的方式和途径。

水文过程线描述的是河川径流量随时间的变化过程。它将河川径流量与雨雪补给来源联系起来，表达了径流与降水和其他流域环境要素之间的关系及其随时间的推移变化。水文过程线提供了在干旱、洪涝及正常天气情况下，地表径流过程及其变化信息。总之，河川径流的长期过程在一系列不规则的增减作用下，保持相对稳定的变化。影响径流量大小的因素包括集水面积、暴雨强度、流域条件、到达观测点之前的水流距离及路径。地表径流和浅层地表径流的差异体现在水分储量、流动延迟和传递时间等。河川补给具有多种径流来源，不同来源具有不同的作用。这些可以解释流域径流形成过程以及不同流域的径流过程差异。

水文过程线反映了降水通过水文气候过程转化为径流的过程。同时，水文过程线也描述了径流速率随时间的变化过程、径流速率峰值和径流总量。径流过程中的水文气候作用指的是降雨到达地表后如何以不同方式到达河道。追溯单次降雨事件是评估多次降雨事件的基础。

为便于河川径流描述，可把径流过程线中的水流分为事件流和基流（图3.3）。事件流也称为直接流、表面流、暴雨流或快速流，这部分水分在响应单次水分输入事件后，快速地进入河道之中。事件流主要通过地表流至河道，或以壤中流的形式流至河道。而基流是通过不同途径，缓慢而持续地进入溪流中，通常能够在降水事件之间维持河川流量。一般而言，大部分基流来自地下水，也有些来自湖泊和湿地或山坡上薄土层的缓慢排水。

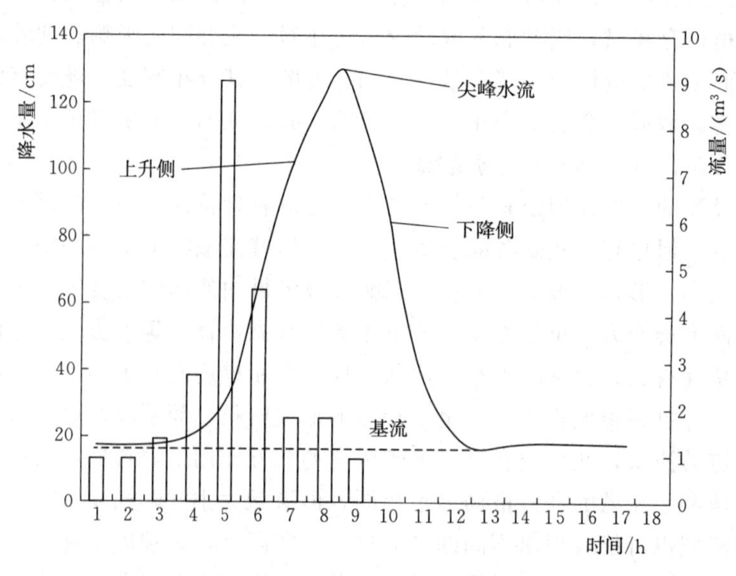

图3.3　面积为$4km^2$流域的径流过程线（Shelton，2011）

有些表面基流也可能来自壤中流。如果河流的水分补给主要来自地下水，其水量随时间的变化相对较慢。

通过水文过程线可以分析出径流组成。单次集中降雨事件的水文过程线，通常呈现具有偏态分布的典型波峰形状。降水强度的变化、暴雨的间歇或其他因素，都可能在水文过程线上造成多个峰值。因此，水文过程线的形状体现了气候及流域径流特性等综合信息。

利用水文过程线可以了解水位过程的复杂特征，进而有助于认识流域的响应规律。在相关文献中，可以找到关于洪水过程线分析方法的详细内容（Dingman，1994；Ward 和 Robinson，2000）。

水文过程线可分为上升部分、波峰和下降部分。在降雨开始后的一段时间内，在前期水位基础上，水流速度不断增加。快速增加的流量对应着水文过程线的上升部分，上升斜率主要取决于暴雨强度，它影响降雨到地表径流的分配。如水流快速到达河道中可引起曲线急剧上升。水文过程线波峰对应着最大径流量。此时，引起径流的降水基本停止。这一峰值主要来源于地表径流及壤中流。随后，流量从峰值开始下降，这一段为水文过程线的下降部分。一般而言，降水停止后，水分主要来自流域中的存储水量。在这一时期，地下水起到重要的作用。水位逐渐回落至前期水位的过程，可以用指数方程、回归方程和波动方程来描述，其中指数方程是最常用的形式。基流通常用一条直线来表示，左端是水文过程线的始端，右端是与下降段的交点。

3.5.3 降水径流

河川径流对降雨或融雪过程的响应，在水文过程线上呈现不同的变化。降雨事件产生的河川径流，以地表径流和近地面流为主。降水会使河川径流量突然增加，尤其在小流域或城镇化的流域。不同的土地利用及地质条件可缓冲径流过程，使河川径流缓慢增加或逐渐减少。

气候因素通过影响到达地表的降水流入河道的路径来影响径流过程。而地貌是通过流域的大小、形状和地势等地形特性而影响径流。基于这些认识可以区分气候和地貌对径流的影响。

3.5.3.1 面积相似流域的对比

对面积大小相近的流域进行比较，可以降低自然条件的复杂性，但并不能完全消除非气候因素的影响。一般认为，流域的许多自然特征都与流域大小密切相关。因而比较大小相近的流域，可以消除一部分变化因素。

3.5.3.2 气候条件相近流域的对比

分析水文过程线时，如果流域的气候条件相对不变，就可以突出流域的自然特征对径流的影响。

3.5.3.3 无资料流域

对于有资料流域，水文过程线为评估降雨量、降雨时间与径流之间的关系提供了一个基础。在无资料情况下，需要使用各类信息来估计径流量，如可以根据某次降雨量数据来模拟径流量。降水-径流关系可用于估测最大径流速率、径流深度或容量、洪水过程线等。无论哪种方法，都涵盖了径流过程的某些特征。

1. 估算峰值流量

降水-径流过程是影响流域径流量的重要因素，分析这一过程最简单的方法是把流域视为一个黑箱。这种方法不考虑物理过程的细节及其响应，其中的功能函数将时变输入转化为时变输出（Dingman，1994）。黑箱模型几乎不涉及对其中转换过程的理解。在美国，人们广泛使用的经验推算法就属于这类方法。对于没有蓄洪能力的小于 $80hm^2$ 的小区域，可以利用这种方法进行沟渠和防洪控制系统设计。该推算公式可以表述为

$$Q_p=0.28C_sI_pA \tag{3.33}$$

式中：Q_p 表示尖峰流量，m^3；0.28 为转换系数；C_s 为一个无量纲经验系数，与土壤类型、坡度、植被覆盖、土壤含水量及土地利用特征有关；I_p 为汇水时间内的平均降雨强度，mm/h；A 为集水面积，km^2。

汇水时间是指从流域最远点流到流域出口断面所需要的时间，它是流域形状和大小的函数（Mansell，2003）。经验径流系数 C_s 是式（3.33）中最主要的不确定性来源。除了响应时间和汇水面积之外，这一系数反映了各种影响峰值流量与平均雨强关系的因素。不同的土地利用类型或土壤类型具有不同的径流系数，这些系数是基于经验判断而非实测数据（Pilgrim 和 Cordery，1993）。

这个推算方法非常简单，因此广受欢迎。然而它的假定条件在实际环境下却很难满足。这一方法假设：降雨均匀分布在整个流域上，降雨-径流转化过程与降雨强度及降雨量无关，峰值流量的出现与降雨强度的发生概率相关（Ward，1995）。降雨历时的确定，是这一公式的难点，因为降雨历时必须足够长，才能保证最大径流量的出现。由于很难获得准确的水文过程线时空变化特征，因此这种方法被广泛应用于城市地区，用来预报及预测峰值流量（Mansell，2003）。在城市地区应用中，对这种推算方法提出了不同的修正方法。例如，可基于不同的地表特征将流域划分为若干个子流域，根据面积对各种地表类型的径流系数进行加权求和（Mays，2005）。在其他应用中，有时也在公式中加入储水系数，以便使径流下降时间大于上升时间。

2. 估算径流总量

不同于黑箱模型，透明箱方式更注重对径流过程的理解和分析。这类方法强调径流是一个时空集成响应系统，它取决于各种不同的输入速率和汇水时间。流域水分在地表及浅层地表存在很多的流动路径。流域上每个流动路径，都汇总了各个时空上的侧向水流。

与峰值径流速率相比，估计径流深度或径流量需要更多的流域信息。美国水土保持局（SCS）（现为美国自然资源保护机构，NRCS）提出的曲线数值法（即 CN 值法），已经被广泛用来计算径流深度（Michel 等，2005）。这个方法属于经验性方法，在田间或流域上，根据下渗试验和降水与径流数据进行估算（Pilgrim 和 Cordery，1993）。它能够很好地将降水频率分布转换为径流频率分布（Jacobs 等，2003），已成功地运用于不同尺度的流域上（Rose，2004）。CN 值法结合了下渗损失、地表水储量及较大降雨事件中的短时强降雨，利用以下关系来估计累积径流量：

$$Q=\frac{(P-I_a)^2}{P-I_a+S} \tag{3.34}$$

式中：Q 为径流量，mm；P 为降雨量，mm；I_a 为初始拦截量，主要来自前期的地表储

存、截流和下渗，通常为 0.2S，mm。

S 的表达式如下：

$$S=\frac{25400}{CN}-254 \tag{3.35}$$

式中：CN 为 0～100 由经验确定的数值，与土壤下渗能力、土地利用状况、前期土壤水分条件（antecedent soil moisture condition，AMC）有关，S 单位为 m。

由于每个流域都具有不同的自然特性，通常用面积加权平均的 CN 值来代表每个流域的 CN 值（Mays，2005）。式（3.35）已经在理论和实际观测中得到证实，而公式中最大的不确定性因素来自前期土壤水分条件。

根据植物休眠期及生长季的土壤水分条件，美国水土保持局将前期土壤水分条件分为 3 种级别。AMC Ⅱ为平均水分条件，通常作为代表值。AMC Ⅰ应用于干燥土壤环境，AMC Ⅲ应用于湿润土壤条件。根据土壤下渗特性，将其分为 4 类水文土壤组。其中，A 组具有低径流潜力和高渗透率，而 D 组具有高径流潜力和低渗透率。此外，利用遥感和其他方法得到的土壤含水量，有助于在较高分辨率上量化土壤的空间变化。综合前期土壤水分条件、水文土壤分类和各种土地利用条件，CN 值代表的是一种平均状态。

3. 洪水过程线

洪水过程线需要最为复杂的信息，它也提供了最全面的径流估计。其中应用最广泛的方法是单位水文过程线，即水文过程线的流量单位为 1mm。单位水文过程线假设，产流量均匀分布且速率不变，在给定时间内产流量形成的径流总量与径流速率成正比。其中心假设是流域径流对产流量过程的响应是一种线形过程，降雨是流域唯一的水分输入方式。因此单位水文过程线是一定时间内流域对标准输入的响应，其中降雨历时使用的是标准化单位。例如，1 小时单位水文过程线是流域在 1h 内产生的 1mm 产流量，其速率为 1mm/h。

标准水文线分割技术可以用来确定直接径流，作为产流量。随着时间的累积，降雨深度及强度的增量都可以估算。一个时段内的产流量可通过损失模型来计算。对于单次暴雨，将径流量坐标除以径流深度就可以得到单位过程线。产流量历时决定了单位过程线的历时。对于多次暴雨，也有许多分析方法来获得其单位过程线。

时间-面积法是基于过程的估算方法，用于计算小流域的径流量及峰值流速。它不考虑壤中流，同时假定地表及河道流速不随时间变化。这是一种理论上最完善的动力学方法。这种方法基于连续性方程、动量方程、流域几何特征与排水系统之间的关系。在已知流域初始水分的条件下，可用前期降水指数或归一化的前期降水指数来估算径流。这种方法所需数据较多，通常要使用计算机来计算。

3.5.4 积雪与径流

融雪对水循环的影响受到太阳辐射的影响，水分以雪的形式降落，可在地表存在很长时间，甚至多个季节。只有积雪融汇成雪水才会对河川径流产生影响，所以融雪在水文过程线上表现出明显的延迟效应。通过能量转换过程，积雪从固态变成液态，季节性融雪与雪盖上的辐射平衡有关。由于雪面比其他地表物质的属性更为复杂，因此式（3.36）的辐射平衡，需要进行拓展，才能应用于雪面。

$$R_n = K\swarrow - K\nearrow + L\swarrow - L\nearrow \tag{3.36}$$

式中：R_n 为所有波长的净辐射总量；$K\swarrow$ 为入射太阳短波辐射；$K\nearrow$ 为出射短波辐射；$L\swarrow$ 为从大气向下返回地表的长波辐射；$L\nearrow$ 为地表发射的长波辐射。

3.5.4.1 辐射平衡与雪

雪面对于太阳辐射有一定的透过性，这使得太阳短波辐射能够进入积雪中。从表面到一定深度内，积雪都能够吸收辐射。这些辐射传输和吸收特性，影响雪的辐射平衡和能量平衡。

雪面的入射短波辐射最强，它随深度的增加而递减。在积雪中，辐射通量呈指数形式衰减，即比尔定律（Beer's law）：

$$K\downarrow_Z = K\downarrow_o e^{-aZ} \tag{3.37}$$

式中：$K\downarrow_Z$ 为深度 Z 处的短波辐射；$K\downarrow_o$ 为雪面的短波辐射；e 为自然底数；a 为消光系数，m^{-1}。

短波辐射在积雪中的衰减，与消光系数有着直接的关系。消光系数大小与传输媒介的物理特性及辐射波长有关。由于介质不同，雪的消光系数要大于冰的消光系数。短波在雪中能穿透 1m，而在冰中能穿透 10m（Oke，1987）。

雪的另一个重要物理特性是反照率的变化。随着雪层由薄变厚，在数小时内雪的反照率可由 0.25 增至 0.8。在随后数天里，雪的反照率可由 0.8 降至 0.4。在短波波段，反照率因波长而异。在近红外波段，雪的反照率很低；在短波波段，雪的反照率较高，这与大多数土壤及植被表面的情况相反（Oke，1987）。

图 3.4 显示了美国加里福尼亚州内华达山脉西部的塞拉利昂积雪中心实验室（40°N，海拔 2273m）给出的 1954 年 4 月 22 日，在天气晴朗的条件下，雪面辐射平衡图。同其他地表相比，白天雪面的净辐射很小，这是由于高反照率导致雪对短波辐射的吸收很少。即使短波辐射进入积雪中，也由于其高反射率而被反射掉。由于反照率的影响，进入积雪的辐射吸收量远远低于反射量。在长波部分，由于雪面温度较低，向上长波辐射相对较少，而向下长波辐射也很小。由于长波净辐射和短波净辐射都很小，因此总的净辐射也很小。

式（3.36）中地表辐射通量，是太阳高度角、纬度及稳态大气边界层的函数（Pomeroy 等，2003）。被雪覆盖的草地、平原及冻原的地表辐射通量可应用此公式，但高山地带受到周围地形影响，则较为复杂。由于地形的遮挡，高山雪面可接收来自周围地表的反射及发射的能量（Plüss 和 Ohmura，1997）。山区雪面的辐射平衡如下形式：

$$R_n = (I_s + D_s + D_t) + (1-\alpha) + L_a\swarrow + L_t\swarrow - L\nearrow \tag{3.38}$$

式中：I_s 表示太阳直接辐射；D_s 表示太阳散射辐射；D_t 为周围地形引起的散射辐射；L_t 为来自周围其他地形的长波辐射，其他变量的定义同式（3.36）。

除了 α 为无量纲，其他变量的单位均为 W/m。

在多山地区，来自周围地形的长波辐射是地表辐射平衡的重要部分。由于长波辐射昼夜均存在，因此它对理解能量平衡和融雪的空间变化关系有着非常重要的作用。由于坡度及方位的作用，需考虑雪的堆积、融雪能量、雪融水通量对径流的影响（Pomeroy 等，2003）。

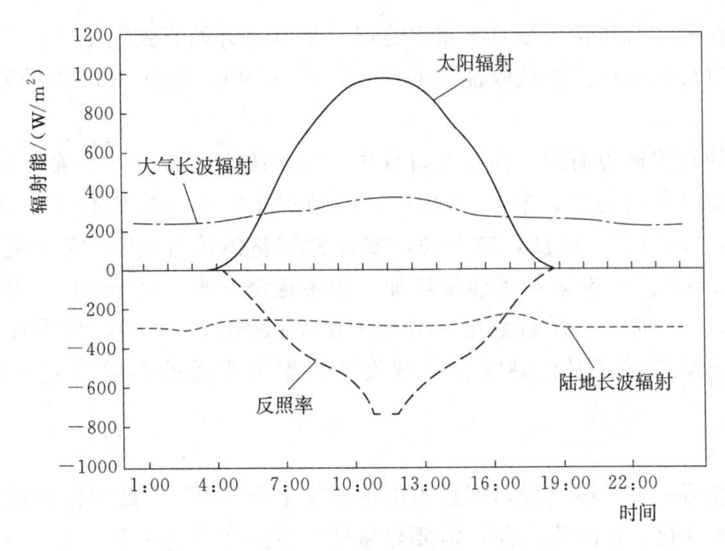

图 3.4　雪面辐射平衡

［数据源自 US Army Corps of Engineers（1956）］

3.5.4.2　能量平衡及融雪

关于雪的能量平衡及融雪特征的研究，可以追溯到 1965 年美国陆军工程兵团的工作。由于短波辐射对积雪的穿透性以及积雪内部水分运移和相变过程，因此雪的能量平衡格外复杂。把积雪视为具有一定容积的物体，有助于理解融雪过程中的能量通量及内部物理变化。

$$R_n = LE + H + G \tag{3.39}$$

通过加入融雪的各种能量来源，可将传统的能量平衡［式（3.39）］改写成适用于雪面的能量平衡公式。融雪能量来源包括净辐射量 R_n、感热通量 H、潜热通量 LE、土壤热通量 G 以及降雨或降雪时提供给积雪的能量。其能量平衡表达式如下：

$$SN_m = R_n + H + LE + G + D \tag{3.40}$$

式中：SN_m 为融雪所需能量，W/m²；R_n 为净辐射量；H 为地表与大气之间的温差所导致有大气感热，以传导和对流方式进入大气；LE 为地表蒸发或大气水汽凝结所导致的潜热通量；G 为土壤热通量；D 为由降雨或降雪时提供给积雪的能量。

在式（3.40）中，R_n 为融雪所需能量的主要来源（Plüss 和 Ohmura，1997；Suzuki 和 Ohta，2003）。白天净辐射的最大吸收量位于雪面之下（Oke，1987）。因此，最大能量界面、最高气温和最大通量层与雪面并不一致。在夜间，仅存在长波辐射交换，这时活动平面位于雪面或近表面。由于雪的热导率很低，在积雪上表层内存在很大的温度梯度。因为积雪内的热能小于辐射损失，所以雪面会变得很冷。

雪是地面的有效保温罩。0.1m 的新雪就可以将地面隔离。因为雪的热导率很低，故有雪覆盖的地面，通常辐射变化很小。由于下层热流不能很快地补充表面的辐射损失，低温地表使大气变得稳定而很难产生对流，这有助于出现局部低温现象。在夏季，由于太阳短波辐射的强烈穿透作用以及水分下渗到积雪深层，有助于热量传递，所以整个积雪层能够迅速并均匀地达到零度。

融雪是指水分由固态转换为液态的过程。在这个过程中，涉及了气候驱动下的能量通量变化，因此在水文气候学领域具有重要意义。融雪从开始直到完全融化是一个连续变化的过程，这一过程受到积雪所接收能量的驱动。在0℃时，融化1cm深的积雪需要39W/m^{2}的能量。

由雪至水的转化称为消融。在这个过程中，雪量减少。可以将消融视为与积雪增加相反的过程。在能量平衡为负、并且$SN_m<0$的情况下，不会发生融雪。在这种条件下，积雪温度降低，"冰冷度"增加，或者说，要使积雪整体接近0℃，需要更多的能量。当能量平衡为正、$SN_m>0$时，积雪能量增加，积雪逐渐变暖，直至0℃。直到整个积雪达到0℃并且$SN_m>0$时，才开始融化（Marks和Winstral，2001）。如果存在连续的净能量输入，使得$SN_m>0$，那么融雪会持续发生。季节积雪的消融过程一般可分为三个阶段：

1. 积雪升温

首先积雪经历一个升温过程，即积雪温度稳定上升至0℃。此时没有融雪产生，只是积雪温度发生了变化。在融化之前，需要热量使积雪温度升至融点，这一热量被定义为冰冷度。冰冷度（SN_{cc}）可用以下公式表示：

$$SN_{cc}=-c_i\rho_w h_m(T_s-T_m) \tag{3.41}$$

式中：c_i为冰在0℃时的比热容（2.05J·g^{-1}·K^{-1}）；ρ_w为水的密度，g/cm^3；h_m为雪水当量，cm；T_s为积雪的平均温度,℃；T_m为融化温度,℃。

冰冷度描述的是积雪温度上升至0℃所需要的能量，在融雪之前就可以确定。

2. 积雪熟化

当积雪达到0℃后，多余的热量使积雪进入熟化阶段。这一阶段产生了融雪水，但由于表面张力作用，雪水停留在积雪内部。也就是说，没有水分流出，一直到这一阶段结束，积雪温度都是0℃。在这种情况下，积雪处于熟化，在积雪内部没有容纳任何雪融水。使积雪达到熟化所需要的能量SN_r，等于冰冷度与融雪所需的潜热之和。其计算公式如下：

$$SN_r=\theta_{ret}h_s\rho_w\lambda_f \tag{3.42}$$

式中：θ_{ret}为积雪中可以存储的最大水量，可以根据经验研究来估计此参数；h_s为积雪深度；ρ_w同上式；λ_f为融化潜热（3.35×10^{5}J/kg）（Dingman，1994）。

3. 积雪出流

当熟化阶段完成后，持续的能量输入会导致水从积雪中出流。表面张力不能承担多余的雪融水，故在重力作用下开始出流。水向下流动最终从表面流出。完成出流阶段所需要的净能量输入，用以下公式表示：

$$SN_0=(h_m-h_{wret})\rho_w\lambda_f \tag{3.43}$$

式中：h_{wret}为积雪容纳液态水的能力，cm；其他变量的说明与前面相同（Dingman，1994）。

在很多情况下，融雪并非完全按照以上步骤进行。有些雪面融化在第二阶段之前就开始了（Ward和Robinson，2000）。雪融水渗入积雪深层，释放的潜热使周围的雪温升高，而其本身由于稳定下降而凝结成冰。尽管如此，关于三阶段的划分，仍有助于描述和理解雪面的能量平衡如何驱动融雪过程，有助于计算各个阶段的融雪量。在晴朗天气下，往往发生融雪径流，其峰值较低但持续时间较长。

3.5.4.3 热量指数及融雪量

根据前面的能量平衡原理可以计算融雪量，但所需参数难以获得。温度指数法是已经得到长期应用的一种估算方法。气温通常是唯一可信且容易获得的参数，它与辐射、风速和湿度等密切相关，因此其误差不再成为影响估算结果的主要因素，从而这个方法得到长期应用（Luce，1995）。Ohmura（2001）指出，在式（3.30）中，当 R_n 被表示成单独一项时，气温可作为估算融雪量的有效参数，其具有很好的物理基础。能量平衡方程的拓展形式如下：

$$SN_m = K\downarrow(1-\alpha) + L\downarrow - \varepsilon\sigma T^4 + H + LE + G + D \tag{3.44}$$

式中：ε 为雪的发射率，接近1；其他变量同前所述。

$K\downarrow$ 和 $L\downarrow$ 这两项主要取决于地表大气的成分、温度以及周围的地形条件［式（3.40）中已叙述］；σT^4 这一项与右边其他变量有着本质区别，它完全由外部通量决定。σT^4 通过改变发射率来响应其他通量，以获得新的平衡。地面长波辐射是平衡状态下表面温度的函数。在式（3.44）中，各个变量之间存在着不同程度的相互关系，σT^4 不能自发地发生改变，其他变量也是如此。由于大气长波辐射是融雪的主要热源，它与 σT^4 之间的关系，使得地表温度与融雪量之间建立起密切关系，而气温则是估算融雪量的重要指数（Ohmura，2001）。

一种常用的温度指数法可以表示为

$$SNm_d = k'(T_a - T_b) \tag{3.45}$$

式中：k' 为融雪系数或融雪因子，mm/℃，它随纬度、海拔、坡度及方位、林地覆盖率、时节而变化，对于特定的地点，需要通过经验估计给出；T_a 为气温，℃；T_b 为参考温度，通常采用积雪融化温度即0℃。

在数据缺乏地区，可通过建立与区域因素之间的关联来估算 k'（Dingman，1994）。温度指数法，在许多大流域的春季积雪融化中，得到了成功的运用（Luce，1995）。但在草地或者海拔较高的小流域积雪面上效果不佳（Linacre，1992）。

从数学角度来讲，式（3.45）表明，如果气温在0℃以上时，积雪开始融化，其实并非总是如此（Bras，1990）。由雪的能量平衡公式可以看出，即使气温在0℃以下，融雪也可能发生，尤其是在晴朗无风的天气中，而此时太阳辐射在总的能量平衡中占据主要部分。同样，在晴朗的夜晚，长波辐射占主要部分，此时即使温度高于0℃，也不会发生融雪。

估算融雪系数［式（3.45）］时，森林覆盖度是最常考虑的因素之一。森林覆盖度可影响许多能量平衡变量，因此它具有一定的指示代替作用（Suzuki和Ohta，2003）。在地形条件几乎一致的情况下，气象因素也是产生差异的重要原因（Marks和Winstral，2001）。

另外一种估算日融雪量的方法是度-日法（degree - day method）。研究表明，日融雪量可以表示为平均气温的线性函数。一个度-日是指日均气温偏离参考气温一个摄氏度。一般假设，在冰点以下没有融雪的发生，在冰点以上融雪量与气温成正比。度-日法的日融雪量公式如下：

$$SNm_{dd} = D_f(T_a - T_b) \tag{3.46}$$

式中：D_f 表示度-日系数，mm/℃；其他变量同式（3.45）。

这一参数的经验值范围为 2～6mm · d^{-1} · ℃$^{-1}$，值的大小取决于具体流域的自然特性（Seidel 和 Martinec，2004）。Rango 和 Martinec（1995）指出，在融雪季节，度-日系数逐渐增加。参数的这种变化也广泛地应用在融雪径流模型中（Seidel 和 Martinec，2004）。度-日法也是估算融雪径流的标准方法，与复杂的能量平衡公式相比，它更具有可行性（Rango 和 Martinec，1995）。Clark 和 Vrugt（2006）使用基于物理现实的温度数据，成功地运用双参积雪模型，估计了山区环境的积雪量以及融雪量。国际气象组织（1986a）比较了 11 种融雪模型，分析了它们各自的估算能力。

3.5.4.4 融雪径流

由于缺乏径流过程的足够认识，还很难量化在融雪径流中究竟有多少来自雪融水。可以确定的是，同降雨相比，降雪中蒸散所占的比例较小。也就是说，大部分的季节性降雪都形成了径流。在北半球许多地区，一半以上的年径流来自于融雪，冬春径流形成时机非常重要（Hodgkins 和 Dudley，2006）。

在水文气候学中，并不是流域的所有区域都有积雪覆盖，且积雪呈不均匀分布，有一点对于计算融雪量很重要。温度、风、地形以及植被都影响到降雪积累和消融的空间分布。尤其是山坡上，可能会出现雪和裸地与植被的混合情况（Marks 和 Winstral，2001；Pomeroy 等，2003）。Anderton 等（2004）指出，地形是通过风的作用来影响雪的重新分布。这一因素是在融雪开始前影响雪分布的最重要因素。融雪的空间变化主要取决于雪的分布，而非融雪速率的变化。也就是说，对于某个地域而言，跟融雪有关的地域与跟降雨有关的地域并不相同。地势较高的流域，与地势较低的流域相比，其融雪径流过程情况也不相同。前者可被连续的积雪覆盖，而后者仅在部分区域有积雪覆盖。雪的积累过程与海拔有关，而雪的融化过程与坡向有关。在北半球，由于能量收支的不同，南坡融雪比北坡和谷底更快（Pomeroy 等，2003）。这些特征，对于预测融雪量非常重要。

雪融水在重力作用下离开积雪层。由于有效能量是融雪的主要能量来源，所以融雪主要发生在雪面，并呈现显著的周期性变化。雪融水在积雪层中存在一个下渗过程，存在着一系列的传输延迟，所以雪融水补给河道的过程存在明显的滞后现象（Meier，1990）。

到达积雪底部的水分，或下渗至土壤中，或在底部形成一个饱和带。如果底部没有结冰，也没有达到饱和，则多余的水分下渗至土壤中。同暴雨引起的洪水相比，大量雪融水的流速很小，超过土壤下渗能力的可能性也很小。在这种情况下，雪融水在浅层地表以壤中流或地下水的形式到达河道。从雪融水产生到水分抵达下游溪流的时间，取决于它在积雪中垂直下渗时间和浅层地表径流过程时间。

如果积雪底部是结冰或饱和地面，就会阻碍水分下渗。水分会在积雪底部四处渗透，并在低洼处累积起来。在积雪层中会形成饱和带，水分沿坡向下流动。当这一过程占据主导时，由于能量收支存在着日变化，水分会以波的形式到达饱和带，而到达饱和带的水分又会以波的方式，沿着坡面向下游传播（Dingman，1994）。延迟时间取决于雪融水在雪层中的垂直下渗时间。在足以产生排水的陡峭坡面上，对于完全熟化、具有中等坡度的积雪，雪下积水的产生一般需要 3～4h。在较浅的积雪层中，整个积雪层都可能成为饱和带，形成坡面流（Meier，1990）。

积雪储量是影响融雪径流量及其变化的主要因素。积雪的物理属性随着积雪的融化而改变，积雪储量的变化与能量收支有关。融化过程开始时，流域的自然属性成为雪融水流至河道的主要影响因素。雪融水至河道的路径，决定了融雪径流形成的时间。上游小溪径流的径流形成时间相对较短，并呈现日周期变化。在经历一周或数周的持续融雪后，一般下午会形成峰值径流，到夜晚由于温度骤降至冰点，流量迅速下降。这种上升—下降的日变化模式，在融雪季节会持续再现（U. S. Army Corps of Engineers，1956）。在较大的流域中，融雪过程首先在地势较低的地方开始，然后向地势高的地方蔓延。在融雪过程中，融雪范围不断扩大，共同形成流域径流。例如，在森林流域中，融雪径流不会产生流域尺度的地表径流，而是以浅层地表水、地下水或是两者混合的形式流入河川中（Seidel 和 Martinec，2004）。在这个空间尺度上，如果融雪过程持续，而且有其他储水形式补给河川径流，则融雪量会显著地增加月径流量，且通常在春末初夏达到最大值。

下面举例说明季节性降雪对年径流分布的影响。图 3.5 是麦西德河（Merced River），麦西德河同径流量与约塞米蒂国家公园的同期降水量的比较位于美国加利福尼亚州的约塞米蒂河谷（Yosemite Valley，38°N，海拔 1170m），集水面积为 831km^2。这一流域位于内华达山脉西坡，年均降水量 1140mm，96%的集水域面积终年在雪线之上，年均径流量 640mm（Rantz，1972）。雪融水对径流的影响非常显著，2 月降水达到最大值，4 月径流量急剧上升。5 月和 6 月径流量占总径流量的 60%，而这两个月的降水量却仅占年总量的 6%。11 月至次年 3 月的降水则占总降水量的 76%。

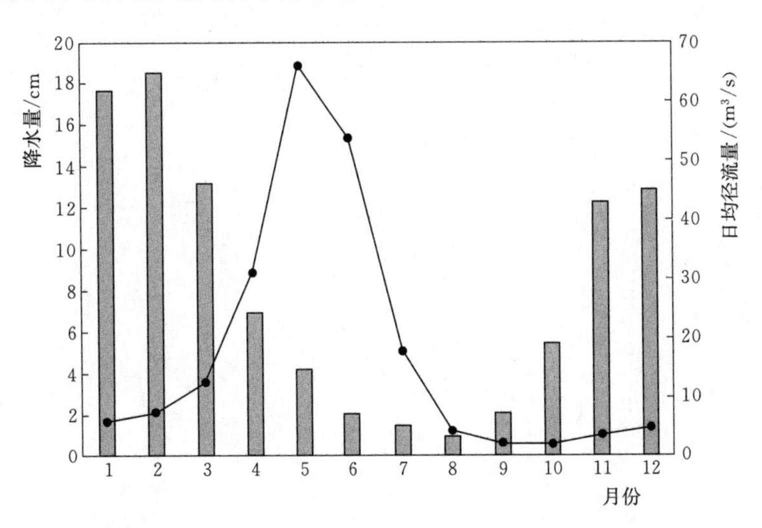

图 3.5　麦西德河的月均径流量（1971—2000 年）和约塞米蒂国家公园的同期月均降水量

（径流数据源自美国地质调查局 http：//waterdata. usgs. gov/nwis/，降水数据源自 NOAA 国家气候数据中心和橡树岭国家实验室二氧化碳信息分析中心 http：//cdiac. ornl. gov/epubs/ndp/ushcn/usa_monthly. html）

图 3.6 为 2002 年 3 月 15 日至 7 月 15 日融雪季节麦西德河的日径流量（实线）和约塞米蒂国家公园同期日最高气温（虚线）的比较，可以看出，日径流量随气温的升降而变化，并存在着滞后现象，直至 6 月 1 日大部分积雪融化。值得注意的是，随着径流量经过

数日的持续增加之后，出现三个峰值，峰值之间的最大差异为 $7m^3/s$。

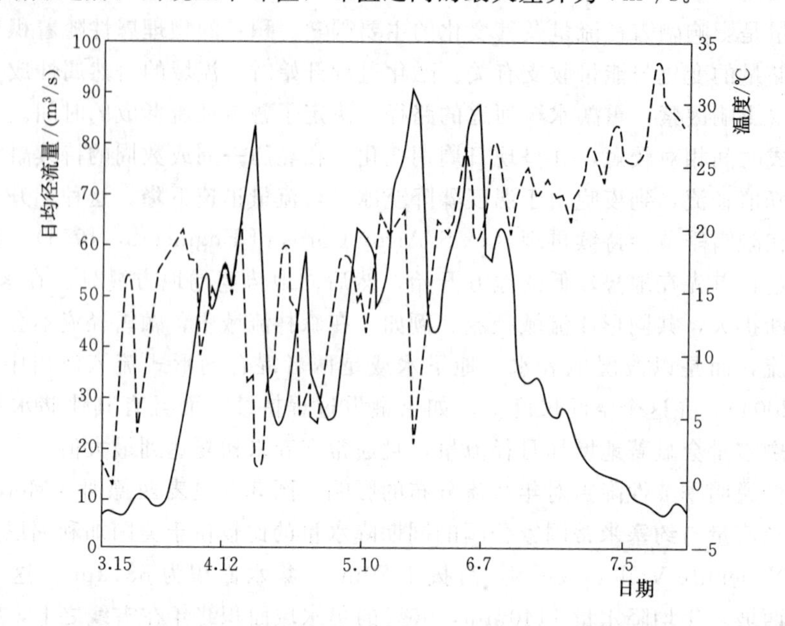

图 3.6 麦西德河的日径流量（实线）及约塞米蒂国家公园同期日最高气温（虚线）

（径流数据源自美国地质调查局 http：//waterdata. usgs. gov/nwis/，温度数据源自 NOAA 国家气候数据中心和橡树岭国家实验室二氧化碳信息分析中心 http：//cdiac. ornl. gov/epubs/ndp/ushcn/usa_daily. html）

第4章 暴雨与洪涝

4.1 暴雨概述

4.1.1 暴雨定义

暴雨通常是指短时间出现的大量降水，一般在日累积降水量不小于 50mm 时，称为暴雨。这种划分是基于某一测站固定历时（1d 或 24h）的雨量值，对于各地区之间、各年份（或季节）之间的比较是必要的，因此，这种划分方法得到广泛的应用。

在业务实践中，可按照发生和影响的范围将其分为：局地暴雨、区域性暴雨、大范围暴雨和特大范围暴雨。局地暴雨历时较短，一般仅几个小时或几十个小时，影响范围几十到几千平方千米，但当降雨强度极大时，也可造成严重的人员伤亡和财产损失。区域性暴雨一般可持续 3～7 天，影响范围可达 10 万～20 万 km^2 或更大，灾情一般，有时因降水强度极强，可能造成区域性的严重暴雨洪涝灾害，如 1975 年 8 月河南暴雨，该场降水历时 4 天，日最大降水量为 1005mm，暴雨中心最大过程雨量达 1631mm，4～8 日超过 400mm 的降雨面积达 $19410km^2$。特大范围暴雨历时最长，一般都是多个地区内连续多次暴雨组合，降雨可持续 1～3 个月，雨带长时间维持。如 1998 年长江全流域性的暴雨。

由于中国的地域分布特征，导致各地降水量差别很大。例如，在南方沿海地区 50mm 左右的日雨量比较多见，广东规定日降水量大于 80mm 才算暴雨，而西北、内蒙古及新疆等地，气候一贯干燥，降雨量达到 30mm 就算暴雨。

4.1.2 暴雨之最

世界各地各季的降雨强度均以夏季为最大，这是普遍的现象。各地一天的绝对最大降水量差异很大，在此把一天降水量之和大于 500mm 的地方和雨量（mm）列于表 4.1 中。从表 4.1 中可看出，在台湾、广东、广西等地一天的降水量为 500～1127mm，而且这样强度的降水量在南方出现的次数比北方出现的次数多很多。在北方辽宁省丹东地区也曾出现过这种强度的降水量。南方各省这种强度的降水量多半是由台风雨引起的，北方的则大都是由气旋雨造成的。

中国及世界实测最大点雨量记录见表 4.2 和表 4.3。

表 4.1 一天降水量大于 500mm 的记录 单位：mm

地名	雨量	地名	雨量	地名	雨量
广东南塘	516.0	广西东兴	511.0	广西龙潭	530.1
广东南俸	544.0	广西大直	606.6	广西北海	554.5
广西老虎滩	634.1	广西那梭	630.0	广西荷木水库	554.4
广西大垌	519.0	广西三洞田	535.5	香港	520.8

续表

地 名	雨 量	地 名	雨 量	地 名	雨 量
香港	534.0	台湾三块厝	534.0	浙江昌禅	514.9
广东海丰	532.0	台湾雁尔	510.0	浙江市岭	563.9
台湾大武	880.0	台湾竹奇	1050.0	上海塘桥	558.2
台湾屏东某地	685.0	台湾甲仙	566.0	江苏潮桥	652.7
台湾潮可	1127.0	台湾台南	500.0	河南扬楼	832.0
台湾近黄	500.0	台湾拔子	583.0	安徽刘圩	553.0
台湾浸水营	693.0	台湾花莲港	530.0	安徽江塔	589.0
广西奇石	617.0	台湾天送埠	960.0	江苏大丰闸	531.9
台湾大埔	969.0	台湾坪林	515.0	河北七峪	643.0
台湾奋起潮	1034.0	台湾大南沃	541.0	河北富岗	500.5
台湾阿里山	790.0	台湾火湖	666.0	北京东直门	609.0
台湾二万平	698.0	台湾桃园	590.0	天津新集	543.0
台湾达邦	870.0	台湾台北	680.0	辽宁丹东	561.0
台湾幼叶林	861.0	福建坂头	506.8	辽宁荒沟	573.4
台湾芜浓	509.0	福建拓荣	523.0	辽宁下河口	526.8
台湾梓树坪	677.0	浙江小佐	509.7	辽宁黑沟	645.5

表 4.2　中国实测最大点雨量

降雨历时	雨量/mm	地 点	时间（年．月．日）
5min	53.1	山西梅洞沟	1971.7.1
30min	148.4	粤东东溪口	1979.6.11
45min	162.6	河南下陈	1975.8.5
60min	245.1	粤东东溪口	1979.6.11
2h	380.9	粤东东溪口	1979.6.11
6h	830.1	河南林庄	1975.8.7
24h	1672.0	台湾新寮	1967.10.17
3d	2749.0	台湾新寮	1967.10.17—19
5d	1631.0	河南林庄	1975.8.4—9
7d	2050.0	河北獐么	1963.8.2—8

表 4.3　世界实测最大点雨量

降雨历时	雨量/mm	地 点	时间（年．月．日）
1min	38.0	瓜德罗普岛，巴罗特（Barot，Quadeloupo）（西印度群岛）	1970.11.26
8min	126.0	巴伐利亚，菲森（Fussen，Bavaria）（德国）	1920.5.25
15min	198.0	牙买加，普尤贝角（Plumb Point，Jamaica）	1916.5.12
20min	206.0	库尔蒂-地-阿尔杰什（Custea - de - Arges）（罗马尼亚）	1889.7.7

续表

降雨历时	雨量/mm	地　点	时间（年．月．日）
42min	305.0	霍尔特（Holt，Mo.）（美国，蒙弋拿）	1947.6.22
2h10min	483.0	罗克波特（Rockrort）（美国，西弗吉尼亚）	1889.7.18
2h45min	559.0	德哈尼斯（NNW27.3km）（D'Hanis）（美国，得克萨斯）	1935.5.31
4h30min	782.0	斯梅士波特（Smethport）（美国，宾夕法尼亚）	1942.7.18
9h	1087.0	贝洛凡（Belouve）（法国，留尼旺）	1964.2.29
12h	1340.0	贝洛凡（Belouve）（法国，留尼旺）	1964.2.28—29
18h30min	1688.0	贝洛凡（Belouve）（法国，留尼旺）	1964.2.28—29
24h	1870.0	芝拉奥斯（Cilaos）（法国，留尼旺）	1952.3.15—16
2d	2500.0	芝拉奥斯（Cilaos）（法国，留尼旺）	1952.3.15—17
3d	3240.0	芝拉奥斯（Cilaos）（法国，留尼旺）	1952.3.15—18
4d	3504.0	芝拉奥斯（Cilaos）（法国，留尼旺）	1952.3.15—18
5d	3854.0	芝拉奥斯（Cilaos）（法国，留尼旺）	1952.3.15—18
6d	4055.0	芝拉奥斯（Cilaos）（法国，留尼旺）	1952.3.15—19
7d	4110.0	芝拉奥斯（Cilaos）（法国，留尼旺）	1952.3.15—19
8d	4130.0	芝拉奥斯（Cilaos）（法国，留尼旺）	1952.3.15—19
15d	4798.0	切拉彭吉（Cherrapunji）（印度）	1931.6.24—7.8
31d	9300.0	切拉彭吉（Cherrapunji）（印度）	1961.7
2个月	12767.0	切拉彭吉（Cherrapunji）（印度）	1961.5—7
3个月	16369.0	切拉彭吉（Cherrapunji）（印度）	1961.6—7
4个月	18738.0	切拉彭吉（Cherrapunji）（印度）	1961.4—7
5个月	20412.0	切拉彭吉（Cherrapunji）（印度）	1961.4—8
6个月	22454.0	切拉彭吉（Cherrapunji）（印度）	1961.4—9
11个月	22990.0	切拉彭吉（Cherrapunji）（印度）	1861.1—11
1a	26461.0	切拉彭吉（Cherrapunji）（印度）	1860.8—1861.7
2a	40768.0	切拉彭吉（Cherrapunji）（印度）	1860—1861

4.2 暴雨的时空分布特征

4.2.1 暴雨的分布

我国是典型的季风气候区，降水的时空变化受季风影响显著。夏季风带来充沛的水汽和层结不稳定，有利于暴雨的形成。影响我国暴雨的亚洲夏季风主要有三类：一是来自印度洋的南亚西南季风，经索马里、阿拉伯海、印度半岛、南海北上到达我国，也可以从孟加拉湾北部经我国西南地区进入；二是来自西太平洋的东南季风，它可以直接随副热带高压或热带系统（如台风或赤道辐合带）北上影响我国暴雨，多发生在 7—8 月我国北方地区；三是来自南半球澳大利亚的冷空气经中印半岛、南海到达我国华南地区，影响我国的暴雨。

根据国内外相关研究，可以把亚洲季风对我国暴雨的作用概括成 5 个方面：①夏季风的进退基本决定了暴雨发生的季节分布；②季风强度的变化与脉动决定了某一时段降水与暴雨区的位置与旱涝事件是否发生；③夏季风是直接或间接输送水汽的系统，可源源不断为暴雨区提供水汽来源；④夏季风的低频振荡（例如季节内振荡）和季风气流中的扰动（如热带气旋、热带低压、赤道辐合带）多是强对流天气系统，能产生较强的上升运动，尤其当这类系统发展或注入新的能量时，上升运动明显加强；⑤暖湿的夏季风气流从低层北上时所造成的暖湿平流，使气层位势不稳定，湿气层厚度增加，有利于暴雨区对流活动的爆发和持续，使降雨量和降雨强度明显加大。除台风暴雨外，大多数暴雨都与中高纬度冷空气向南的侵入有关，夏季副热带高压、南亚高压、副热带西风急流等行星尺度系统北上与中高纬环流相互作用可产生强烈降水。

我国地形复杂，气候多样，各地的年总雨量分布极不均匀，总体上降水自东南向西北逐渐减少，但各地的降水特点又有明显差异。时间上，我国的雨季主要集中在夏季、春季和秋季对某些地区来说也是重要的雨季。受西太平洋副热带影响，我国降水雨带呈现随时间的由南向北推进。图 4.1 是我国历年各月副热带高压脊线的平均位置和相应的我国东部雨带位置分布图（陶诗言等，1980）。副热带高压脊线的进退时间和雨带的进退时间恰好一致。副热带高压脊线位置的异常对我国暴雨发生的地区有重要影响。

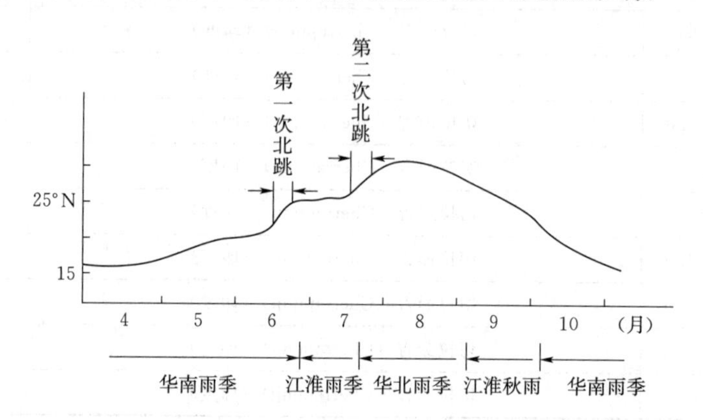

图 4.1　我国历年各月副热带高压脊线的平均位置和相应的东部雨带位置分布（陶诗言等，1980）

1. 华南前汛期暴雨

一般来讲，华南前汛期降水开始于 4 月初，盛期在 5—6 月。研究发现，华南前汛期降水存在着主周期为 40～60 天的低频振荡，广州降水的功率谱分析进一步表明，除了 40～60 天的低频振荡外，还有 12 天左右的准两周振荡（Quasi - Biweekly oscillation），华南地区这两种降水振荡是夏季风相应周期振荡的反映。此外，华南前汛期降水的暴雨过程很多，每年都要出现 10 次以上的暴雨过程，多区域性或连续性大暴雨以及特大暴雨，尤其是广东省，特大暴雨出现的频数及其中心最大雨量都比广西和福建大得多。

华南前汛期暴雨基本上产生于冬半年的环流形势之下。主要的环流特征是西太平洋副热带高压首先北跳至20°N附近，但尚未进入我国；夏季风在南海爆发，东亚冷空气活动逐渐减弱，但冷空气不时到达南海北部，印度西南季风尚未爆发；高层南亚高压尚未跃上青藏高原，副热带高压尚未进入我国大陆。雨带是西风带天气系统和热带夏季风气流共同作用的结果。中高层对流层西风带伸展偏南，冷空气不时到达华南以及南海北部，南支西风仍然活跃。华南前汛期雨季正处于东亚环流6月突变之前。华南前汛期暴雨过程主要受三种降水系统的影响：第一种是地面斜压区（华南冷锋和静止锋）、天气尺度辐合区（季风槽、锋面低压槽）和暖湿区；第二种包括低空急流、低涡、切变线和边界层辐合线。第三种是冷空气活动和锋面系统存在，这些天气系统是暴雨的启动机制和水汽输送的必备条件。

2. 江淮梅雨

梅雨是每年6月中下旬至7月上半月的初夏，在江淮流域至日本南部区域频繁出现连阴雨天气，常有暴雨。这时正值江南梅子成熟，故称“梅雨”。又因温度高湿度大，东西易受潮发霉，又称“霉雨”。典型的梅雨长20～24天，入梅日期在6月6—15日，最早和最晚入梅时间有时相差40天；出梅日期在7月7—10日，最早和最晚出梅时间有时相差46天。一般来说，梅雨期越长，梅雨量越大。

梅雨出现在东亚大气环流由春到夏的转变时期，每年的梅雨期天气有很大差异，有的年份出现持久且强的降水，有的年份则出现“空梅”。梅雨天气的主要特征是雨量充沛，相对湿度大，地面风力较小，降水多属于连续性降水，常常是大雨或暴雨，是典型的大范围降水过程，而非局部的小范围天气。

我国梅雨主要发生在湖北宜昌以东，26°N～34°N之间的江淮流域。梅雨结束后，雨带移到黄河，长江流域降水量减少，晴天增多，温度升高，天气炎热，进入盛夏。梅雨的另外一个重要特征是梅雨期降水集中，容易造成内涝和洪水灾害。此外，雨季的早晚以及夏季江淮地区降水的多寡有不同说法。如“少梅”和“空梅”是指降水很少，出现干旱现象，“丰梅”指降水偏多，“早梅”指降水出现提前，而“晚梅”是指梅雨出现时间晚于正常年份。

入梅和出梅时间、梅雨期长短和梅雨量都是梅雨的重要特征参数，其中，入梅和出梅时间是关键参数。实际上，就长江中下游而言，各地入梅和出梅时间存在差别。梅雨量以上海、南京、芜湖、汉口和九江五个站的梅雨期降水总量为基准，1885—2000年多年平均五个站的梅雨总量是1293mm，每年的梅雨量用百分数表示，某年梅雨量R_m可表示为

$$R_m=\frac{\text{某年五站梅雨总量}}{\text{多年平均梅雨量}}\times 100 \tag{4.1}$$

梅雨强度M可按式（4.2）计算：

$$M=\frac{\text{雨日总数}}{\text{梅雨期长度(入梅日与出梅日长度)}}\times\text{多年平均梅雨总量} \tag{4.2}$$

梅雨期强度M值的大小能比较全面地反映长江中下游梅雨强弱及对当地旱涝的影响。表4.4给出了长江中下游历年入梅、出梅时间和梅雨期长度、梅雨量等参数。

表4.4　1885—2000年长江中下游梅雨参数的统计结果（摘自：魏凤英和张京江，2004）

分类	最小值	最大值	平均值	标准差
入梅日期	5月26日	7月9日	6月17日	9
出梅日期	6月16日	8月23日	7月11日	12
梅雨期长度/日	2	68	21	12
梅雨量/%	4	288	100	65
梅雨强度	54	3483	943	608

3. 北方盛夏暴雨

中国东部降水的年度进程主要受副高和季风气流的影响。7月中旬，随着副高脊线位置的北移，降雨区到达黄河流域及北方地区，华北雨季开始。北方降雨多为过程性降水，很少出现像江淮、华南地区那样的连绵细雨。主要特点表现为降水时段集中、局地性强、降水强度大、持续时间短等特征。可见，北方雨水主要集中在夏季，华北和东北的降水雨季从7月中旬到8月。此外，8月下旬，副热带高压脊线南退，雨带也随着撤退，形成江淮秋雨。9月上旬退回到25°N附近，10月上旬到达20°N以南，华南雨季开始。

华北盛夏暴雨的主要特点可概括为：①降水强度大，持续时间短。夏季暖湿空气北上，同时冷空气活动也很频繁，冷暖空气强烈交替的结果，可造成很强的暴雨。有时暴雨日雨量可达100mm以上，也有200mm以上的特大暴雨过程。1975年8月7日河南省林庄出现24小时降1060mm的降水量，5～7日三天共降1605mm，创下中国大陆地区的最高记录。北方暴雨持续降水时间比江南和华南短得多，一般只有1～3天，最多也只有10天左右。降水过程比较清楚，结束后天气转晴，不像华南和江南阴雨持续，湿度大而光照少。②降水局地性强，年际变化大。华北和东北盛夏强降水过程中暴雨的覆盖面积较小，一般长宽只有200～300km，而且，每年暴雨落区多不相同。无论从暴雨次数，还是从暴雨发生地，华北和东北地区都存在很大的年际变化。例如，1963年8月河北省特大暴雨（简称“63・8”大暴雨）主要降落在太行山东麓一个狭长地带内。1975年8月河南省特大暴雨（简称“75・8”大暴雨）主要降落在伏牛山的迎风面。1958年7月中旬黄河中游暴雨（简称“58・7”大暴雨）集中出现在三门峡到花园口黄河干流区及伊、洛、沁河流域的狭窄地区。2012年7月21日北京市特大暴雨（简称北京“7・21”特大暴雨）主要出现市区到房山一带，最大降雨点出现在房山区河北镇，达到460mm，暴雨引发房山地区山洪暴发，拒马河上游洪峰下泄。③降水时段集中。华北地区降水80%～90%出现在6—8月，主要雨季又以7月下半月到8月上半月为主，因此，北方暴雨出现时期常有“7下8上”之说。④暴雨与地形关系密切。华北暴雨主要出现在山脉的迎风坡，燕山南麓、太行山东麓和南部、伏牛山东麓以及沂蒙山区都是暴雨集中的地区，在太行山以西、燕山以北及河北东部地区暴雨日数明显偏少，这反映了地形的影响。河北省190个大暴雨（日降水量不小于100mm）中心分布的统计结果表明，山脉迎风坡占60.4%，平原地区占34.2%，而高原及山脉背风坡只占5.4%。由此可见地形对华北暴雨十分重要。东北亦是如此，特大暴雨主要出现在平原向山区过渡的大小兴安岭和长白山一带。

4. 华西秋季暴雨

华西秋雨是我国华西地区秋季多雨的特殊天气现象，常常出现影响范围大、持续时间长的连阴雨过程。它主要出现在四川、重庆、渭水流域（甘肃南部和陕西中南部）、汉水流域（陕西南部和湖北中西部）、云南东部、贵州等地。其中尤以四川盆地和川西南山地及贵州的西部和北部最为常见。华西秋雨可以从9月持续到11月左右，持续时间长是其最鲜明的特点。最早出现日期有时可从8月下旬开始，最晚在11月下旬结束。由于秋季暖湿气流通常不及盛夏，因而降雨强度并不是特别大，主要特点是雨日多，以绵绵细雨为主。在秋收的季节里，阴雨天气导致气温下降，成熟的秋粮易发芽霉变，未成熟的秋作物生长期延缓，容易遭受冻害，对农业生产极为不利。华西地区山地众多，长时间连阴雨后容易出现滑坡泥石流。

我国秋季雨量大致有3个中心：①雨量不小于200mm的区域分布在陕西南部、四川东部、重庆、湖北西南部和贵州北部；②四川中南部、云南大部分地区；③华东以及华南南部和海南地区。因此，9—10月的雨量中心除了华东、华南南部和海南外，似乎与我国降雨量的空间格局不一致，这正是华西秋雨的特征。进一步分析9—10月降雨总量占全年降雨的百分率可以看出，除海南外，数值不小于20%的区域分布在甘肃南部，宁夏，陕西中南部，四川东北部、中西部以及云南西、北部，甚至在陕西南部、甘肃南部有超过24%的极大值中心，这反映了华西秋雨的另一个特点。由此可见，相对于多年平均降雨量分布，雨量占全年百分率的空间分布更能够体现出华西秋雨的范围。

用9—10月降雨日数总和不小于20天的区域主要分布在西南地区，中心位于四川中部到云南的长江上游地区。此外，浙江、湖南南部及海南部分地区降雨日数也超过20天。由此可见，降雨日数对我国西南地区的秋雨有一定体现，但华西秋雨集中于9—10月，而西南地区此时仍处在夏季风系统控制下的雨季，由于地理分布的差异使得降雨日数中心偏西偏南，削弱了汉水与渭水流域秋雨日数的极大值特征。华西地区9—10月雨日占全年雨日的百分比，不小于20%的极大值分布主要位于陇中南、陕南及川北地区，在四川、云南交界处的横断山区，有2个极值中心呈不连续分布，特别是四川中部地区，数值显著偏小。

因此，华西秋季降水对年降水量的贡献确实较大，雨日数量占年雨日的百分比也明显多于华北、东北和东部地区。

5. 台风暴雨

台风影响地区常常出现暴雨，甚至特大暴雨，伴随爆发性洪水，其破坏性和所造成的灾害极强。通常一次台风过程可以造成300～400mm的特大暴雨，有的台风甚至可以产生惊人的暴雨。例如，1975年8月受7503号台风和西风带系统的共同影响，河南省仅在几天之内便下了超过历史年降水量两倍之多的特大暴雨。

台风暴雨主要有三种类型：①台风环流本身所造成的暴雨，它主要集中在台风眼壁附近的云墙、螺旋云带及辐合带中，这种降水随台风中心的移动而移动。②台风与西风带系统或热带其他系统共同作用而造成的暴雨。例如，北方冷空气南下遇到台风倒槽会在台风的前方形成另一个暴雨区。③受地形影响，在迎风坡暖湿气流被迫抬升而形成的暴雨，如浙闽山地在台风登陆前1～2天就出现暴雨，就是台风北部的东风气流被山地抬升所造成的。

台风登陆后常常出现暴雨增幅而形成特大暴雨。台风环流暴雨的增幅与从低纬流入的云带有密切关系。当台风南面有明显的流入云带与台风螺旋云带连接时，为台风提供了大量的水汽和能量使降水强度猛增。台风与西风带系统和热带其他系统共同作用时，也使暴雨增幅，例如，河南省“75・8”大暴雨过程中，在对流层中上部（300～400hPa）先后有两个西风带小槽影响暴雨区上空，对台风低压的维持和降水活动都提供了有利条件。在此期间，850hPa 上从大东岛经冲绳、上海直到郑州与南阳之间，存在一条东南-西北走向的低空偏东急流，它源源不断地向暴雨区输送水汽和能量，使得台风长期不消和持续出现暴雨。这支低空急流形成于加强西伸的西太平洋副热带高压与北抬的赤道低压带之间，其作用与前面提到的流入云带相似。这一实例说明台风环流与中低纬其他系统相结合，会使暴雨持续时间增长和暴雨显著增强。

4.2.2　我国暴雨的不同尺度时间变化

暴雨的发生受到不同时间尺度因子的影响，因而表现出不同时间尺度的变化。大致可分为：日变化、季节内变化、年变化/季节变化、年际变化以及年代际变化。下面对这些变化做一个简要说明。

1. 日变化（Diurnal variation）

我国暴雨日变化的最主要特征是暴雨的夜发性。广为人知的如“巴山夜雨”和洞庭湖畔的“潇湘夜雨”。夜雨指夜间到凌晨这一阶段雨量有明显增大的现象，并出现一个主要的峰值。各地区造成“夜雨”的原因不尽相同，但由于云区顶部长波辐射冷却作用而使得雨区的大气层结变得更不稳定，可能是夜雨发生的共同原因。

2. 季节内变化（Intra - seasonal variation）

季节内变化是指 10～90 天时间尺度的低频变化，其中以 10～25 天与 30～60 天周期为主要模态。10 天以下的变化为高频的天气尺度变化。在我国的主要降水季节（4—9 月）中可以观测到明显的季节内变化。暴雨经常出现在多降水位相（湿期）。

3. 年变化/季节变化（Annual variation/inter - seasonal variation）

我国大部分地区的降水集中在夏半年（4—9 月），在冬半年，一般很少出现暴雨。随着季节的推移和东亚季风的季节进程，我国的降水最集中的地带或季节雨带从晚春到盛夏不断向北移动。4—6 月上旬，大陆主要降雨地带徘徊在南岭以南地区，即华南前汛期暴雨。华南是指武夷山-南岭以南的广西、广东、福建、台湾和海南五省区区域，属于热带季风气候区，是我国年平均温度最高、雨期最长（4—10 月）且雨量最充沛的区域。大致可分为两个阶段：一是华南前汛期（4—6 月），该雨季是西风带环流系统与热带季风环流系统相互作用所产生的。二是台风汛期降水，是由台风、热带辐合带等热带系统所造成的降水。在 6 月下半月，随着夏季风的加强与北推，最多降雨区域移至长江流域。

4. 年际变化（Inter - annual variation）

我国暴雨发生的时间、地点和持续长度有明显的年际变化，有些年份暴雨频发、强度大、持续时间长，在大范围地区形成严重的洪涝灾害，而在另一些年份，暴雨出现较少，或以局地短历程暴雨为主。暴雨的年际变化受到许多因子的影响，其中最直接的原因是亚洲大气环流，尤其是阻塞形势和副热带高压以及季风年变化的影响。作为年际变化的外强迫因子，ENSO 事件和高原积雪的年际变化也是重要的影响因子，尤其是在 El Nino 年的次年，我国的主要雨区偏于长江及其以南地区，暴雨易发生在我国南方，1998 年特大暴雨是一个明显的例子。

5. 年代际变化（Inter－decadal variation）

近50年来，我国的降水型发生了年代际变化。在我国西部地区尤其是西北，降水从20世纪80年代中由偏少转为偏多，而在我国东部，夏季降水的分布分别在1978年和1992年发生了两次突变，主要多雨带在1951—1978年间位于华北地区，之后在1979—1991年移至长江流域，而在1992年以后又进一步南移至长江以南地区。我国夏季多雨带在近50年里连续地向南移动反映了降雨的年代际变化，其结果是我国东部的夏季雨型由20世纪70年代末以前的“南旱北涝”转型为目前的“南涝北旱”。根据丁一汇等（2007）的分析，这种年代际变化是亚洲夏季风减弱的结果，而这种季风的减弱是热带中东太平洋海表温度和青藏高原冬春积雪年代际增多共同造成的。

4.3 暴 雨 成 因

首先，我国地处东亚季风区，季风性气候特征明显。每年夏季，活跃的夏季风可以到达华北、西北甚至东北地区。在这个环流背景下，加上我国复杂的地形作用，使得我国经常出现强暴雨天气，并引发严重的洪水灾害。从20世纪70年代开始，我国先后组织了“75·8”河南大暴雨研究、华南前汛期暴雨研究、长江流域暴雨研究、台风观测和预报业务试验等大型科研活动，对我国暴雨的成因、物理机制、活动规律包括预报方法做了大量研究工作。

暴雨一般发生在中小尺度天气系统中，时间尺度从几十分钟到十几小时，空间尺度从几千米到几百千米，而形成暴雨的中小尺度系统又是处于天气尺度系统内，两者通常有着密切的关系。因此以上两类系统的集合系统称为降水系统。降水系统根据观测现象可以分为对流性和层状性两类，前者主要表现为狭窄的单体或带状阵雨、雷暴和强降水，从物理上它的运动可以是静力平衡的，也可以是非静力平衡的，具有强烈的湍流热量和动量输送。层状降水系统范围比较宽广、稳定，主要发生在锋区具有强暖平流的部分，尤其是暖锋的后缘和冷锋的前缘以及静止锋区。形成层状降水的气流运动总是静力平衡的，并且其热量和动量的垂直输送较弱。两者可以转化，一般来讲，多数降水系统在其初生、发展和强盛期是对流性的，在其衰减阶段则演变为层状的。

4.3.1 暴雨形成的客观物理条件

降水是大气中的水汽发生相变（转化为液态水滴或冰晶）降落地面的过程。从其机制分析，某一地区发生降水大致有三个过程（图4.2）。首先是水汽源地水平输送至降水地区，这是水汽条件；其次是水汽在降水地区辐合上升，并在上升过程中膨胀冷却凝结成云，这是垂直运动条件；最后是云滴碰并增长为雨滴而降落的过程，这是云滴增长的条件。这三个条件中，前两个是降水的宏观过程，主要决定于天气学条件，第三个条件是降水的微观过程，主要决定于云雾物理条件。

除上述一般降水所必须满足的条件外，作为强度很大的降水事件，暴雨的形成还必须满足如下条件。

1. 充沛的水汽供应

水汽是降水发生的必要条件，尤其是特大暴雨必须具备充沛的水汽，而且源源不断地供给与集中。暴雨是在大气饱和比湿达到相当大的数值以上才形成的，就要求大气本身水汽含量高。除了相当高的饱和比湿外，还要有辐合强度大的流场；因为只靠某一地区大气柱中所含的水汽凝结，所产生的降水量很小。为了使强对流系统得以发生发展和维持，必须有丰富的水汽供应，这就要求研究水汽供应的环流形势。风暴的降水主要由水汽辐合形成，而水汽的辐合主要由低层水汽通量辐合导致，尤其是 800hPa 以下的边界层占有很大比重，可以达到 1/2 以上。

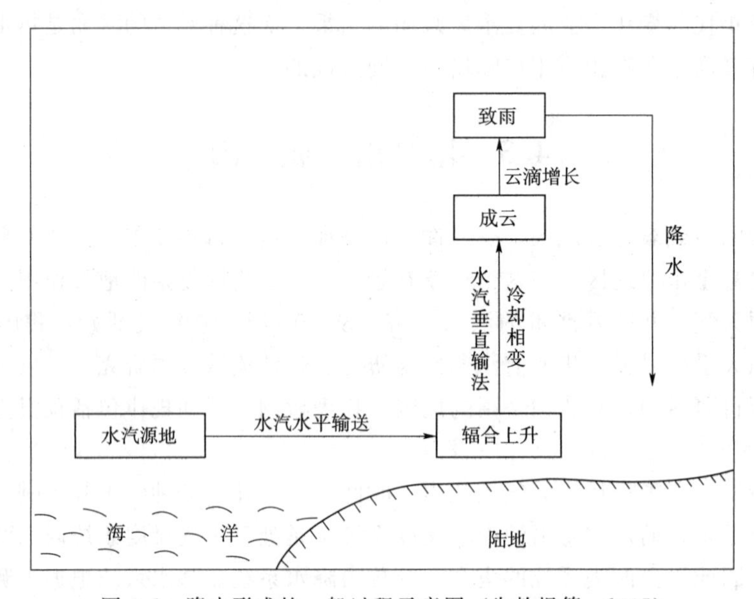

图 4.2　降水形成的一般过程示意图（朱乾根等，2005）

2. 强烈的上升运动

低层的水汽必须上升到高空，才能凝结成云致雨。与降水有关的大气上升运动包括锋面抬升作用引起的大范围斜压性上升运动、高空辐散引起的大范围动力性上升运动（主要指大尺度天气系统作用，也包括台风、赤道辐合带、东风波等热带天气系统，还包括低空急流、等流场系统以及热带云团）、中尺度系统引起的强烈上升运动（包括飑线、重力波、中尺度对流辐合体等能引起 100～200km 以下活动范围内形成局地大暴雨和烈性风波的系统）、小尺度局地对流引起的上升运动以及地形引起的气流爬升运动。

实际上，一般暴雨尤其是特大暴雨都不是在一天之内均匀下降的，而是集中在一小时到几小时内降落的，所以降水发生时的垂直运动是很大的，是由中小尺度天气系统造成的。假定饱和湿空气持续上升并且凝结的水滴全部降落，那么在 Δt 时间内单位面积上的降水量为：

$$P=-\frac{1}{g}\int_{t}^{t+\Delta t}\int_{0}^{p_s}\frac{\mathrm{d}q_s}{\mathrm{d}p}\omega\,\mathrm{d}p\,\mathrm{d}t \tag{4.3}$$

式中：q_s 为饱和比湿；ω 为 p 坐标下的上升速度；$\frac{\mathrm{d}q_s}{\mathrm{d}p}$为凝结函数。

根据式（4.3）可知，如果求得上升速度和凝结函数，就可计算降水强度。显然，降水强度的大小取决于上升速度和凝结函数。

3. 较长的持续时间

降水时间的长短，影响着降水量的大小。降水持续时间长是暴雨（特别是连续暴雨）的重要条件。中小尺度天气系统的生命期较短，一次中小系统活动，只能造成一地短时的暴雨。必须要有若干次中（小）尺度系统的连续影响，才能形成时间较长、雨量较大的暴雨。

4. 位势不稳定能量的释放与再生

强对流的发生必须具备不稳定层结。当对流开始后，大气中的不稳定能量便迅速释放出来。如果要使暴雨持久，就要求在暴雨区有位势不稳定能量不断释放和再生。对夏季大暴雨过程来说，低层暖湿空气入流十分重要，它将增加大气的位势不稳定能量。如果遇到弱冷空气或有利地形的抬升作用，就可使这种不稳定能量迅速释放，引起强对流，并伴随大量的潜热释放，反馈大气，从而导致上升速度增强。重建位势不稳定层结的有利条件是高空出现干冷平流，低层出现暖湿平流，特别是低空急流的加强和发展，往往是位势不稳定层结重建的重要征兆。

4.3.2 海气相互作用对我国暴雨的影响—ENSO

厄尔尼诺（El Nino）是指赤道中东太平洋每隔几年发生的大规模表层海水持续异常偏暖的现象，而把赤道中东太平洋表层海水大规模持续异常偏冷的现象称为拉尼娜（La Nina）。在 El Nino 和 La Nina 交替出现的过程中，南太平洋高压和印度尼西亚—澳大利亚低压变化的“跷跷板”现象，称为南方涛动（South Oscillation）。南方涛动的强度用塔希提岛（Tahiti）和达尔文岛（Darwin）的海平面气压差表示，称为南方涛动指数(SOI)。由于南方涛动气压场变化与太平洋温度场变化的一致性特征，两者通常合称为 ENSO 事件。ENSO 是热带海洋和大气中的异常现象，也是全球海气相互作用的强烈信号，对全球范围内许多地方的降水、气温要素有重要影响。

ENSO 作为全球海洋和大气相互作用的强信号，对西太平洋副高、东亚季风都有重要影响，从而影响我国台风登陆个数以及降水。研究表明，基于 ENSO 发生的不同气候背景，ENSO 循环过程的不同位相、发展阶段及其强度，ENSO 对中国暴雨的影响是不同的。近百年来，El Nino 年，我国东部北方地区夏季、秋季和冬季降水都偏少，江南地区秋季降水偏多，东南地区冬季降水显著增加；La Nina 年则相反。从形成机理上来看，El Nino 年，由于赤道西—东太平洋海表温度差异减小，沃克环流减弱，东太平洋经向 Hadley 环流增强。但西太平洋海温较往常偏低，Hadley 环流减弱，大气对流活动减弱，西太平洋副高势力较常年增强，位置偏南，导致东亚夏季风偏弱，主要雨带和风带也偏南，因此形成夏秋季南涝北旱的降雨分布型，即北方地区尤其是华北地区夏秋季降水比常年偏少，江南地区降水比常年增多。除此之外，厄尔尼诺年的冬季，东亚冬季风也减弱，而青藏高原南侧的南支西风很强，扰动活跃，引起青藏高原上大量降雪和华南地区降水偏多。而拉尼娜年则相反，赤道东太平洋海温偏低，西太平洋暖池势力增强，Hadley 环流增强，西太平洋副高势力减弱但位置比常年偏北，夏季风势力较常年增强，我国夏季降水带北移，有利于华北、黄河中游一带的降雨。冬季风也较常年增强，青藏高原南侧的南支西风偏弱，扰动少，使得冬季中国大陆降水比常年偏少。

4.3.3 地形对我国暴雨的影响

地形对强对流和暴雨有明显影响，在分析对流系统的形成、发展和移动时，地形作用不可忽略。地形对强对流的作用在于它能引起空气被迫抬升，从而激发对流发展。我国西部的青藏高原对大气环流具有明显的动力和热力作用。当气流爬越高原时，迎风坡常形成高压脊，而在背风坡形成低压槽。

动力方面，青藏高原使得气流绕行分为南北两支。其中，北支绕过青藏高原由于地形摩擦作用形成反气旋性切变，故新疆北部和内蒙古西部一带，经常有高压脊出现；南支西风在高原南部形成孟加拉湾低压槽，其槽前的偏西南风气流受地形摩擦力作用而减弱，具有气旋性切变，常导致低涡产生。故冬春季节我国西南地区因处于孟加拉湾地形槽前，低涡活动特别多。热力方面，冬季青藏高原相对于四周自由大气是个冷源，它加强了高原上空大气南侧向北的温度梯度，使得南支西风急流强而稳定。其南侧地形槽的槽前暖平流是我国冬半年东部地区主要水汽通道，强的暖湿空气向中国东部地区输送，是造成该地区持久连阴雨的重要条件。也是昆明准静止锋和华南准静止锋能长久维持，以及东海气旋生成的重要条件之一。

在欧亚天气图上，我们常常看到在青藏高原的背风一侧有图 4.3（a）中周期解和 Karman 涡列之间的波动流型出现。高原的水平尺度 L 是不变的，大气黏性系数也可以看做不随时间变化，因此，引起大气中绕高原运动的雷诺数变化的是西风风速 u。在春夏季（2—6 月）和秋季（10—11 月），副热带的西风气流正沿着青藏高原所在的纬圈，大气雷诺数较大，在高原的东北侧形成小高压，称为兰州高压（或河套高压），而在高原的西南侧形成的低压称为西南涡［图 4.3（b）］。于是在高原的东北侧和东南侧形成了两种不同的天气和气候，兰州附近的天气晴空少雨，而四川西南的气候湿润多雨。如图 4.3（b）所示，在西南涡的东侧有一支西南气流，东北侧有一支西北气流，这两支气流是高原阻碍形成的大尺度绕流，其中南支气流可以将孟加拉湾的暖湿空气输送到高原东侧，北支气流可以将北方的冷空气送到高原东侧，于是在高原地形的东侧低层大气中形成一条浅薄的锋面。当南北两支气流相当时可以形成准静止的浅层锋面，在地面天气图上有一条静止锋。这条锋面的建立和南北移动与中国雨带的移动有着直接的关系。

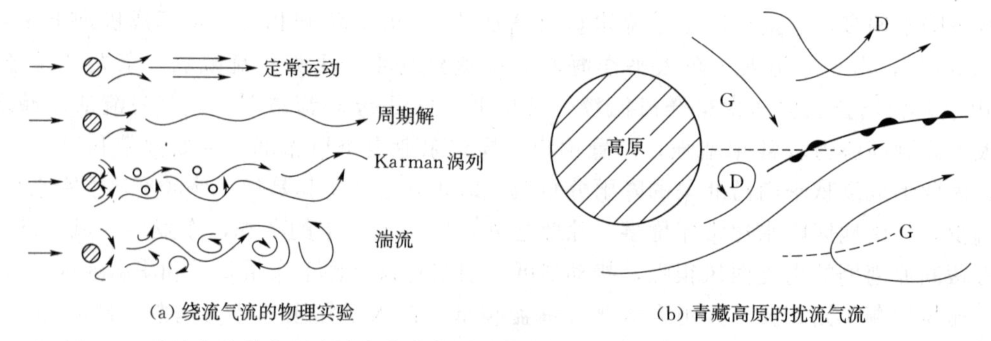

(a) 绕流气流的物理实验　　(b) 青藏高原的扰流气流

图 4.3　绕流气流的物理实验和青藏高原的扰流气流（其中 D 代表低压，G 代表高压）

（摘自：钱维宏，1996）

春夏季节，西太平洋副高位置比较偏南，北方冷空气还比较强，绕高原后的两支气流在华南交汇，形成华南静止锋，华南进入雨季。仲夏，副高逐渐增强，北方冷空气减弱，绕高原的两支气流交汇在长江流域，北支气流受地转偏向力作用有折向高原的分量，北支气流更贴近高原南下。而南支气流受地转偏向力作用有离开高原边缘的分量，加之西太平洋副高边沿西南气流的作用，地面图上形成的静止锋不是沿纬圈东西走向的，而是如图4.3 (b) 所示沿东北东-西南西走向的，从西端的两湖（湖北、湖南）平原到东端的日本海。这就是长江流域的梅雨天气形势，此时的副高脊线徘徊于20°N～25°N。随着季节变化进入7—8月，热带辐合带北移。副高脊线到达30°N附近时，高原东侧的北支气流退缩，副高控制江淮江南地区，江淮静止锋消失，雨带北移到华北。以上描述了雨带北移与地面静止锋的关系。如果没有亚洲大陆及青藏高原，则青藏高原东侧形成不了南北两支气流和低层大气中的静止锋。所以，青藏高原的存在形成了静止锋，而副热带高压随季节的变化驱动了锋面的北进和雨带的北移。

热力方面，青藏高原在夏季是一个热源，使得高原上空大气的水平温度梯度在高原北侧增大，在高原南侧水平温度梯度由高原指向南方，因而改变了风向。根据热成风原理，高原南侧西风减弱，北侧西风增强。除此之外，高原这个巨大的热源使其上空的大气几乎在整个对流层都呈对流性不稳定，及高温和高湿。接近高原的近地面层基本上是热低压。从高原南北侧辐合的气流在30°N～50°N垂直上升，而这也正是高原上夏季纬向辐合线的平均纬度，是高原上雨季的主要降水系统。由于辐合线上涡度分布的不均匀，还可产生大小不同的低涡，低涡的出现使得降水强度增大，其东向移动是造成高原东部及邻近地区夏季暴雨天气的重要系统之一。

4.3.4 影响我国暴雨的主要环流系统和环流型

暴雨形成是以行星尺度大气环流系统为背景形成的。行星尺度天气系统主要包括长波槽脊、阻塞高压、极涡、副热带高压、南亚高压、急流、赤道辐合带等。它们制约影响暴雨的天气尺度系统活动，决定大范围暴雨的位置和暴雨的水汽来源。

4.3.4.1 行星尺度天气系统

1. 西太平洋副热带高压

副热带系统同我国暴雨关系最为密切，尤其是西太平洋副热带高压系统的进退、维持和强度变化。尽管副热带高压内部盛行下沉气流，天气晴好，但影响我国的并不是副高主体，而是它伸向大陆的脊。西太平洋副高的北侧是中纬度西风带，也是副热带的锋区所在。副热带高压西部的偏南气流可以从海面上带来充沛的水汽，并输送到锋区的低层，在副热带高压的西到北部边缘区形成一个暖湿气体输送带，向副热带高压北侧锋区源源不断地输送高温高湿的气流。当西风带低槽或低涡移经锋区上空时，在系统性上升运动和不稳定能量释放所造成的上升运动共同作用下，使充沛水汽凝结而产生大范围降水，形成雨带，并伴有暴雨。

西太平洋副热带高压季节性活动与我国东部各地雨季的起止时间有着密切关系。平均来说，当副高脊线位于20°N以南时，雨带位于华南，称为华南前汛期雨季；当副高脊线徘徊于20°N～25°N时，雨带位于江淮流域，此时为江淮梅雨季节；当脊线位于25°N～30°N时，雨带推进至黄淮流域，黄淮雨季开始；当副高脊线越过30°N，华北雨季开始。当副高变动出现异常时，往往会造成地区旱涝不均。如1954年、1980年、1991年副高脊线长时间徘徊在20°N～25°N，雨带稳定在江淮流域，造成江淮地区夏季洪涝。

以1980年和1983年为例，可以说明副高位置对江淮流域的影响。在1980年，从7月中旬开始，西北太平洋地区的副高脊线由25°N以北退到25°N以南。8月初，退至15°N以南，副热带高压在25°N以南持续时间达20多天。由于副热带高压持续偏南，使得当年的盛夏江淮地区长时间低温阴雨，暴雨频繁，洪涝成灾。而在1983年，西北太平洋副热带高压7月中旬到达25°N以北，8月上旬高达30°N以北，使得这一年江淮地区长时间处于副热带高压控制之下，高温少雨，出现持续高温干旱天气。

2. 阻塞高压

阻塞高压是出现在高纬度地区的大型天气系统，在500hPa等压面天气图上可以清楚地看到，阻塞高压的中心位于50°N以北（以56°N～58°N最多）；持续的时间至少不少于5天，有时可达到20天以上；阻塞高压存在时，在地面图上和500hPa等压面图上同时出现闭合等值线，而且在500hPa上，阻塞高压将西风急流分为南北两支；阻塞高压沿纬度每天移动不超过7～8个经度，常呈准静止状态，有时甚至向西倒退。

阻塞高压的建立、维持和崩溃过程在其控制区以及其周围地区形成着不同的天气过程，如果阻高维持时间过长或过短都可能造成大范围天气反常现象。每年初夏长江中下游梅雨期间，经常有阻塞高压活动。阻塞高压与副热带高压构成梅雨期稳定的环流形势。表4.5给出了入梅前和梅雨期间有或无阻塞高压的统计结果。可以看到，无论入梅前还是梅雨期间，阻塞高压存在的形势占有相当大的比例，特别是单个阻塞高压和两个阻塞高压的情况更是多见，而没有阻塞高压的形势只占少数比例。

表4.5　入梅前与梅雨期间阻塞高压的统计　%

分类	入梅前		梅雨期间	
	总计	分项	总计	分项
无阻塞高压	19	—	—	—
单阻	81	57	93	49
双阻		40		45
三阻		3		6

4.3.4.2　天气尺度系统的作用

在行星尺度的天气系统影响下，一些天气尺度的系统强烈发展。这些天气尺度的系统主要包括锋面（冷、暖、静止）、气旋、低空低涡、台风、东风波、高空切断冷涡、高空槽、切变线、低空急流等。它们制约暴雨中尺度活动，提供生成的环境条件（前倾槽、辐合上升区），提供不稳定产生的触发机制，制约中尺度系统移动，供应暴雨区水汽。

有利于大暴雨和特大暴雨出现的天气尺度系统的特点是天气尺度系统强烈发展，多个天气尺度系统的叠加，或者多次重复出现，甚至停滞、打转，使暴雨得以持续。

在图 4.4 中，对于气旋中出现锢囚锋时，在平面图上［图 4.4（a）］气流围绕气旋中心辐合，在冷、暖锋上，云系发展强烈，有许多中尺度云团出现［图 4.4（b）］。这就是中纬度的锋面气旋为降水提供了环境条件，锋面上的降水强度分布是不一样的。

4.3.4.3 中、小尺度系统对暴雨的作用

在天气尺度的系统中，会不断滋生出中小尺度天气系统，这些系统包括中切变、中低压（或雷暴高压）、热带云团、龙卷、热带气旋等。它们的作用是可以直接产生暴雨。在冷、暖锋上和涡旋中心经常可以看到有降水区域并不是连续的，它们可能就是由于冷锋上滋生出来的多个中小尺度天气系统造成的。因此，在同一天气系统中，往往存在许多中小尺度的天气系统，就是它们，使天气系统的影响区域产生不同等级的降水。

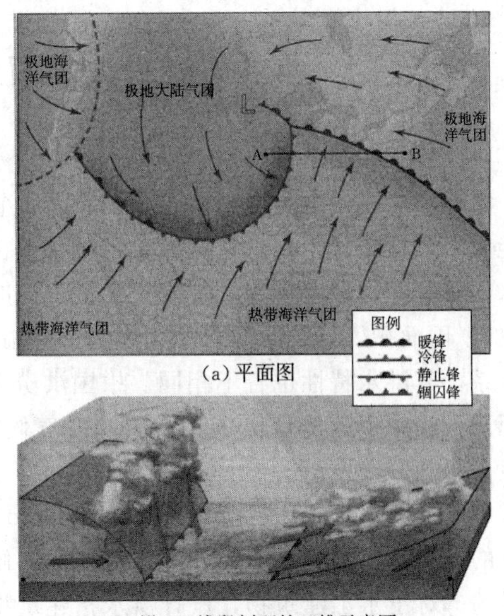

(a) 平面图

(b) 沿AB线段剖面的三维示意图

图 4.4 中纬度气旋的理想结构

(a) 气旋中冷锋、暖锋、锢囚锋的位置及冷暖气团和水平风场分布；(b) 沿 A、B 两点连线上冷、暖锋上的云系分布

（摘自：Frederick and Edward，2016）

4.3.4.4 地形对暴雨的作用

地形对暴雨的作用主要以抬升暖湿气团，使其快速上升，达到凝结高度，水汽凝结产生降水。同时，地形也有使水汽辐合的作用，对于有些天气尺度的系统还有阻碍作用，可以使天气系统长时间地停留在某处，产生持续强烈降水。如图 4.5 所示，它们分别是河南“75·8”大暴雨和河北“63·8”大暴雨过程中地形与降水的关系图。图 4.5（a）中，天气系统从东南方向西北方移动，在伏牛山的阻挡下，水汽受到抬升，较大的降水出现在山前。在图 4.5（b）中，天气系统由南向北移动，受到太行山的迎风坡产生强烈的降水。

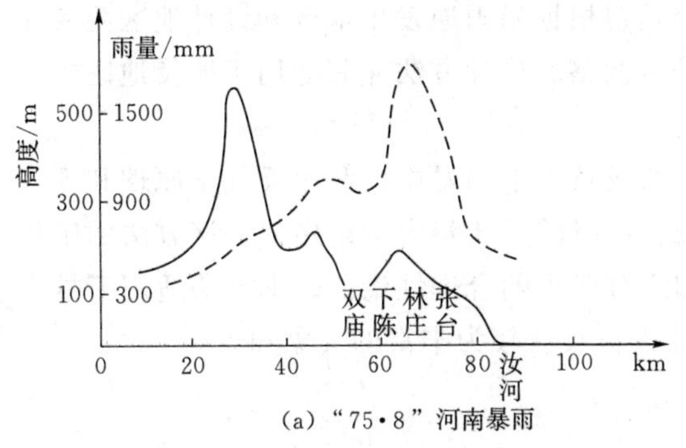

(a)“75·8”河南暴雨

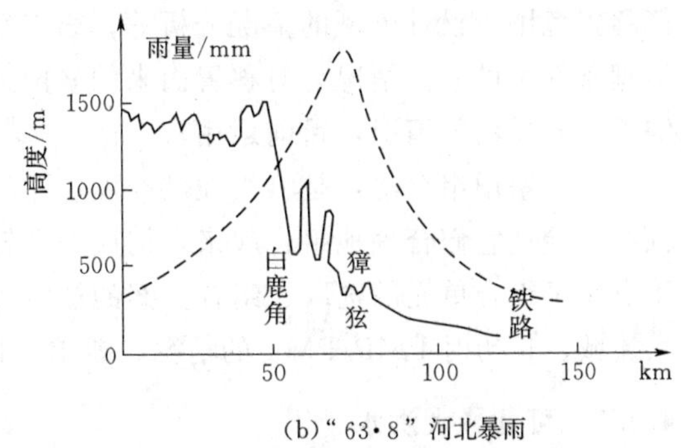

(b)“63·8”河北暴雨

图 4.5 暴雨分布与地形离线的关系（虚线为地形高度，实线为雨量线）

（摘自：朱乾根等，2005）

4.4　可能最大暴雨及可能最大洪水估算

洪涝灾害包括暴雨洪水、山洪、融雪洪水、冰凌洪水、溃坝洪水、风暴潮洪水等。其中，暴雨洪水是最常见、威胁最大的洪水。它是由较大强度的降水形成的，简称雨洪。我国绝大多数河流属于雨洪性河流，即洪水是由降雨尤其是暴雨所致，统称暴雨洪水。暴雨洪水的季节和地区特性主要决定于暴雨，同时也和流域的水系状况有关。不同的暴雨特性（比如暴雨面积、持续时间、暴雨强度、降雨总量、中心位置和移动路径等）和不同的流域水系，其洪水特性也各不相同。中国洪涝灾害多发区在江淮以南及沿海地区，其中江南北部至长江中下游出现最多。中国北方气候干燥，雨水较少，由于气候异常也时有洪涝发生。

可能最大洪水（Probable Maximum Flood，PMF）是指对设计流域特定工程威胁最严重的理论最大洪水，而这种洪水在现代气候条件下是当地在一年的某一时期物理上可能发生的。对于水工建筑物，设计洪水指建筑物所能允许安全通过的最大洪水或对于建筑物起控制作用的洪水，对于地区防洪则是指该地区所需设防的最大洪水。

4.4.1　可能最大暴雨

可能最大降水（probable maximum precipitation，PMP）指在现代气候条件下，某一流域或地区上，一定历时内的理论最大降水。含有降水上限值的意义，我国习惯称之为可能最大暴雨量。可能最大降水与大气中的可降水量直接相关。可能最大暴雨的估算方法包括：①暴雨物理因子放大法；②暴雨移置法；③暴雨组合法；④推理法；⑤概化法；⑥统计法以及适用于特大流域的重点时空组合法和历史洪水暴雨模拟法。这里简单介绍前面三种：

（1）暴雨物理因子放大法，即根据暴雨成因分析得出物理因子或指标并将这些因子加以放大，包括水汽放大、水汽效率放大、水汽入流指标放大、水汽净输送放大以及水汽辐合上升指标放大（詹道江和邹进上，1983）。

（2）暴雨移置法，是把邻近地区的某场大暴雨搬移到设计地区或研究流域上。其工作重点包括两个：第一个是暴雨移置的可行性，需要考虑气象条件的一致性，该场暴雨的可能移置范围、设计流域的情况分析等；第二个是要根据暴雨原发生地区和设计地区两者在地理条件上的差异情况，对移置而来的暴雨进行调整。这种方法尤其适用于涉及地区本身缺乏高效暴雨的情况，目前运用较广。

（3）暴雨组合法，是将当地已经发生过的两场及以上的暴雨，利用天气学原理和天气预报经验把它们合理地组合起来，构成一个较长历时的人造特大暴雨序列。该方法的工作重点在于组合单元的选取、组合方案的拟定和组合序列的合理性论证。本方法适用于推求大流域、长历时PMP/PMF的情况，要求工作人员具有较为丰富的气象知识。

4.4.2　可能最大洪水

求得可能最大降水及其时空分布后，考虑最大降水发生时的流域蓄水情况和雨期蒸发，便可推求可能最大洪水。其方法须视流域的水文气象条件及资料情况而定。由暴雨推求洪水有两种方法：一种是传统的经验方法，把计算过程分为两步：第一步由降雨过程扣除损失，求出净雨过程，我国称为产流；第二步由净雨过程推求洪水过程，我国称为汇流。另一种是用降雨径流流域模型，输入降水或其他气象因子，直接输出洪水过程。可能最大洪水的形成包含大气中最大的水汽含量、最高的降水效率以及下垫面上有力的产汇流条件。包括：

（1）分析流域洪水资料，研究洪水形成原因、地区分布及季节特性。这种分析既包括实测资料，也包括历史洪水及相应的暴雨。

（2）分析流域所在地区大暴雨的时面深关系和天气气候特点。

（3）在暴雨系统天气分析的基础上，研究暴雨主要因子及其放大的可能性，这种研究在设计流域所在地区未测到高效暴雨及无高效暴雨可供移植时尤为重要。

（4）研究特大暴雨移置到设计流域的可能性以及因地理地形条件不同而作的必要修正。

（5）从移置及放大暴雨中选取最严重的时面深关系，作为 PMP。

（6）根据流域气象及水文特性，定出 PMP 的时空分布。

（7）分析流域洪水的产汇流参数，由 PMP 及其时空分布，推求可能最大洪水。

4.4.3 可能最大暴雨及洪水估算个例

典型暴雨是流域内特大强降水，通常其所造成的洪水对水利工程防洪有巨大威胁。典型暴雨是用来进行暴雨放大、暴雨组合和典型年相似过程替换的样本。这里介绍的个例是金沙江石鼓站以上流域最大可能暴雨估算的过程。

4.4.3.1 典型暴雨选取

本次典型暴雨的选取是根据巴塘站、石鼓站历年实测流量资料、天气条件、暴雨时空分布特性和 PMP 计算要求等条件对 1953—2005 年流域内各个强降水过程分析后完成的。选取原则如下。

1. 选取大洪水对应的暴雨

根据 1953—2005 年石鼓站历年实测流量资料，选取石鼓洪水流量大于 $4000m^3/s$ 的洪水暴雨；根据 1953—2005 年巴塘—石鼓区间历年实测流量资料，选取巴塘—石鼓区间洪水流量大于 $2000m^3/s$ 的洪水暴雨。

2. 选取水量来源不同的洪水所对应的暴雨

根据实测洪水过程线，按照石鼓以上流域、巴塘—石鼓区间流域特性差异、暴雨特性和需求差异分别考虑选取巴塘以上来水比例较大、巴塘—石鼓区间来水比例较大和全流域来水为主的洪水暴雨。

3. 选取不同季节发生的暴雨

由于流域空间范围大，流域跨越了多个不同的气候区。尤其是南北跨度大，虽然在气候上流域有明显的汛期和非汛期区别，但是汛期和非汛期在南北是有较大差异的。典型暴雨的选取石鼓以上流域以 6—10 月的暴雨过程为主，巴塘—石鼓区间以 7—9 月的暴雨过程为主。既包括了主汛期暴雨，也包括了后汛期暴雨。即暴雨的发生季节时间相近而且尽可能出现在流域的主汛期，确保了暴雨过程的大气环流、天气气候背景类似。

4. 选取不同天气成因的暴雨

典型暴雨的天气形势和主要天气影响系统为石鼓以上流域、巴塘—石鼓区间流域典型的暴雨环流形势和天气影响系统。影响流域的天气系统有：西风带长波槽、西风带短波槽、副热带西风急流、青藏高压、副热带高压、高原环流系统中的高原500hPa切变线、高原500hPa低涡、西南低涡和川滇切变等。所选暴雨包括这些典型系统的一种或数种。

5. 选取降水主要落区位于流域的暴雨

选取降水中心和主要降水落区中心位于石鼓以上流域、巴塘—石鼓区间流域或临近地区的暴雨。降水应具有以下特点：降水落区面积较广、过程雨量（面雨量）较大、降水时程分配多集中在2～5天内。

4.4.3.2　典型年替换组合法

典型年相似过程替换法是以降雨天气持续特别（或较为）反常的某一特大暴雨（或大暴雨）过程为典型过程，作为相似过程替换的基础，将典型中降雨较少的一次或数次降雨过程，用历史上环流形势基本相似、天气系统大致相同而降雨较大的另一暴雨过程或数场暴雨过程予以替换，从而构成一长历时的新的暴雨序列。典型年相似过程替换法是暴雨组合方法之一。

1. 典型年选取

典型年暴雨是指长历时降水天气特别异常的某一个降水过程，这样的降水由于降水量大、持续时间长，通常引发后继的峰高量大洪水过程，最终给防洪带来巨大压力。典型年暴雨的选取是推求可能最大降水（PMP）的基础。在利用1953—2005年共53年金沙江上游降水资料、天气形势资料进行暴雨过程普查和暴雨过程天气学分析的基础上，选取降水量大、降水过程持续时间长、大雨—暴雨降水区域基本覆盖流域大部分地区的1970年7月11—26日的暴雨过程作为石鼓以上流域的典型年暴雨过程。具体理由如下：

（1）降水与全流域洪峰过程对应，而且峰高量大，洪水过程恶劣。该场洪水的洪峰流量为1970年7月19日的7800m^3/s，在1953—2005年实测洪水系列中排位第二。虽然洪水第一位是2005年，洪峰达到8080m^3/s，但2005年石鼓以上全流域的降水（面雨量）并不显著，而是在巴塘—石鼓区间降水（面雨量）较大促使洪峰达到8080m^3/s，故2005年的降水未被选为典型年暴雨。1970年7月11—26日对应该场洪水时程分配较为恶劣，7月11日流量仅为2390m^3/s，短短8天的时间流量就达到了7800m^3/s，19日以后仍维持在4700m^3/s以上。该类型的洪水对电站的安全影响较大。这次强降水过程维持时间较长，洪水维持时间也长。

（2）不同天数的连续累积面雨量的历史排名高。根据1953—2005年53年石鼓以上流域面雨量统计显示，1970年7月11—26日的暴雨过程连续3d、5d、7d、16d累积面雨量均居历史首位。另外过程中1970年7月25日单日面雨量为10.8mm，与1957年7月26日并列历史第2位，并且仅比第1位1993年8月20日（单日面雨量10.9mm）少0.1mm。连续10d、13d、16d累积面雨量也居历史排名前列。

（3）本次洪水过程由5个连续性暴雨降水过程组成（表4.6），具有历时长、强降水落区面积大、暴雨过程多等特点。

2. 组合原则

为确保替换组合的合理性，避免替换组合的主观随意性，分别对组合原则和替换原则给予相应的约束。组合原则如下：

（1）流域范围一次暴雨过程从开始到结束一般维持2～5天，7天内一般由2场暴雨组成，10天和13～14天一般由3～4场暴雨组成，16天一般由4～5场暴雨组成。

（2）大环流形势要基本相似。欧亚中高纬度的长波形势与西太平洋副热带高压的相互配置决定着冷暖空气的活动路径和水汽输送通道，也影响和制约着暴雨系统的发生和发展。因此，在替换时应考虑被替换的过程与替换过程的大环流形势（行星尺度）基本相似，即500hPa天气图60°E～140°E，10°N～70°N内，长波槽脊位置一致，西太平洋副热带高压脊线位置和所伸展的范围接近。

（3）产生暴雨的天气系统相同。暴雨天气系统是产生暴雨的直接原因，天气系统的类型不同，它所引起的降雨性质、强度和分布亦不相同。因此，在替换时必须强调所替换的过程是属于同一种类型的天气系统。

（4）暴雨组合单元的发生季节时间相近而且尽可能出现在流域的主汛期，确保暴雨过程的天气气候背景类似。暴雨不仅具有地区性，而且季节性也十分明显。因此，替换的暴雨应与被替换的暴雨在发生的时间上基本一致，至少不应相差太远。

（5）雨型及其演变要大致相似。雨区的形状、位置和移动方向是降水天气系统的具体表现，它与洪水的峰、量关系极大。因此，在替换时应特别注意雨型及其演变、雨轴的方向，尤应注意暴雨中心位置及其移动路径等。

（6）暴雨组合单元的降水中心和主要降水落区中心位于设计流域且降水落区面积较广、过程雨量（面雨量）较大、降水时程分配多集中在2～5天内。

（7）组合成果符合流域天气过程连续演变规律。

（8）当组合超过3场暴雨时，综合考虑各场暴雨的组合顺序，以使组合成果的降水时程变化更为恶劣。

当进行过程替换时，除以上原则还需增加以下替换原则：

替换单元的降水强度大于被替换单元。

3. 组合序列

（1）典型年降水过程分析及被替换单元的确定。选取的全流域典型年降水为1970年7月11—26日，历时16天，总面雨量为95.5mm。

表4.6给出了1970年7月11—26日为期16天的典型年降水的雨量变化及其他各项具体情况。整场降水由5个过程组成：

表4.6　　1970年7月11—26日石鼓以上流域典型年降水过程序列表

<table>
<tr><th rowspan="2">日期</th><th colspan="16">1970年7月</th><th rowspan="2">面雨量合计</th></tr>
<tr><th>11日</th><th>12日</th><th>13日</th><th>14日</th><th>15日</th><th>16日</th><th>17日</th><th>18日</th><th>19日</th><th>20日</th><th>21日</th><th>22日</th><th>23日</th><th>24日</th><th>25日</th><th>26日</th></tr>
<tr><td>面雨量/mm</td><td>7.9</td><td>8.8</td><td>5.6</td><td>10.7</td><td>6.1</td><td>3.3</td><td>3.5</td><td>3.6</td><td>2.8</td><td>1.7</td><td>6.5</td><td>6.2</td><td>3.5</td><td>9.4</td><td>10.8</td><td>5.1</td><td>95.5</td></tr>
<tr><td>500hPa</td><td colspan="2">移动性短波低槽切变</td><td colspan="3">移动性短波低槽切变</td><td colspan="4">移动性长波低槽</td><td colspan="4">移动性短波低槽切变</td><td colspan="3">经向型两高辐合</td><td rowspan="3"></td></tr>
<tr><td>700hPa</td><td colspan="2">低涡切变</td><td colspan="3">低涡切变</td><td colspan="4">切变线</td><td colspan="4">切变线</td><td colspan="3">切变线</td></tr>
<tr><td>地面</td><td colspan="2">季风低压</td><td colspan="3">冷锋</td><td colspan="4">冷锋</td><td colspan="4">冷锋</td><td colspan="3">季风低压</td></tr>
</table>

第1个降水过程（7月11—12日）历时2天，是典型年暴雨过程历时时间最短的一场，其面雨量峰值仅为8.8mm，出现在7月12日，这次过程由500hPa移动性短波低槽切变为高空主导系统，整个系统较为深厚，在流域北部700hPa层次为闭合的低值系统，另外在四川东部有低涡存在；在地面上流域东部有海平面气压为1002hPa的低压闭合环流。

第2个降水过程（7月13—15日）是典型年暴雨过程中降水较强的一场，其面雨量峰值为10.7mm，出现在7月14日。这次过程是由第1个降水过程迅速过渡而来，在500hPa等压面上由于第1个过程的西风带短波槽东移后，西风带槽脊快速发展促成在流域的北部形成一个孤立的580位势什米的低值闭合系统，在700hPa等压面有308位势什米的低值系统位于流域北部，低值中心在乌鲁木齐与格尔木之间，地面有冷锋横越流域北部。第1个降水过程与第2个降水过程有着密切的联系，但由于在500hPa的主导系统存在明显差，异故分为两个降水的过程。

第3个降水过程（7月16—19日）是典型年暴雨4个过程中最弱的一场降水，其面雨量峰值仅为3.6mm，出现在7月18日。这个过程500hPa的主导系统是格尔木以西的移动性长波低槽自西向东移动影响流域，在700hPa等压面上流域中部也伴有低涡切变，切变位于巴塘附近。这场降水由于前面两个过程消耗大量水汽后，又无有利于系统的水汽进行补充，所以降水较少。

第4个降水过程（7月20—23日）是典型年暴雨中降水较弱的一场，其面雨量峰值为6.5mm，出现在7月21日。这次降水是第3个过程的深槽东移以后，西风带短波槽发展影响流域的典型个例，在700hPa等压面对应有308位势什米的低值系统，在流域的东部有低涡和切变影响流域中部降水。

第5个降水过程（7月24—26日）是典型年暴雨中降水最强的一场，其面雨量峰值为10.8mm，出现在7月25日。这次降水是第4个降水过程短波槽东移后，槽后小高压脊发展并成为一个584位势什米独立的高压系统，这个独立的高压系统与东南的584位势什米所包围的大面积高压区之间形成了典型的经向型两高之间的辐合区，在700hPa为切变对应，两高之间的辐合区由于前期的水汽补充和南北冷暖空气相遇促成了此次降水。

从前面的分析和图4.6可以看出，全流域典型年暴雨是一个双峰型的降水演化过程。第1个过程和第2个过程组成第一个降水高峰，第5个过程为第二个降水高峰。中间的第3个、第4个过程降水较小。在降水普查后也发现降水过程中第2个、第5个过程分别为历年连续3天面雨量的第4名、第2名；第1个过程为历年连续2天面雨量的第5名。加上过程的天气形势因素，第1个、第2个和第5个过程已无合理的过程替换，故予以保留。替换组合针对第3个和第4个过程。

（2）组合替换序列的组成。在1970年典型年降水中的第3个和第4个过程由于降水较小予以替换。

在暴雨典型年中第3个降水过程1970年7月16—19日是典型年降水过程中最弱的一场，4天累计面雨量为13.2mm。采用2002年7月5—8日降水过程予以替换。2002年7月5—8日4天累计面雨量为30.5mm，较之1970年原型增加了17.3mm，相当于原来4

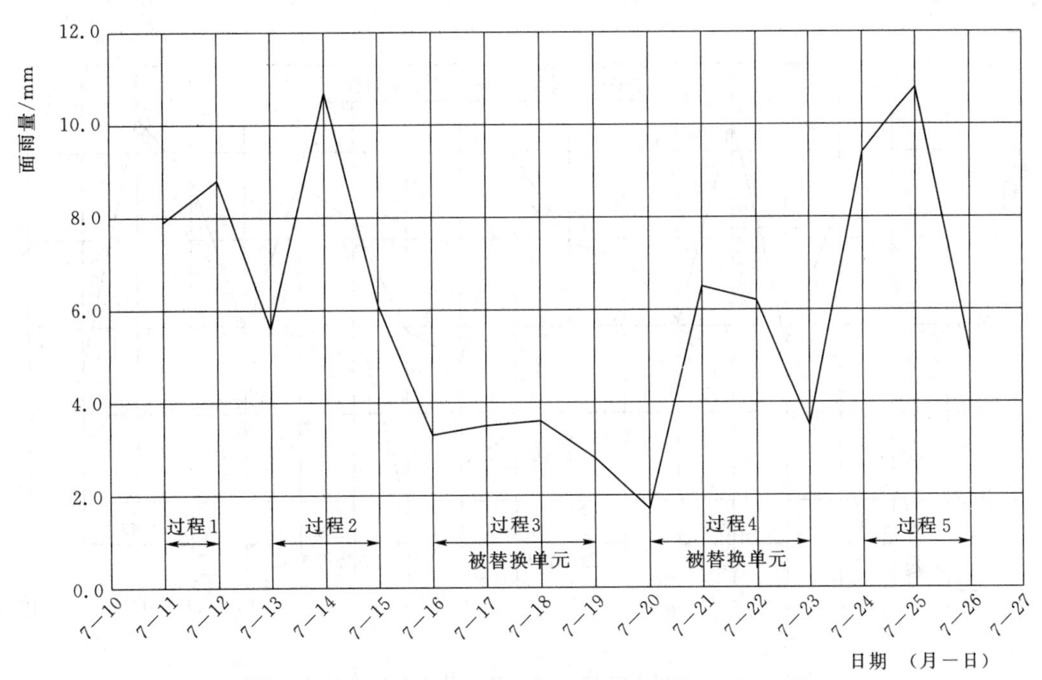

图 4.6　1970 年 7 月 11—26 日石鼓以上流域典型年降雨过程图

日降水平均每日仅为小雨降水，替换后平均每日降水为小-中雨量级。

对于第 4 个降水过程 1970 年 7 月 20—23 日是典型年降水中次弱的一场，4 日累计面雨量 17.9mm。采用 1972 年 7 月 24—27 日降水过程进行替换，其 4 日累计面雨量为 29.5mm。替换后 4 日累计面雨量增加了 11.6mm。就平均雨量而言，替换前每日降水刚达到小雨量级，替换后每日平均雨量达到小-中雨量级。

替换前后的过程见表 4.7 及图 4.7。

表 4.7　　石鼓以上流域组合替换成果表

序号		1	2	3	4	5	6	7	8	9	10	11	12	13	14	15	16	合计
原型		1970 年 7 月																
	日期	11 日	12 日	13 日	14 日	15 日	16 日	17 日	18 日	19 日	20 日	21 日	22 日	23 日	24 日	25 日	26 日	
	面雨量/mm	7.9	8.8	5.6	10.7	6.1	3.3	3.5	3.6	2.8	1.7	6.5	6.2	3.5	9.4	10.8	5.1	95.5
组合替换后		1970 年 7 月					2002 年 7 月				1972 年 7 月				1970 年 7 月			
	日期	11 日	12 日	13 日	14 日	15 日	5 日	6 日	7 日	8 日	24 日	25 日	26 日	27 日	24 日	25 日	26 日	
	面雨量/mm	7.9	8.8	5.6	10.7	6.1	7.5	7.9	9.9	5.2	5.9	8.4	9.3	5.9	9.4	10.8	5.1	124.4
天气形势	500hPa	移动性短波低槽切变		移动性短波低槽切变			移动性长波低槽				移动性短波低槽切变				经向型两高辐合			
	700hPa	低涡切变		低涡切变			切变线				切变线				切变线			
	地 面	季风低压		冷锋			冷锋				冷锋				季风低压			
备注		原型		原型			替换				替换				原型			

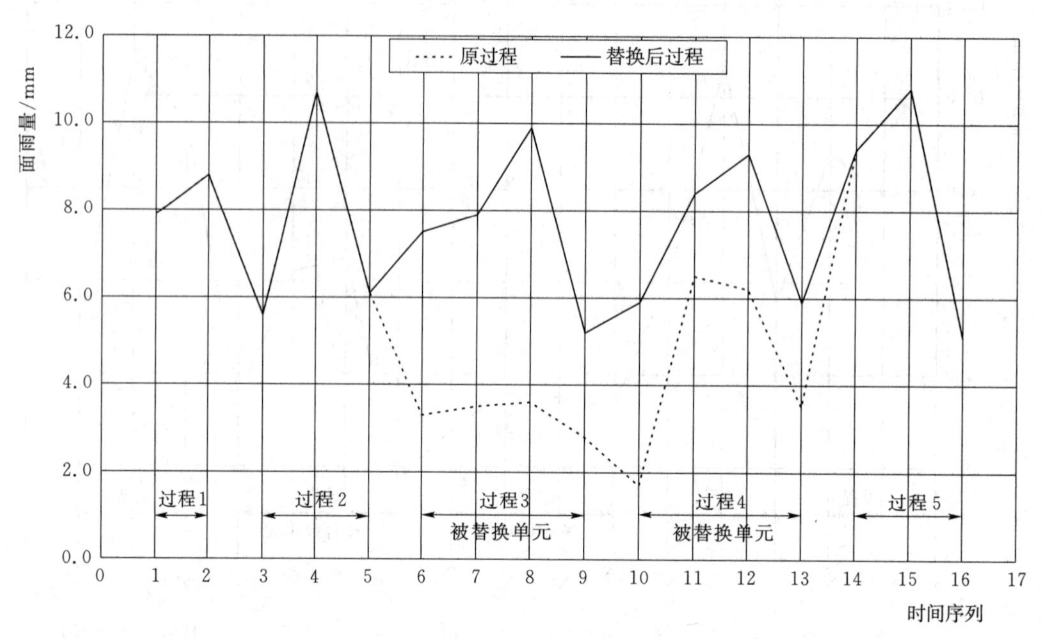

图4.7 石鼓以上流域典型年暴雨替换前后过程比较图

从图4.7中可以直观地看出组合替换成果与原来全流域典型年暴雨的区别。整个替换组合过程保留了降水较大的第1个、第2个和第5个过程，替换了降水较小的第3个和第4个过程。替换成果使原来全流域典型年暴雨连续16天累计面雨量降水由95.5mm增加到124.4mm，增加了28.9mm。替换结果比原来的降水明显增加，降水过程比原型恶劣。

4. 组合序列的合理性分析

组合替换的合理性分析通过替换单元的天气气候背景、替换前后的雨量变化及降雨时程变化、替换单元与被替换单元的天气形势相似分析以及替换以后是否破坏演替规律等方面入手。

首先从替换单元的天气气候背景分析，引入替换的2002年7月5—8日降水过程和1972年7月24—27日降水过程均在盛夏季节，即金沙江上游的主汛期，降水过程都发生在大的夏季大气环流背景下，从天气气候背景看替换单元与被替换单元有着共同的天气气候背景。

其次从替换前后的雨量变化及降雨时程变化分析，替换成果使原来全流域典型年暴雨连续16天累计面雨量由95.5mm增加到124.4mm，增加了28.9mm。另外，从16日降水的逐日雨量演变分析时程变化上也可发现，替换前与替换后降水峰值与谷值出现的时间基本一致，整个降水演变过程也基本一致，原有的降水时程没有破坏。

最后，逐一针对替换过程、替换单元与被替换单元相似性与差异进行详细分析。

第1个过程1970年7月11—12日未做替换，不作分析。

第2个过程1970年7月13—15日未做替换，不作分析。

第3个降水过程被替换单元为1970年7月16—19日，替换单元为2002年7月5—8

日。两个过程 500hPa 中高纬都为典型的两槽一脊形式，替换单元与被替换单元有着相似的天气形势。槽脊位置相近，两槽自西向东分别在乌鲁木齐以西和哈尔滨附近，两槽间为高压脊。影响流域降水的低槽均为移动性长波低槽，而且都为移动性长波低槽西移南压，致使该系统先影响流域北部地区，而后逐渐向南影响流域的中部和南部。值得注意的是，有时替换单元（2002 年 7 月 5—8 日）的槽脊系统比被替换单元（1970 年 7 月 16—19 日）要强很多，即经向环流更强。经向环流强有利于南北空气的交汇，有利于成云致雨，最终降水加强形成更强的降水。

第 4 个降水过程被替换单元为 1970 年 7 月 20—23 日，替换单元为 1972 年 7 月 24—27 日。两个过程 500hPa 中高纬为典型的两槽一脊形势。槽脊位置也较为相近，两槽自西向东分别在乌鲁木齐以西和哈尔滨附近，两槽间为高压脊。影响流域降水的低槽均为移动性短波低槽切变。两个过程的移动性短波均为西移南压，降水系统先位于流域北部地区，之后影响流域的中部和南部地区。这也是替换单元的槽脊系统比被替换单元表现为经向环流更强的现象。经向环流强有利于南北空气的交汇，有利于降水加强。其次，替换单元的短波槽为横槽，而被替换单元的短波槽为竖槽，通常状况下横槽的西南移动使降水遍及流域，而竖槽西南移动可能在一定时间后移出流域，即横槽比竖槽对流域降水的影响效率更高。最后，在替换单元中从流域西南方到孟加拉湾地区为小于 584 位势什米的低值系统，其外围水汽随偏南风能直接输送到流域区域。而被替换单元流域西南方为 584 位势什米以上的小高压系统，不利于水汽的向北输送，因而降水相对要小。以上这些因素都致使替换单元降水条件更有利。

第 5 个过程 1970 年 7 月 24—26 日未做替换，不作分析。

从替换组合的演替形式分析，新 16 天过程中各个降水过程的天气形势及天气系统与原 16 天过程对应过程是一致，并未破坏演替规律。因此全流域 16 天的替换组合成果是合理的。

综上所述，针对全流域典型年暴雨为 1970 年 7 月 11—26 日替换组合成果使面雨量得以提升，过程替换符合相似替换原则，是可能的和合理的。

4.4.3.3 组合暴雨极大化分析

组合暴雨增加了典型年的降雨总量，这在某种意义上说，已经是一种放大。组合后的暴雨序列是否需要极大化，主要取决于典型暴雨本身的严重性和组合结果的恶劣程度。主要从下列 4 个方面进行分析：

（1）从组合情况上进行分析。本场暴雨共有 5 个单元，其中替换单元有 2 个，替换前均为小雨，替换后均上升为小-中雨量级，雨量共增加了 28.9mm。另外，替换后 16 天总雨量为 124.4mm，平均降雨强度 7.8mm/d，相当于每天降雨量级为小雨。总体而言，替换单元个数适中，替换前后在雨量的量级上增加幅度不大，在此基础上仍可再放大。

（2）用长短历时雨量比较。特定流域长短历时雨量的比值是有一定规律的，这也是反映流域内暴雨特征的指标之一。根据石鼓以上流域 1954—2005 年的时段最大面雨量系列，推求出流域各时段最大面雨量的多年平均值，将其与本场组合替换后暴雨的各时段最大面雨量比较，成果列于表 4.8 中。

表 4.8 石鼓以上流域组合替换成果与流域多年平均长短历时雨量比较

	项 目	最大1日	最大3日	最大5日	最大7日	最大10日	最大16日
石鼓以上流域组合替换成果	面雨量/mm	10.8	26.1	43.8	56.5	80.2	124.4
	k_1=最大1日/最大i日 (i=1, 3, 5, 7, 10, 16)	1	0.414	0.247	0.191	0.135	0.087
石鼓以上流域多年平均时段最大面雨量	项目	最大1日	最大3日	最大5日	最大7日	最大10日	最大16日
	面雨量/mm	8.8	20.4	29.8	38.7	50.8	73.2
	k_2=最大1日/最大i日 (i=1, 3, 5, 7, 10, 16)	1	0.432	0.295	0.227	0.173	0.120
k_1与k_2相差/%		0	4.5	19.7	19.0	28.8	38.6

从表4.8可以看出，组合暴雨中长短历时雨量之间的比值k_1比流域多年平均长短历时雨量的比值k_2偏小，且随着降雨时段的增加，比值相差越多，如最大1日与最大16日的比值，两者相差38.6%，组合替换成果偏小很多，不符合流域的普遍规律，应考虑对某场暴雨进行放大。

(3) 与本流域实测最大面雨量比较。根据石鼓以上流域1954—2005年的时段最大面雨量系列统计得到最大值，将其与组合替换成果比较，见表4.9。可以看出，组合替换成果的最大1日、3日、5日、7日面雨量均小于实测最大值，最大10日、16日面雨量虽然大于实测最大值，但增幅不大，最多增加了8.5%。显然，组合替换成果并未达到PMP水平。

表 4.9 石鼓以上流域组合替换成果与流域实测最大面雨量比较

项 目	最大1日	最大3日	最大5日	最大7日	最大10日	最大16日
组合替换成果面雨量/mm	10.8	26.1	43.8	56.5	80.2	124.4
流域实测最大面雨量/mm	14.9	33.5	45.9	59.3	75.2	113.8
相差/%	−38.0	−28.4	−4.8	−5.0	6.2	8.5

(4) 与邻近流域PMP成果比较。雅砻江雅江以上流域与金沙江石鼓以上流域所属的气候区比较一致，两流域所产生的降雨量级应大致在同一水平。将雅砻江雅江水文站的PMP成果与石鼓以上流域组合替换成果相比较，见表4.10。从表中可看出，本流域组合替换成果降雨强度为7.78mm/d，比雅江水文站的PMP降雨强度13.5mm/d偏小42.4%，幅度很大，说明组合替换成果并未达到PMP水平，应考虑放大。

表 4.10 石鼓以上流域组合替换成果与雅江水文站PMP成果比较

分 类	流域面积/km²	流域平均高程/m	最大1日	最大3日	最大5日	最大7日	最大10日	最大15日	最大16日	备注
石鼓以上流域组合替换成果面雨量/mm	214184	4520	10.8	26.1	43.8	56.5	80.2		124.4	
雅砻江雅江水文站PMP成果	65857	4300	29.7	74.3				202.7		两河口电站

综上所述，石鼓以上流域组合替换成果并未达到PMP的量级，需要在此基础上进行放大。

由于在组合替换过程中，已对第3、第4个降水过程作了替换，相当于对它们做了放大，因此在此基础上选择做极大化的降水过程，仅考虑第1、第2或第5个。

第5个降水过程在典型年原型中是整个过程最大1日、3日暴雨出现的日期，即主雨期，其中的7月25日又是主雨日（最大1日暴雨日）出现的日期，为保持原始的雨型不变，将7月24—26日暴雨替换为短历时3天PMP成果（64.2mm），即总暴雨量由25.3mm替换为64.2mm，其中，将主雨日7月25日暴雨替换为短历时1天PMP成果（25.7mm），即由10.8mm替换为25.7mm，剩余两天暴雨则由剩余的雨量64.2－25.7＝38.5（mm）按原始雨型分配。这样，相当于放大了第5个降水过程，成果见表4.11。

表4.11　　石鼓以上流域1970年典型年第5个降水过程放大成果

日　期	7月24日	7月25日	7月26日	备　注
原面雨量/mm	9.4	10.8	5.1	
放大后面雨量/mm	25	25.7	13.5	1日、3日PMP成果

第1个降水过程与第2个降水过程有着密切的联系。从天气学的角度说，第2个降水过程是第1个降水过程移动变性后的产物，而不是不同性质系统间的交替。考虑在500hPa的主导系统存在一定差异（即低槽与槽移动变性后的弱闭合低压）故分为两个过程。但无论是槽还是槽移动变性后的弱闭合低压，其本质都是低值系统，其带来的动力影响一样，从这一角度看，第1个降水过程与第2个降水过程是同一个降水过程。

基于上述原因，在做组合暴雨极大化时，将第1、第2个降水作为同一场过程进行放大，共有5天。

由于第1、第2个降水过程的降雨强度为7.8mm/d，不属于高效暴雨，因此在放大第1、第2个降水时，考虑采用水汽效率放大方法进行，因第1、第2个降水过程共有5天，故应采用5日水汽效率放大倍比来进行放大整个暴雨过程，按1日、3日水汽效率放大倍比的推求方法，求得5日的水汽效率放大倍比，计算结果为2.33。

由此放大第1、第2个降水过程，成果见表4.12。

表4.12　　石鼓以上流域1970年典型年第1个、第2个降水过程放大成果

日　期	7月11日	7月12日	7月13日	7月14日	7月15日	备　注
原面雨量/mm	7.9	8.8	5.6	10.7	6.1	
放大后面雨量/mm	18.4	20.5	13.0	24.9	14.2	按5日水汽效率放大倍比2.33

通过以上典型年替换组合放大法（长历时）、当地暴雨放大法（短历时），求得石鼓以上流域16日PMP成果见表4.13。由表可见，石鼓以上流域16日PMP暴雨总量为215.3mm，平均降雨强度为13.5mm/d。

表 4.13　　石鼓以上流域 16 日 PMP 成果表

序号		1	2	3	4	5	6	7	8	9	10	11	12	13	14	15	16	合计	备注
原型原	日期	1970 年 7 月																	
		11 日	12 日	13 日	14 日	15 日	16 日	17 日	18 日	19 日	20 日	21 日	22 日	23 日	24 日	25 日	26 日		
	面雨量/mm	7.9	8.8	5.6	10.7	6.1	3.3	3.5	3.6	2.8	1.7	6.5	6.2	3.5	9.4	10.8	5.1	95.5	
组合替换后	日期	1970 年 7 月					2002 年 7 月				1972 年 7 月				1970 年 7 月				未达到 PMP
		11 日	12 日	13 日	14 日	15 日	5 日	6 日	7 日	8 日	24 日	25 日	26 日	27 日	24 日	25 日	26 日		
	面雨量/mm	7.9	8.8	5.6	10.7	6.1	7.5	7.9	9.9	5.2	5.9	8.4	9.3	5.9	9.4	10.8	5.1	124.4	
组合替换放大后	时序	1	2	3	4	5	6	7	8	9	10	11	12	13	14	15	16		最终采用成果
	面雨量/mm	18.4	20.5	13.0	24.9	14.2	7.5	7.9	9.9	5.2	5.9	8.4	9.3	5.9	25.0	25.7	13.5	215.3	
天气形势	500hPa	移动性短波低槽切变	移动性短波低槽切变				移动性长波低槽				移动性短波低槽切变				经向型两高辐合				
	700hPa	低涡切变	低涡切变				切变线				切变线				切变线				
	地面	季风低压	冷锋				冷锋				冷锋				季风低压				
备注		按 1970 年 5 日水汽效率放大倍比 2.33 放大					替换				替换				1 日、3 日 PMP				

4.5 我国重大洪涝灾害过程与水文状况

近年来，我国曾发生过多次历史上罕见的特大暴雨和持续性特大暴雨。暴雨所及，洪水成灾。由于特大暴雨和一般暴雨不同，它是在异常环流与各种天气系统以及特殊地形相互作用下产生的，因此不仅具有独特的天气学特征，而且地域性也十分明显，重现的可能性也很大。下面介绍我国历史上几次重要的暴雨洪水过程，并进一步分析其气象成因。

4.5.1 1975 年 8 月河南省特大暴雨

1975 年 8 月 5—7 日，河南省西南部山区出现了历史上罕见的特大暴雨（简称“75・8”暴雨）。暴雨中心总降水量大于 1631mm，三日连续最大降水量达 1605mm。最强暴雨带位于伏牛山麓的迎风坡，暴雨中心在板桥水库附近，400mm 以上的雨区面积达到 19410km^2。伴随此次暴雨过程，淮河北侧支流洪汝河、沙颍河及长江支流唐白河上游水系发生特大洪水。与降水过程对应，先后出现两次洪峰，第一次在 5—6 日，第二次在 7—8 日，且第二次洪峰峰值极大。8 月 7 日 24 时，洪河石漫滩水库最大入库流量 3000m^3/s，8 日 0 时 30 分库水位漫过坝顶，溃坝失事。

1975 年 8 月特大洪水，造成河南省板桥、石漫滩两座大型水库，竹沟、田岗两座中型水库以及 58 座小型水库垮坝失事，泥河洼、老王坡两个滞洪区漫溢决口，给下游造成了极其严重的灾难，部分地区造成毁灭性灾害。据不完全统计，河南省严重受灾人口

1100 万人，严重受灾更达 106.67 多万 hm^2，倒塌房屋 560 万间，死伤牲畜 44 万头，损失粮食 10 亿 kg，淹死人口 26000 人，京广铁路冲毁 102km，中断行车 18 天。安徽省受灾人口 458 万人，成灾面积 60.8 万 hm^2，倒塌房屋 99 万间，损失粮食 3 亿 kg，死亡人口 399 人，水毁提防 1145km，其他水利工程 600 多处，临泉、阜南、界首三县许多地方成为无房、无粮、无物的三无极贫区，水利工程几乎全部毁坏。

造成这次暴雨的天气系统主要是 7503 号强台风，它于 7 月 4 日在福建登陆后减弱为低压，经赣南、湖南、湖北到达河南。5—7 日，由于东亚环流形势调整，西风带长波由 5 个变为 6 个，亚洲到西太平洋地区的环流经向分量加强，西风带在 80°E 和 135°E 位置有一个长波槽，使得贝加尔湖东侧的长波脊得以发展，之后形成稳定的阻塞高压。这个阻塞系统的发展不仅阻止了乌拉尔山移动的西风槽东移，而且阻挡了台风北上转向。

另外，台风的强度有所增强。主要原因有：①弱冷空气的激发作用。②水汽来源不断。低空偏东急流对暴雨后期的水汽输送起着主要作用。台风暴雨和环流也正是依靠这条强且稳定的水汽通道得以维持。该水汽通道的形成与赤道辐合带的增强和不断北推有关。1975 年 7 月底至 8 月中，赤道辐合带十分活跃和强盛，并有 7503 号、7504 号台风和几个热带低压在辐合带内发生和发展，随着 7503 号台风的生成和移动，赤道辐合带向北伸展。在赤道辐合带北移过程中，它与北面副热带高压之间形成强盛的偏东急流，台风在福建登陆后，接踵而至的低压继续维持偏东急流，并把大量水汽和能量源源不断地输入台风区。③台风高层明显辐散，低空辐合，这是台风发生、发展和维持不消的重要条件。8 月 6 日以后，由于暴雨区上空凝结潜热释放，使得高层增暖，在 250～150hPa 产生以反气旋和强西南风区，这支强西南风可加速暴雨区上空气流的辐散，并将暴雨区及其周围多余的热量带走，这就增加了暴雨区大气层结的位势不稳定，加强了暴雨区的垂直环流，因而使得台风强度不减，并在大陆上维持达 5 天之久。

总之，“75·8”暴雨是由多方面因素造成的。行星尺度环流引起台风深入内陆并在河南境内减速停滞。天气尺度系统包括低空偏东风急流的活动，造成有利于中小尺度系统生成的环流，并为暴雨区输送大量水汽。中尺度系统沿着同一路径向暴雨区汇集，使得在暴雨区频繁出现强大的积雨云群。地形条件对降水起着明显的增幅作用。由于这些条件的配合，才造成几百年来罕见的暴雨和特大洪水。

4.5.2　1977 年 8 月初陕西、内蒙古交界地区特大暴雨

1977 年 8 月 1 日晚至 2 日晨，陕西省和内蒙古毗邻的毛乌素沙漠边缘经历了一次特大暴雨，暴雨自 1 日 14 时开始至 2 日 8 时停止，共历时 18h。暴雨过后，干旱沙丘大量积水，滩地、农田、公路淹没。此次主要特点表现为：①大范围降雨呈带状分布，特大暴雨中心呈准圆形。200mm 以上的特大暴雨中心面积为 1860km^2。②历时短，强度大，中尺度雨团活动频繁。10h 内在 1860km^2 的面积上，倾泻了 9.55 亿 m^3，平均每小时降雨达 140mm。

这次暴雨的形成，先后有 6 个雨团活动。1～2 号雨团是在地面切变线刚发展，高空冷锋尚未南下，高低空切变线还在调整的条件下产生的。它们持续时间短，雨量小，很快消失。3～5 号雨团是在中低空切变线重叠，东风气流与强南风气流之间形成切变线的情况下产生的。持续时间长，雨量大，移动缓慢。6 号雨团是此次暴雨过程的主要雨团。特点是移动快，雨量大，持续了 5h。它是西风槽与切变线组成的三合点附近产生的。总之，

此次特大暴雨的形成和这些中尺度雨团的频繁活动有关。

影响此次大暴雨的主要天气尺度系统是对流层低层切变线。它是嵌入副高西部边缘的一个横向扰动。此类切变线主要活动于对流层低层，尤其以 700hPa 最为明显。切变线两侧，风场和湿度场都表现出明显的不连续现象。偏南气流为暴雨区输送充沛的水汽，但潮湿气流仅限于低层，而高层气流较为干燥，因而形成位势不稳定层结，这也正是强对流云形成的动力因素。

除了低层切变线，还存在有一支贯穿兰州经暴雨区到达山海关的地面强切变线，切变线南北两侧分别为陕甘倒槽前的西南气流和内蒙古高压向外辐散的东南气流。随着两侧风速的加大，切变线维持少动，直至暴雨过程结束。在此过程中，中尺度涡旋、辐合线以及雨团均沿切变线移动，因而造成东西向暴雨带。

此外，高空冷锋南下也是此次暴雨的另一重要触发系统（图 4.8）。当高空冷锋南下时，锋前为暖平流，引起对流层中层的强烈上升运动；锋后为冷平流，引起下沉运动，因而构成了锋面附近垂直气流的强切变区。由于中层的剧烈上升运动，冲破了稳定层结，强暴雨就发生在这支穿透整个对流层的上升气流之下。

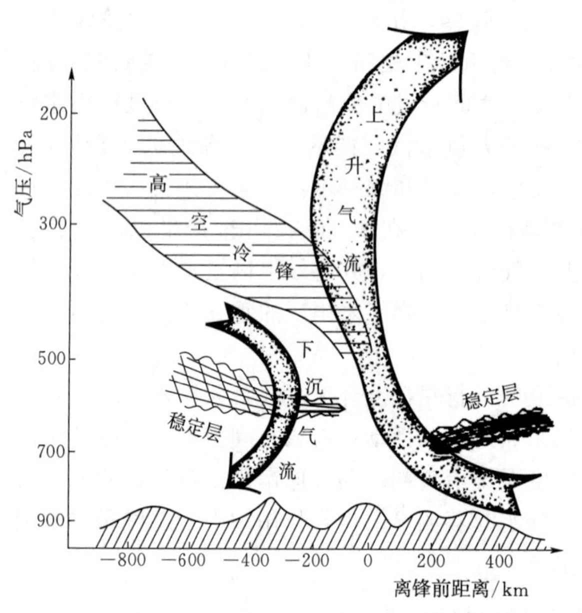

图 4.8　高空冷锋前强对流发生的物理图像（实线为锋区边界；双线箭头为上升或下沉气流）
（摘自：詹道江和邹进上，1983）

暴雨期间，在 45°N 附近 200hPa 高度上还有一支高空西风急流。低层切变线正好位于这支急流的右下方。暴雨区高空辐散，低空辐合。另外，在东胜附近上空 500hPa 高度还存在一支南风急流。这支偏南风急流强度大，输送的水汽多，是造成特大暴雨的一个重要因素。

从可降水量角度出发，环流系统为该降雨区大范围气柱内可降水量的增加提供了稳定的条件，具体可归纳如下：

1）西太平洋副高脊线从 7 月 31 日开始西伸加强，黄土高原处于副高脊西端气流控制之下，丰沛的水汽自副高东南侧和西南侧源源不断地输送到暴雨区。

2）台风活动对暴雨区水汽的增加也是有贡献的。7705 号台风雨 8 月 1 日 20 时移至福建长汀附近，使副高南侧气压梯度加大，从而风速急增，给暴雨区输送大量水汽。

3）低层切变线的长时间存在，使得副高西部边缘的水汽持续向上层输送，于是湿层增厚，出现可降水量的高值带。

4.5.3　1998 年夏季长江流域大洪水

1. 降水过程和灾情

1998 年夏季我国各地降水偏多，我国东部降水量较大，在四川东部、重庆、湖北西南、湖南北部、江南北部等地区 5—8 月的降水量一般都达到 800～1000mm，尤其是长江中下游的江南地区，降水量超过 1200mm，湖北东南部和江西北部地区的 5—8 月累积降水甚至高达 1600mm 以上。长江流域和松花江流域降水距平最大，江南地区比历史同期平均降水量偏多 400mm 以上，湖南东北部和江西北部的降水偏多 600mm 以上，持续的强降雨带稳定地维持在江西、湖南、浙江、广西和福建等省（自治区），造成这些区域连续性的暴雨至特大暴雨，使该地区出现了严重的洪涝灾害。

长江全流域的洪涝灾害由多次持续强降雨过程引发的。持续的暴雨或大暴雨，造成山洪暴发，江河洪水泛滥，堤防、围垸漫溃、外洪内涝及局部地区山体滑坡、泥石流，给长江流域造成了严重的损失。此次暴雨洪水过程最后造成中下游湖南、湖北、江西、安徽、江苏五省 8411 万人受灾，受灾农田 953.33 万 hm^2，减产粮食 55.9 亿 kg，倒塌房屋 328.8 万间，死亡 1562 人，直接经济损失 1345 亿元（丁一汇等，2009）。

湖北省有 66 个县（市）受灾，受灾人口 3688 万人，死亡 345 人。农作物受灾 254 万 hm^2，绝收 58.8 万 hm^2，倒塌房屋 122 万间。全省有 545 个民垸堤溃或扒口行洪，淹没面积 20.4 万 hm^2，涉及受灾人口 545 万人。被水围困 589.6 万人，紧急转移安置 477.8 万人，经济损失达 500 多亿元。武汉市 7 月 21—23 日的特大暴雨，导致武汉三镇一片汪洋，被淹面积 $46km^2$，占总城区面积的 1/5，渍水 1.3 亿 m^3，相当于一个半东湖的容量。

江西省也是在这次特大洪水中受灾较严重的地区。江西省 79 个县（市、区）受灾，其中 40 个县（市、区）重复受灾，受灾人口 2213 万，死亡 193 人，失踪 70 多人。被洪水围困人口 368.8 万人，紧急转移安置 284.7 万多人。全省共有 4 座 $600hm^2$ 圩堤、40 座 $66.6hm^2$ 圩堤相继漫顶溃决，九江长江大堤 8 月 7 日溃堤。因洪涝毁坏的水利设施 2.8 万多座。有 35 个县城（市、区）先后进水受淹，鹰厦、浙赣、京九铁路一度中断营运。

1998 年 6—8 月的主要降水过程可分为 4 个阶段（周自江等，2000）：

第一阶段（6 月 12—27 日），这是首度梅雨，雨带位于长江中下游江南地区，湖南-江西-安徽-浙江-福建等地出现连续性暴雨或大暴雨天气过程，特别是江南北部地区暴雨日数多、雨量大、持续时间长，降水总量一般都有 250～600mm，部分地区达到了 800～1000mm，较常年同期偏多 1～3 倍。江西省的降水大而集中最为突出，雨量中心主要位于临川、鹰潭、上饶一带，它们的平均降水量分别为 735mm、923mm 和 743mm。与历史同期相比，不仅上述雨量中心地区的总降水量超过了历史最高记录，而且，自湖南吉首-芷江-浙江温州和福建福鼎大部地区的实测雨量均为中华人民共和国成立以来的最高值。异常的强降水使沿江江南的主要江河湖库的水位急剧上升并超警戒水位，甚至超历史最高水位。长江干流武汉站出现超警戒水位，九江站出现超过 1954 年的最高水位。湖南、江西、福建、浙江等地洪涝灾害严重。

第二阶段（6 月 27 日—7 月 21 日），雨带推移至长江上游地区及汉江上游地区，长江中下游基本无雨。从 6 月 27 日起，汉水中上游、重庆、四川盆地以及川江的沿江地区相继出现大到暴雨，部分地区大暴雨，总降水量普遍有 150～300mm，四川盆地、川东、重庆和湖北部分地区的雨量超过 300mm，局部地区达 500mm 以上，较常年同期偏多 0.5～1.5 倍，其中 7 月 4—7 日，四川盆地出现区域性暴雨天气过程，内涝成灾，这时段内长江干流接连出现了 3 次洪峰，上游的洪水下泄，使长江中下游持续保持高水位。

第三阶段（7 月 21—31 日），雨带再次回到长江中下游干流及江南地区，出现第二次梅雨，也称为“二度梅”（金蓉玲和胡琴，1998）。由于副高突然减弱南退，7 月 21 日开始，长江中下游地区再度出现大范围的暴雨到大暴雨天气过程。这次过程不仅降水强度大，而且更具突发性，例如湖北武汉7月21日6—7时，1h雨量达88.4mm，21日的24小时降水量达到了285.7mm，21—22日的48h降水量达到了457.4mm，黄石7月22日的24小时降水量达到了360.4mm，21—22日的48h降水量为499.6mm，接近或超过历史最高记录，实属罕见。从整个流域来看，强雨带的位置与6月江南北部的暴雨带位置基本一致，但降水中心主要在长江中游地区、鄂南、湘北、赣北、皖南等地，过程降水量普遍有200～300mm，较常年同期偏多2～5倍，其中鄂西南、鄂东南、湘北、赣北的部分地区的雨量有300～450mm以上，局部地区达到了700mm以上，较常年同期偏多5～10倍。这次强降水过程使长江中下游干流水位暴涨，宜昌以下全线超警戒水位或超历史最高水位。

第四阶段（8月1—27日），降水带主要位于长江上游及其支流和汉水上游，8月1日起，副高又增强北抬，长江中下游地区再次受副高控制，降水明显减弱，但四川、重庆、湖北西南部、湖南西北部则多次出现大范围的大到暴雨或大暴雨，降水主要在长江上游干流、岷江、沱江、嘉陵江、汉水中上游等地。8月1—27日，四川盆地东部、陕南、鄂西和鄂北降水量有200～300mm，局地达400mm以上，较常年同期偏多1～2倍。频繁的强降水使长江上游接连出现了5次洪峰，洪水下泄，致使长江中下游干流水位持续居高不下，造成中游大部分江段超警戒水位近2个月，超历史最高水位长达1个多月之久。

除岷江、沱江、汉江和下游干流沿江地区降水比历史同期偏多5%～15%外，其他地区偏多35%～65%。在6月，鄱阳湖、洞庭湖地区偏多70%～90%；在7月，长江中下游干流、乌江、金沙江偏多45%～65%；在8月，中上游干流附近地区、金沙江、嘉陵江和汉江偏多45%～130%，而洞庭湖、鄱阳湖和下游沿江地区偏少25%～55%（金蓉玲和胡琴，1998）。这段时间内共出现74个暴雨日，其中大暴雨为64天，占年暴雨日总数的86%，特大暴雨日为18天，占暴雨日总数的24%。

2. 洪水过程和水情

1998年枯期（1—3月）不枯，桃汛（4—5月）明显（金蓉玲和胡琴，1998）。

从1997年11月开始直到1998年3月，长江中下游地区持续出现阴雨（雪）天气，部分地区降了大到暴雨（雪），湖南中北部、江西中北部、安徽西南部地区降水异常偏多，连续5个月出现降水正距平，部分地区的降水距平百分率大于100%，局部高达400%以上。冬春两季的累积降水普遍有700mm，部分地区超过1000mm。罕见的冬春降水导致这些地区的江河湖库水位高涨，甚至超过警戒水位，长江干流城陵矶、汉口、湖口和大通等站1—3月平均水位比常年高约3～4m，4月水位高1.5m左右，5月水位仍较高（金蓉玲和胡琴，1998）。这不仅给1998年主汛期留下了很高底水，大大降低了江河湖库的再蓄水能力（周自江等，2000）。

进入6月之后，长江中下游伴随持续强降水过程，水位急剧上涨。6月下旬长江中游武穴以下各站超过警戒水位，鄱阳湖出口站湖口水文站6月26日的洪峰流量达31900m^3/s，破实测最大记录。6月底至7月初，荆江河段各站水位均超过警戒线。同时，三峡地区暴雨洪水突发，宜昌水文站出现53500m^3/s的首次洪峰，中游干流监利、武穴和九江水位超过实测最高值。7月5—16日副热带高压北抬西伸，中下游晴热无雨，干流水位有所回落，但上游金沙江、岷江、嘉陵江暴雨洪水迅猛。7月18日宜昌站出现56400m^3/s的第2

次洪峰，致使中下游全线超警戒水位。7月16—31日，第2次梅雨期降水使乌江、澄水、沅水、鄂东北和鄱阳湖地区同时再遇暴雨洪水袭击。7月23日澄水石门站洪峰流量破历史实测记录，达19000m^3/s，宜昌于7月24日出现52000m^3/s的第3次洪峰，接着下荆江至螺山、武穴至湖口等江段水位相继超实测最高记录。进入8月后，上游暴雨洪水接踵而至，金沙江、岷江、嘉陵江和三峡、清江地区洪水过程相互遭遇，宜昌站先后出现流量50000m^3/s以上的洪水过程达5次之多，其中第4次（8月7日宜昌流量61500m^3/s）和第6次（8月16日宜昌流量63300m^3/s，为全年最大值）分别使沙市水位达到44.95m（出现在8月8日）和45.22m（出现在8月17日）。长江干流枝城以下、九江以上除汉口、黄石外，水位比实测最高记录偏高0.5～1.25m，也为全年最高值。干流宜昌、汉口、大通等站6—9月总水量比常年多35%，其中6—8月偏多50%左右。宜昌汛期水量主要来自金沙江、嘉陵江，分别比常年偏多68%、47%。汉口水量主要来自宜昌和洞庭湖水系，分别比常年多50%和38%。大通水量主要来自汉口和鄱阳湖，分别比常年多45%和75%（表4.14、图4.9和图4.10）。

表4.14　　长江中下游干支流各主要站最高水位、最大流量统计表

河名	站名	年最高水位/m	出现时间	年最大流量/(m^3/s)	出现时间	最高水位排序		最大流量排序	
						历史资料年数	排序	历史资料年数	排序
长江	枝城	50.62	8月17日4：00	68800	8月17日1：00	52	2		
	沙市	45.22	8月17日9：00	53700	8月17日9：00	56	1		
	石首	40.94	8月17日11：00			48	1		
	监利	38.31	8月17日22：00	46300	8月17日22：00	58	1	43	1
	莲花塘	35.80	8月20日15：00			46	1		
	螺山	34.95	8月20日18：00	67800	7月26日8：00	46	1	46	2
	汉口	29.43	8月20日6：00	71100	8月19日9：10	133	2	133	2
	黄石	26.31	8月10日2：00			58	2		
	九江	23.03	8月2日0：07	73100	8月22日12：00	88	1		
	安庆	18.50	8月2日5：00			68	2		
	大通	16.32	8月2日19：20	82300	8月1日14：00	62	2	62	2
松滋河	新江口	46.18	8月17日9：00	6540	8月17日6：20	42	21	42	
	沙道观	45.52	8月17日12：00	2670	8月17日12：00	40	1		
虎渡河	弥陀寺	44.90	8月17日9：00	3040	8月17日9：00	42	1	42	3
藕池河	管家铺	40.28	8月17日13：00	6170	8月17日3：00	43	1		
沅水	桃源	46.03	7月24日6：00	25000	7月24日1：00	51	2		
澧水	石门	62.66	7月23日18：00	19900	7月24日1：00	49	1	49	1
洞庭湖	城陵矶	35.94	8月20日14：00	35900	7月31日8：00	88	1		
汉水	石泉	376.93	7月9日3：00	17100	7月9日2：00			45	1
	汉川	32.09	8月18日23：00			51	1		

续表

河名	站名	年最高水位 /m	出现时间	年最大流量 /(m^3/s)	出现时间	最高水位排序		最大流量排序	
						历史资料年数	排序	历史资料年数	排序
抚河	李家渡	33.08	6月23日17：00	9950	6月23日17：00	49	1	49	1
信江	梅港	29.84	6月23日5：07	12600	6月23日5：07	49	1	49	2
昌江	渡峰坑	34.27	6月26日16：00	8600	6月22日22：00	49	1	49	1
鄱阳湖	湖口	22.59	7月31日0：00	31900	6月26日8：00	56	1	49	1

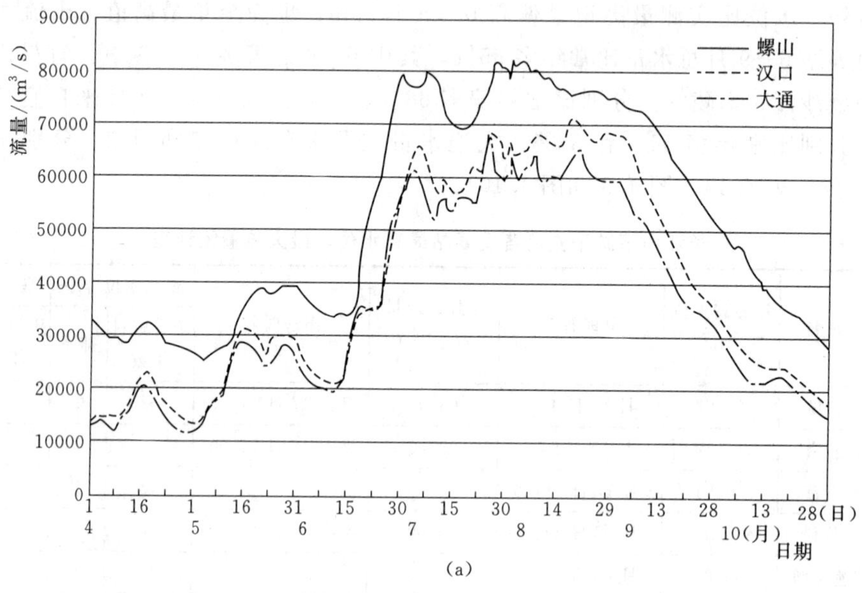

(a)

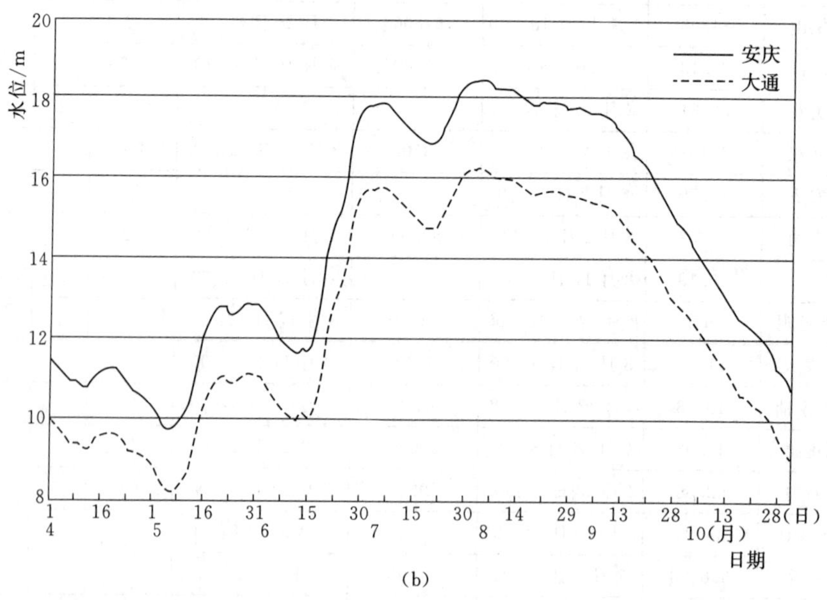

(b)

图 4.9　1998 年夏季长江干流主要站流量（a）和水位（b）过程线

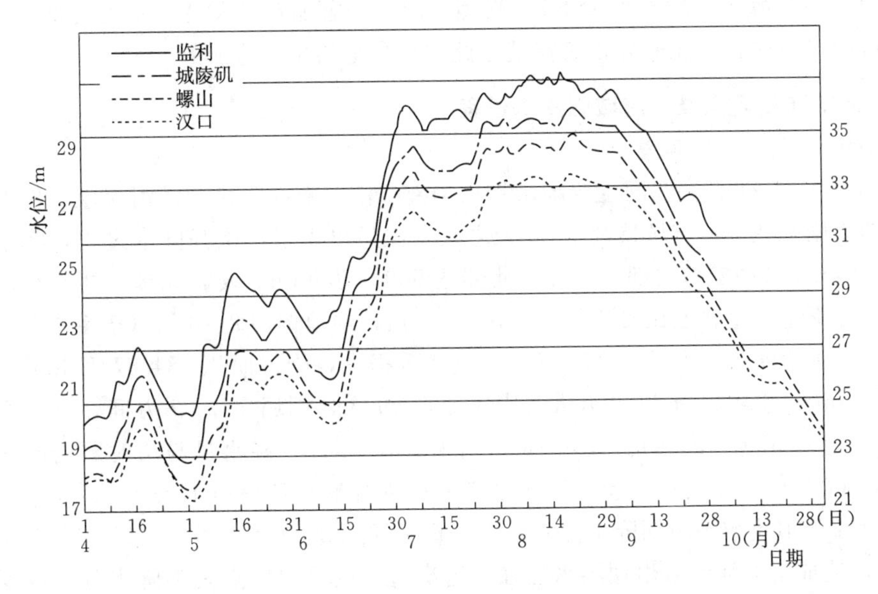

图 4.10　1998 年夏季长江中游主要站水位过程线

此次洪水的洪峰水位高，高水位持续时间长，洪峰重现期小，时段最大洪量重现期随时段加大而增长。干流沙市至螺山、武穴至九江共 359km 河段及两湖水位多次超过历史最高水位。

3. 天气成因

在多次暴雨过程中，副热带高压西北侧的暖湿气流与南下的冷空气频繁在我国长江流域交汇，二次梅雨降水均发生在双阻型和副高西伸的背景下，第一次梅雨期双阻塞高压分别位于乌拉尔山和鄂霍茨克海，中高纬的冷空气持续南下和副高西侧的暖湿气流汇合，形成长江流域持续而稳定的降水；第二次梅雨仍然发生在双阻塞高压的背景下，此时，贝加尔湖南侧的低槽内不断有冷空气南下，副高的脊线位置此时位于我国东部（20°N 附近），来自印度洋和孟加拉湾的水汽和副高西侧的水汽在南海汇合并向北输送到长江流域，为该地降水提供了充沛的水汽条件。

1998 年长江流域大洪水过程与海洋的热力强迫作用也是密不可分的。1997 年 5 月—1998 年 6 月发生了自 1950 年以来最强的一次厄尔尼诺事件，1997 年 12 月赤道东太平洋的异常增温达极值，中心强度达 5.7℃，为有记录以来最大值，从 1998 年春季开始迅速减弱，1998 年 6 月厄尔尼诺特征已消失，赤道中东太平洋海温急剧下降并转为海温负距平区，其中心强度低于－2.0℃，随后，转为拉尼娜事件。从图 4.11 的 Nino Z 指数的时间变化中也可以看到，在 1997 年 11—12 月 Nino Z 指数达到极大值，在 1998 年 6 月转为负指数，在当年 9 月份进入拉尼娜状态。

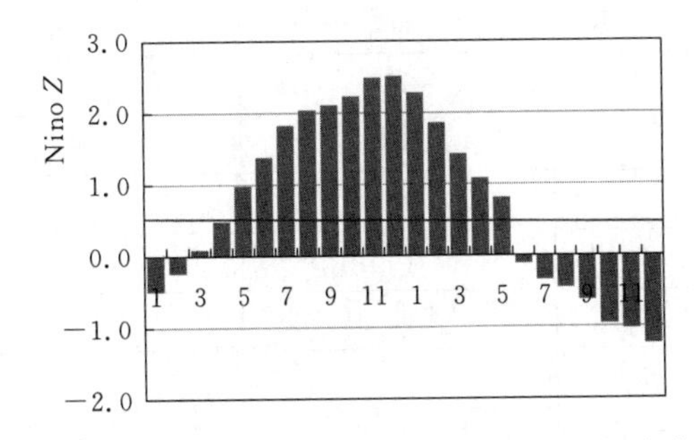

图 4.11　1997—1998 年 Nino Z 指数的时间变化

赤道太平洋海洋表面温度（SST）强烈增暖，显著加热了大气，使大气原有的运动状态发生改变。副热带高压的异常表现就是此次厄尔尼诺事件造成的。

4.5.4　2003年梅雨期淮河流域强降水过程

1. 降雨过程和灾害损失

2003年6月21日，我国主要降水带从华南、江南南部北跳到淮河流域，使淮河流域进入汛期，雨带在淮河流域持续了30天之久，先后出现了7次强降水过程，降水总量达200～500mm，其中安徽北部、江苏中北部达500～700mm，安徽北部、河南东南部、江苏北部等地降水总量普遍比常年同期偏多1～2倍，局地偏多2～3倍（毕宝贵等，2004）。此次淮河洪水给河南、安徽、江苏三省造成严重损失，受灾面积384.67万hm^2，绝收面积112.93hm^2，受灾人口3730万人，因灾死亡29人，倒塌房屋77万间，直接经济损失286亿元（丁一汇等，2009）。表4.15给出了2003年逐月降水量与历时同期的比较，可以看到，2003年6—7月降水量分别比多年平均值增多了77%和47%。

2003年淮河流域梅雨期降水异常偏多，梅雨期从2003年6月21日开始一直持续到7月22日，造成了淮河流域出现洪水过程。这次过程的主要特点是强降水分布范围广，雨区集中在淮南山区，淮河北侧支流中下游及苏北地区，降雨历时集中。整个过程由7次强降雨过程组成，它们分别是：①6月22—23日，雨带呈东北—西南走向，有3个强降水中心，分别位于湖北麻城、河南商丘和山东沂南附近，降水量一般为50～100mm，其中湖北东部大别山区、河南东部和南部以及山东南部的降水量达100～190mm。②6月24—27日，主要雨带南压到江南北部，有2个降水中心。③6月29—7月3日，这是淮河流域2003年淮河大洪水期间持续时间最长、降水量最大的一次大暴雨天气过程。雨带呈东西向走势，强降水中心达到了200mm以上。这一次强降雨过程导致了淮河流域的第一次洪峰。④7月4—7日，强降雨有两条强降水轴线，一条位于长江中下游沿江地区，最大降水量有250mm；另一条降水轴线位于淮河北部沿淮地区，最大降水量200mm。⑤7月8—11日，雨带呈东北—西南向，多地降水量超过200mm。⑥7月12—13日，淮河流域受到了第六次暴雨袭击，但是，暴雨中心的强度只有100mm左右。⑦7月21—22日，淮河流域经历了最后一次强降水过程，个别地点降水量超过100mm。至此，淮河流域梅雨期结束（毕宝贵等，2004）。

表4.15　淮河流域2003年逐月降水量与多年平均值的比较

月份	2003年降水量/mm	多年平均降水量/mm	距平/mm	距平百分率/%
1	15	21	−6	−28.6
2	44	27	17	63.0
3	76	47	29	61.7
4	80	60	20	33.3
5	62	77	−15	−19.5
6	210	119	91	76.5
7	307	209	98	46.9

续表

月份	2003年降水量/mm	多年平均降水量/mm	距平/mm	距平百分率/%
8	240	149	91	61.1
9	85	83	2	2.4
10	95	51	44	86.3
11	49	35	14	40.0
12	19	17	2	11.8
全年	1282	895	387	43.2
汛期	842	560	282	50.4

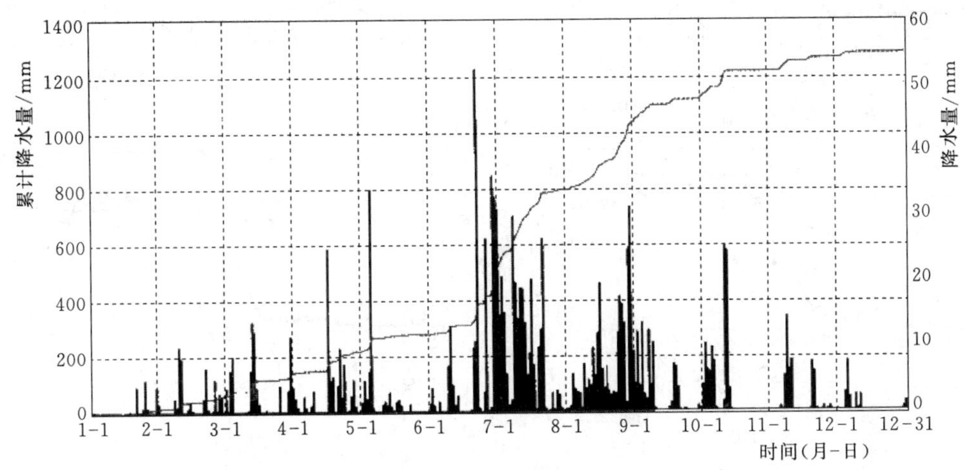

图4.12　淮河流域2003年日降水量的时间变化序列

（摘自：章国材等，2004）

图4.12是淮河流域逐日降水量和日累积降水量的时间变化图（章国材等，2004），可以看出，6—7月不仅降水强度大，而且降水集中。

2. 洪水过程和水情

6月下旬至7月下旬淮河大小支流均发生了多次洪水，干流出现3次大的洪水过程，均为多峰型。淮河第一次洪水过程出现在6月29日—7月5日，从6月29日开始，王家坝的水位和流量迅速上涨［图4.13（a）］，7月1日超过警戒水位，7月2日凌晨，王家坝泄洪，7月3日淮河流域的第一次洪峰通过王家坝，流量达到5930m^3/s，并超过保证水位（29m）0.41m。第2次洪水过程出现在7月8—14日，特别是7月9日，降水强度加大，水位和流量再次上涨，7月12日第二次洪峰通过王家坝，流量达到4530m^3/s，水位达到了28.79m。7月21—22日的强降水过程造成第三次洪峰。

从总体上看，三次洪峰逐次递减，水位在警戒水位和保证水位之间振荡，正阳关［图4.13（b）］、蚌埠［图4.13（c）］、洪泽湖［图4.13（d）］的水位和流量变化幅度均小于王家坝，三次洪峰总体呈逐次递减特征，但递减幅度明显小于王家坝。三站水位一直处于超警戒水位之上，正阳关前两次洪峰过境时都超过了保证水位，而蚌埠和洪泽湖均未超过保证水位。

3. 天气成因

研究发现，雨带稳定、暴雨集中和突发性强是2003年淮河降水的突出特点，也是造成淮河流域全线超保证水位的原因。就天气系统而言，中高纬度两槽一脊的稳定维持，副高脊线持续稳定在22°N～25°N，淮河流域恰好位于高空急流的右前方，低空急流的左前方，是造成2003年6—7月淮河流域连续性暴雨的主要原因（章国材等，2004）。

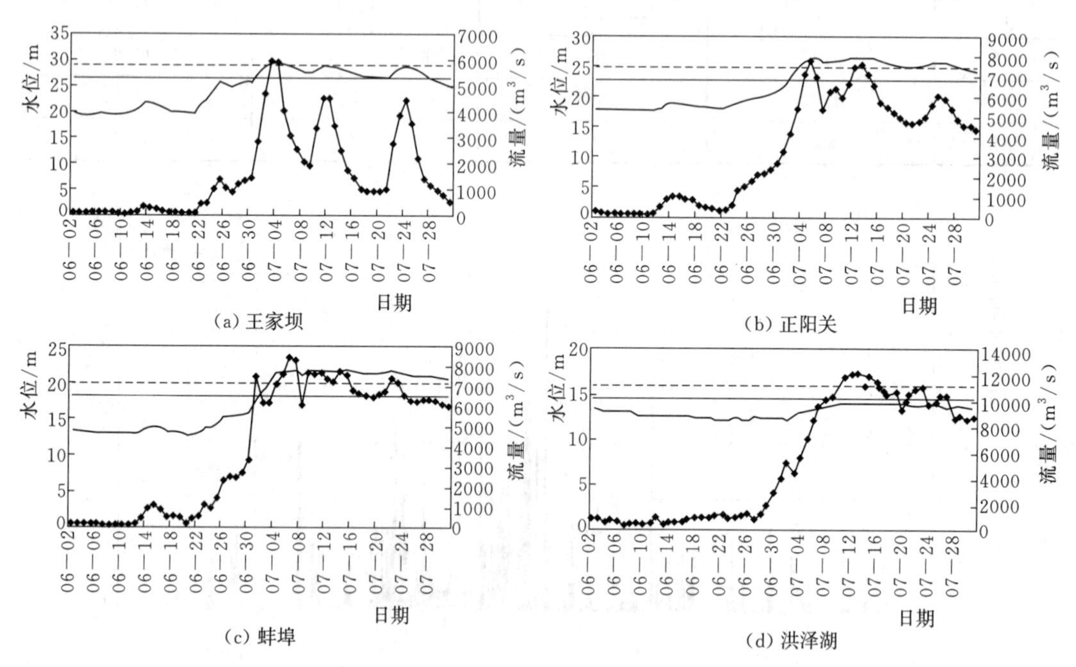

图4.13　2003年6—7月实测水位（实线）、警戒水位（直线）、保证水位（虚线）和流量（带◆实线）的逐日演变图（摘自：毕宝贵等，2004）

2003年西太平洋副热带高压表现明显异常（图4.14）。进入6月份之后，副高的面积和强度均比历史同期增大很多［图4.14（a）和图4.14（d）］；6月下旬，西太平洋副高北跳到22°N的时间偏早一周左右，但之后并未像常年一样稳步北抬，而是一直稳定在22°～25°N附近，南北摆动幅度很小［图4.14（b）］，只在东西方向上略有摆动［图4.14（c）］。这样，就使得雨带长时间稳定在江淮地区，强降水相对集中，且持续时间长，而与此相反的，江南梅雨很短，此时长江以南大部分地区则处在强大的副热带高压控制之下，下沉增温明显，这也是当年我国南方持续高温的主要原因。

另外，2003年淮河强降水期间，6—7月东亚的高空急流位于38°N附近，急流平均风速超过35m/s，我国淮河流域上游正好位于急流入口区南段，而淮河流域中下游地区则位于急流核附近。在急流入口区，运动的空气块因加速会产生向顺风方向左侧偏转的非地转风分量，结果在急流北侧产生高空辐合，出现下沉气流；在急流南侧产生高空辐散，出现上升气流。低层大气随之发生调整，产生与高层相反的辐合辐散区，从而形成垂直环流。很显然，急流南侧的上升运动不利于副高继续北抬，但有利于淮河流域出现暴雨。急流一次次加强，对应上升速度也随之加强，从而产生一次次的暴雨过程。研究发现，淮河流域强降水期间，200hPa 西风急流在东亚地区偏强 5m/s，急流轴比多年平均偏南两个纬距，由此导致副高位置偏南，进而使得淮河流域降水异常增加。

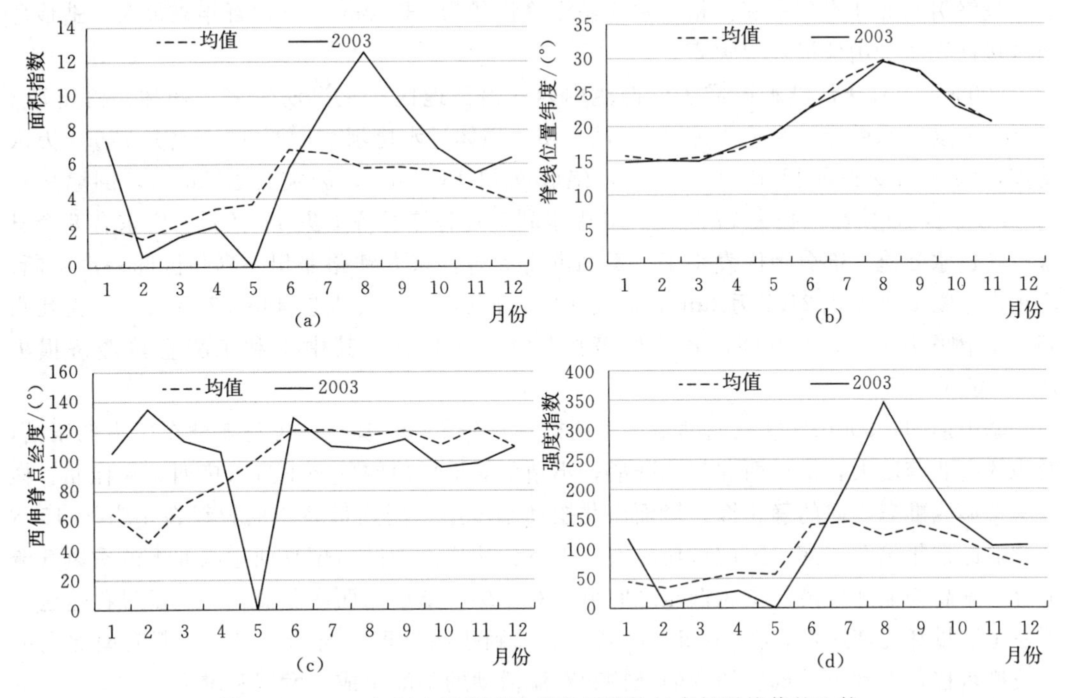

图 4.14　2003 年西太平洋副热带高压指数与多年平均值的比较

此次过程的水汽来源有两个：一是来自孟加拉湾的西南气流，经中南半岛北部进入华南，再向淮河流域输送；二是来自西太平洋副热带高压南侧的偏东气流在南海转向形成的偏南气流，直接进入华南再向北输送，这两条输送带以定常方式稳定地向淮河流域输送水汽（徐敏和田红，2005）。从纬向水汽输送来看，淮河流域处于北太平洋最大值的后部，计算表明，在底层 1000～500hPa 始终维持弱的净水汽输送，因此，从纬向水汽输送看，淮河流域是水汽净输出。从经向水汽输送看，孟加拉湾和华南到江淮一带存在两个水汽输送中心，这两个水汽输送中心正是淮河流域持续强降水过程的水汽来源。经向水汽收支从地面到高空始终维持稳定的正值，有 6 次明显的经向水汽收支中心，其出现和减弱消失的时期和该区域强降水的时段基本一致。因此，稳定的水汽输送为该年淮河流域持续强降水过程提供了重要的条件。

4.5.5　2005 年 6 月珠江流域大洪水

2005 年 6 月下旬珠江流域普降暴雨，6 月 17—21 日，珠江流域的广东大部、广西东部和北部先后出现持续 5 天的强降水，主要暴雨区一个位于西江的黔江和浔江，另一个位于惠州、河源地区。暴雨中心 5 天降雨量惠州龙门站达 1153mm，5 天雨量超过 200mm 的笼罩面积达 6.4 万 km^2。本次降水历时长、范围广、地区分布不均匀，暴雨强度大而集中。受降雨影响，加上西江暴雨区移动路径与河流走向相一致，珠江流域发生大洪水，西江中下游发生特大洪水，部分干支流发生超历史记录的洪水，其他河流则为常遇洪水。6

月12—20日暴雨区各河相继涨水，并于19—24日出现最大洪峰。此次降水过程来势凶猛，局地强度大，持续时间长，影响范围广，致使漓江、柳江、西江等主要河流洪水暴发，最终引起北江水位暴涨。梧州水文站洪峰流量为53900m^3/s，达百年来最大，造成华南区域性洪涝、山体滑坡等灾害。

2005年6月珠江洪水造成了广西境内西江沿江地区严重洪涝灾害。桂林、梧州等9个县城一度进水受淹。长塘水库［小（2）型］坝体过水垮坝。广西68个县共776.1万人受灾，农作物受灾面积43.4万hm^2，绝收面积13.2hm^2，因灾死亡56人，倒塌房屋17.72万间，直接经济损失77亿元，其中水利工程直接经济损失11亿元。广东有8个县城一度进水受淹，部分地区发生了严重的洪涝灾害。京九铁路龙川—惠州区间一度中断。广东农作物受灾面积21.7万hm^2，成灾12.7万hm^2，受灾人口445.97万人，因灾死亡65人，倒塌房屋5.41万间，直接经济损失47.72亿元，其中水利工程直接经济损失10.47亿元。

暴雨期间，500hPa欧亚高纬地区呈两槽一脊分布型，乌拉尔山与亚洲东岸为低压槽，低槽的南北跨度大，槽后西北气流强盛，不断引导地面冷空气南下进入广西，在桂北、桂中一带形成准东西向的静止锋，锋面南北摆动幅度小；副热带高压的脊线在10°N～15°N维持，比常年偏西偏南，因此可使冷空气南下到达华南地区与副高西边缘北上的季风气流汇合。副高与孟加拉湾的季风低压之间形成对流层中低层的西南急流，为暴雨过程输送了不稳定能量和充沛水汽。在700hPa，高原东部到华南呈现多波动形势，不断有南北向的短波槽东移，有利于中低层切变的维持和对流活动的不断生成、发展和增强。

第5章　干旱与旱灾

干旱是自然界中水分供需不平衡导致的缺水现象。当缺水程度加重到一定程度，引起了作物、植物枯死，人类生存受到威胁时才能称其为旱灾。干旱有多方面的表现，持续性、严重性和复发性都是干旱的基本特征。为了完整地描述干旱过程，人们通常定义各种指标来分析干旱问题。

5.1　干旱指标

干旱发展缓慢、发生频繁、影响范围广且复杂、灾害损失严重，且起始和结束的标志相对模糊。因此，至今没有能让人普遍接受认可的干旱定义。现今对干旱的定义大致划分为两类，即概念型和应用型。概念型的干旱定义从干旱的内涵出发来解释什么是干旱，例如降水量长期低于同期正常水平，或某区域的水文条件显著异常等。应用型的干旱定义则着眼于定量描述干旱事件的特征，例如确定干旱过程发生和结束的时间，干旱的历时、强度等，进而用来分析干旱发生的频率。

美国气象学会在总结众多干旱定义的基础上，将干旱分为4种类型：气象干旱（由降水和蒸发不平衡所造成的水分短缺现象）、农业干旱（以土壤含水量和植物生长形态为特征，反映土壤含水量低于植物需水量的程度）、水文干旱（河川径流低于其正常值或含水层水位降落的现象）和社会经济干旱（在自然系统和人类社会经济系统中，由于水分短缺影响生产、消费等社会经济活动的现象）。这种分类方法也已基本达成共识。对于4种干旱类型，从发生的时间次序上讲，依次是气象干旱、农业干旱、水文干旱和社会经济干旱；而从复杂程度方面看，次序则是气象干旱、水文干旱、农业干旱和社会经济干旱。

气象干旱指数是气象干旱监测与研究的核心，主要考虑从降水量、降水百分数、降水距平百分率、气温、蒸发、无降水连续日数等要素来建立干旱指标。这里，将仅考虑降水因素的指标称为单因素气象干旱指标，将综合考虑降水、潜在蒸散发、温度等多种因素的指标称为多因素气象干旱指标。

5.1.1　单因素气象干旱指标

降水距平百分率反映了某一时段降水与同期平均状态的偏离程度，其负值越大表明干旱程度越严重，其优点是计算方便，所需资料易获取，但是它对干旱的响应慢，理论上认为降水量呈正态分布，不能反映干旱的内在机理。

降水异常指数（Rainfall Anomaly Index，RAI）是由 Van Rooy（1965）提出的，它将降水距平值按从大到小排序并分级赋值。

Gibbs 和 Maher（1967）提出的十分位指数，避免了降水量百分率或降水量距平百分率指标中暗含降水量正态分布的弊端，该方法将降水序列从大到小进行排序并分级。十分位指数经历了很长时间的发展，具有空间可比性。一般用于降雨量变化很大的地区。这种方法给出了降水量准确的统计量度，计算简单，仅需要降水资料。十分位指数的不足在于它对雨量的空间分配不敏感，需要相当长的气候资料以保证指数的准确性。

Bhalme 与 Mooley（1980）提出了 Bhalme - Mooley 干旱指数（BMDI）。Bogardi 等（1994）曾采用该指标研究了不同环境模式对干旱现象的影响，并认为 BMDI 指标仅考虑了降水量，可视为 Palmer 指标的简化形式。

Mckee（1993）提出的标准化降水指数（Standardized Precipitation Index，SPI）是单纯依赖于降水量的干旱指数，通过概率密度函数求解累积概率，再将累积概率标准化，可反映不同时间尺度的干旱，计算稳定，对于干旱反映较灵敏，在进行干旱监测及预测方面应用广泛。降水距平百分率、SPI 和 Z 指数的计算都比较简单，干旱监测效果也比较好，但都是单因素指标，未考虑蒸散等其他影响因素。

降水平均等待时间指数（Average Waiting Time of Precipitation，AWTP）由 Cubasch 等（1995）提出，它不仅考虑无降水日（干日，指日雨量小于 0.1mm）的总天数，而且也考虑雨日（日雨量大于等于 0.1mm）随时间的分布情况。AWTP 是一个能综合描述某时段内干期长短及其在整个时序中分布效果的综合指数，能较合理地反映干旱的轻重程度。

Kite（2000）在研究中认为某一段时间内的降水量服从泊松分布，从而发展出了降水 Z 指数。Z 指数的大小不仅与降水量有关，还与降水的时空分布有关。Z 指数分析效果与偏态系数密切相关，偏态系数越大，指数的分析结果越好，越能反映出旱涝的程度。因而不同地区或不同月季降水的差异会导致指数使用效果的差异。

荣艳淑等（2008）提出了一个基于降水站点资料的描述区域干旱特征的指数（Spatial Drought Index，SDI）来定量描述华北干旱的区域性特征。

Lu 等（2009）提出用逐日加权平均降水量（Weighted Average Precipitation，WAP）来表征当前的旱涝状况，WAP 实际上是一种有效降水指数，它能在逐日尺度上反映一个地区的干湿状况；但是，由于它保留了降水量的概念，其自身存在区域性和季节性差异的先天不足，即不同气候区域和不同季节之间无法使用统一的标准来比较旱涝程度，这使得它的应用受到极大制约。

GEVI 指数由王澄海等（2012）提出，它假设降水服从广义极值分布函数（GEV），再对其参数进行确定而建立干旱指数，它可以较好地分辨季节尺度的干旱事件。GEVI 指数在我国西北、西南、华南、江苏苏北地区都进行了应用。

标准化前期降水指数（Standard Antecedent Precipitation Index，SAPI）由王春林等（2012）提出，是逐日气象干旱指数，与基于等权累积的 Pa、M、SPI 及 CI 等指标相比，SAPI 对当日降水的敏感性相对提高，其优点是考虑了干旱累积效应，加入了衰减系数，克服了不合理旱情加剧的问题。

降水量指标的优点在于方法简单明了、资料容易获取、意义明确，但是该类指标仅考虑了单一的降水因子，没有考虑作物、下垫面及其他相关因素的影响。考虑到降水时空分布的不均匀性，降水量指标只能大致反映干旱发生的趋势，不能准确反映某一段时间小范围内的干旱程度，也不能直接表征作物遭受干旱的影响程度。同时，由于降水时空结构复杂、局地性强且预报困难，所以降水量指标难以在大尺度上使用，实际应用中还存在一定的局限性。

5.1.2 多因素气象干旱指标

Palmer（1965）提出的 Palmer 干旱指数（PDSI）综合考虑了前期降水量、水分需求、水分供应、潜在蒸散量、实际蒸散量等多种因素，是基于水分平衡过程建立的一个气象干旱指数。PDSI 提出后，国内外大量学者对其进行了许多的研究及改进，如 Wells 等（2010）建立的自适应 PDSI 指数（Self - calibrating PDSI）、王文等（2012）提出的淮河流域 PDSI 修正指数等。其中，Wells 等（2010）建立的自适应 PDSI 指数，把最初经验导出的持续因子以及气候权重因子根据所要计算站点的气候特征通过动态的方法自动校正，对于干湿过程分别进行处理得到干湿状况下不同的持续因子和气候权重因子。这就使得计算结果依赖于当前所计算的站点气候特征，对于干湿状况有不同的敏感性，指数在空间上的可比性有所提高。但是在计算积累指数过程中将持续时间固定地取 10 个值显得过于草率，因为在不同的气候带干旱所能持续的时间有很大的差异。

湿润度指数由 Humle 等（1992）提出，定义为降水量与蒸散能力的比值，以此来表示水分收支的状况。这种指标的优点就是既考虑了地表能量对蒸散能力的影响，又计算方便，避免了过多参数的使用所导致的潜在蒸散的不确定性，这个参数曾被马柱国等（2003）用于分析全球或区域尺度的地表湿润状况。但指标中的蒸散能力是指在充分供水条件下的土壤蒸散量，不能反映作物的实际需水情况及土壤各时期的供水情况。

相对湿润度指数（MI）是某时段的降水量与同时段内可能蒸散量之差再除以同时段内可能蒸散量，其适用于旬以上尺度作物生长季节的干旱监测和评估（张景书，1993）。

Tsakiris 等（2005）提出了干旱侦测指数（Recon - naissance Drought Index，RDI）对干旱进行多尺度分析，该指数可以避免 SPI 指数不考虑蒸散发因素的弊端。Tsakiris 在 2004 年 MEDROPLAN 的协调会议上首次提出 RDI，并在后续的刊物中提出了更全面的描述。RDI 计算了降水和大气蒸发需求之间的总赤字，有效地与农业干旱联系在一起。可以在气候不稳定条件下使用，用于研究与水短缺有关的各种气候因素变化。

气象干旱综合指数（CI）是张强等（2006）发展的一个以标准化降水指数（SPI）、相对湿润指数（MI）为基础建立的一种干旱综合指数，该指数同时考虑了降水和蒸发能力因子，综合考虑了前期的天气状况，具有较好的时空比较性，与单纯利用降水量的干旱指数相比具有较大的优越性，蒸发能力的计算也比较简便。目前国家气候中心运用该指数对干旱进行实时的监测，业务实践效果良好。综合气象干旱指数是利用近 30 天（相当于月尺度）和近 90 天（相当于季尺度）降水量标准化降水指数，以及近 30 天相对湿润指数进行综合而得，该指标既反映短时间尺度（月）和长时间尺度（季）降水量气候异常情况，又反映短时间尺度（影响农作物）水分亏欠情况。该指标适合实时气象干旱监测和历史同期气象干旱评估。但该指数也存在一定的不足，例如下垫面情况考虑不够等，而下垫面土壤水分状况是反映干旱情况最直接的指标。

王劲松等（2007）在同时考虑降水和蒸发的基础上建立了 K 干旱指数，近年来其在甘肃省干旱监测业务、西北地区季节干旱的监测以及黄河流域和南方地区的干旱监测中都取得了较好的效果，它比干旱侦测指数和湿润度指数的概念更精确一些，考虑的是降水变率和蒸发变率之间的比值，这一做法的优点是消除了不同变量的量纲，便于不同地区的比较。

Vicente-Serrano等（2010）在SPI的基础上，提出了一个新的气候干旱指数：标准化降水蒸散指数（Standardized Precipitation Evapotranspiration Index，SPEI）。该指数基于降水和温度数据，有机地集成了PDSI对蒸发需求变化的灵敏性和SPI计算简单和多时空的自然属性，是监测干旱化及研究增温影响干旱化过程较为理想的工具。

降水-温度均一化指数与以上指数的明显区别是其假设降水偏少（多）与气温偏高（低）相联系，两者为负相关才有意义，即干旱指数的大小对应着高温少雨和低温多雨两种状态，其在西北干旱区（新疆、石羊河流域）应用效果较好。但是，当降水的统计离散度很大时，会出现降水的平均值不能很好地代表典型状态的情况（吴友均等，2011）。

5.1.3 水文干旱指标

水文干旱一般指的是在河流、水库、地下含水层、湖泊和土壤中低于平均状态含水量的时期。供水水分在完成下垫面全部物理过程后，最终主要以径流的形式体现。Linsley等（1982）把水文干旱定义为："某一给定的水资源管理系统下，河川径流在一定时期内满足不了供水需要"。通常水文干旱侧重研究河道径流的变化，而径流的形成过程包括降水、植物散发、土壤水蒸发、下渗及水分侧向运动，即水分在下垫面运行的全部物理过程。因此，以径流量为干旱指标的水文干旱更能全面反映整个区域内的干旱情况。

地表供水指数（Surface Water Supply Index，SWSI）由美国科罗拉多州于1981年开发（Heim，2002），其作为地表水状况的度量，弥补了PDSI未考虑降雪、水库蓄水量、流量以及高地形降水情况的不足。但这些指标对数据质量要求高、计算量大，忽略了径流的季节性变化对干旱的影响，且没有对干旱严重程度进行量化（Garen，1993）。

冯平等（1997）考虑供水系统对径流过程的调节作用以及水文干旱的开始与结束时间，建立了干旱程度指标（Reservoir Drought Severity Index，RDSI），RDSI绝对值越大，干旱程度越严重。Tsakiris等（2007）利用RDSI对干旱进行多尺度分析，发现该指数可以避免SPI指数不考虑蒸散发因素的弊端。

S. Shukl和A. W. Wood（2008）提出了标准化径流指数（Standardized Runoff Index，SRI），它可以反映地表径流的亏损程度，用于量化水文干旱。该指数能很好地反映季节变化引起的滞后而导致干旱事件发生变化的情况，综合反映水文和气象过程，是评估水文干旱的有力工具，计算过程与SPI基本一致。标准化径流指数能够较好地反映干湿等级标准，不仅计算简单，资料容易获取，还可进行多时间尺度的对比分析。

Nalbantis等（2009）提出了径流干旱指数（Streamflow Drought Index，SDI），该指数以观测数据为基础，计算过程也与SPI类似。SDI和SRI两个指标的差别在于SDI是采用观测径流数据进行判别，SRI指标还可以用来进行预测水文干旱，但SRI由于采用水文模型模拟得到的径流数据进行判别，存在模型率定和检验的问题，需要长序列降雨量数据才能保证计算的准确度，两个指标均能反映流域水文特征，可以计算不同时间尺度的水文干旱情况，也能反映由于季节变化引起的滞后而导致干旱事件变化的情况。

以径流资料为基础，分别利用不同的频率分布来分析区域干旱状况可以得到不同的水文干旱指标。Vicente - serrano（2012）提出标准流量指数（Standardized Streamflow Index，SSI），并检验了月径流量对6种概率分布函数的拟合程度，分析不同分布下的标准径流指数随时间的变化情况，结果表明，不同月份的最优分布函数不同。Wu等（2015）假设径流服从对数正态分布，进行标准化之后得到标准径流指数（Standardized Runoff Drought Index，SRDI）。

随着研究的深入，水文干旱指标也不仅仅局限于参考径流和流量的影响，进而转向对降水、径流、气候变化等因素共同作用的研究，从而使改进的水文干旱指标更加具有综合性。

张波等（2009）根据降雨量、流量及蒸发量的资料，构造了综合干旱指标，并以指标函数值对旱情进行分级，以等级来反映旱情的严重程度。

Kao等（2010）利用Copula联合分布函数，结合降水、径流指标构建了多变量联合的水文干旱指数（Joint Deficit Index，JDI），Ma等（2015）在此基础上，加入土壤水、地下水指标，丰富和发展了JDI指数。

周玉良等（2014）参照综合气象干旱指数的构造方式，以标准化土壤含水量指数SSI和标准化径流指数SRI分别表示土壤水和地表水的供水水源因子，构建了区域综合水文干旱指数（Hydrological Drought Composite Index，HDI）。

Hao等（2014）通过参数与非参数耦合方法，将SSI与SPI进行耦合，构建了多变量标准水文干旱指数（Multivariate Standardized Drought Index，MSDI）。

Waseem等（2015）考虑了降水与径流，构建了多元综合干旱指数（Composite Drought Index，CDI），并与SDI、SPI进行对比分析，结果表明，CDI对干旱的描述在时间上的变化具有灵活性。

吴杰峰等（2016）以东南沿海的晋江流域为研究区，利用逐月径流、降水数据，结合径流距平百分比和降水距平百分比，构建了区域水文干旱指数（Standardized Hydrology Index，SHI），获得了相应的干旱等级发生频率，进而以SHI累计频率确定了区域水文干旱指数SHI各干旱等级临界值。结果证明SHI临界值较SPI临界值对重要水文干旱事件识别更为敏感，结果更为合理。

多指标耦合的水文干旱指数弥补了指标因素较单一的不足，相比于只用径流量单一指标，能更好地反映区域干旱驱动机制。但总体来看，上述研究仍然存在不足，即水文干旱判别临界值未根据所研究区水文、气象特征对干旱等级临界值进行重新界定，从而使识别结果具有一定的不确定性。

干旱指标是否能够描述干旱的强度、范围和起止时间；是否包含明确的物理机制，充分考虑降水、蒸散、径流、渗透以及土壤特性等因素对水分状况的影响；是否具有实用性等，均是设计干旱指标的重要条件。不同干旱指标各有特色，考虑的因素主要是降水（包括降水场次和间隔）、气温、径流的单一化或组合指标，这些指标计算方法方便，但还不能更全面客观地反映实际情况。在确定流域长序列干旱指数时，采用综合因素与主导因素相结合，充分利用降水、气温、蒸发和径流等资料，建立科学客观的综合指标，便于反映干旱基本特征，进一步深化对气象、水文干旱的分析研究。

5.2 干旱的时空分布特征

干旱是世界上广为分布的自然灾害，干旱面积（包括极端干旱区、干旱区、半干旱区和半湿润区）几乎占全球陆地面积的一半左右（图5.1）。特别是伴随全球变暖，全球淡水水资源的压力仍存在，全球除了高纬度地区外，北美中纬度地区、欧洲东南部、西亚、非洲北部都是水资源压力巨大的地区，在中国，华北到西北地区仍是水资源缺少地区，压力很大。

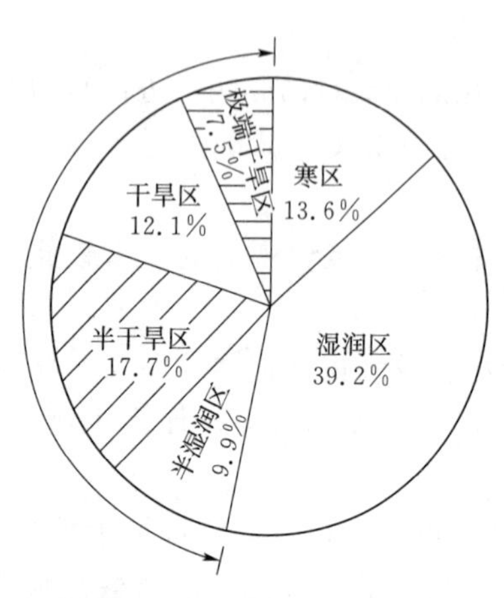

图5.1 全球干旱区域分布图

（摘自：Thomas，2004）

亚洲和非洲有相当大的区域是干旱气候区。如果用年降水量200mm和400mm分别作为干旱区和半干旱区的分界线，在亚洲、非洲地区可划分出七个主要干旱区，分别为非洲北部（A）、中东地区（B）、中亚西部（C）、中亚东部至中国西北地区西部（D）、中国西北地区东部（E）和华北北部（F）、东北地区（G）。

非洲北部（A区）在20世纪20年代以前干旱较轻，仅西北角部分地区存在轻度干旱，其他大部分地区无旱，非洲东北部地区甚至出现严重湿涝；尽管20世纪20年代湿涝范围明显向西扩展，但西北角部分地区干旱仍然存在；20世纪30年代干旱自西向东开始扩展、加剧；20世纪40年代干旱最为严重，除叙利亚北部和埃及东部存在湿涝外，其余地区均为干旱，其中南部尼日尔附近严重干旱；50—70年代大部地区都存在干旱，其中东部地区相对较为严重；80—90年代干旱基本解除，仅中部个别区域存在干旱；进入21世纪以来，干旱由中部向四周再次扩展、加剧。可见，非洲北部干旱大致经历了“加强—减弱—加强”的阶段性变化。

中东地区（B区）在20世纪40年代以前干旱较轻，仅东南部个别地区存在轻微干旱；20世纪40年代干旱由东向西开始加剧；20世纪60年代干旱范围几乎扩展至整个区域（最西部除外）；20世纪70年代以后干旱范围逐渐向东缩小；自2000年以来，干旱再次发展和增强，干旱非常严重，其中沙特阿拉伯南部以南地区干旱最严重。

中亚西部（C区）干旱在各年代变化较小，20世纪30年代以前基本无旱，20世纪30年代东部地区开始出现干旱，20世纪40年代干旱范围明显扩大、强度略有增加，而后强度和范围均有所减弱且处于波动中。可见，C区干旱大致经历了“加强—减弱”的变化过程。

中亚东部至中国西北地区西部（D区）的干旱演变特征完全不同，除了60—70年代存在大范围干旱外，其他年代仅在个别区域存在轻微干旱。特别是近30年（1980—2010年）PDSI始终为正值，且逐年代增加，这与施雅风等（2003）的研究结论“在全球增暖状态下，中国西北地区干旱有所减轻，甚至部分地区演变为不旱状态，正向暖湿化趋势转变”一致。

中国西北地区东部（E区），20世纪20年代之前无旱，而后干旱逐渐加重，至20世纪50年代开始干旱持续减弱；20世纪70年代开始干旱再次持续加重，在20世纪90年代以后干旱范围及强度均最大。可见，E区干旱大致经历了“加强—减弱—加强”的阶段性变化，且东部干旱较其他地区更为严重。

与上述区域的干旱演变特征不同，华北北部（F区）除20世纪50年代表现为无旱外，其他年代大部分地区都存在不同程度的干旱，干旱大致经历了“减弱—增强—减弱—增强”的阶段性变化，其中21世纪以来年干旱最严重。

中国东北地区（G区）的干旱主要出现在西部，且干旱程度较E区、F区明显偏弱，干旱大致经历了“减弱—增强”的阶段性变化。

由此可知，亚洲和非洲干旱区虽然面积较大，但是，每个干旱区的干旱强度也有时间变化，并非一直不变。深入研究不同干旱区的变化特征，对预测干旱强度，应对干旱带来的影响有很大的帮助。

5.3　干　旱　成　因

导致干旱的第一要素是降水异常偏少，而降水的异常受多种因素控制。过去的研究表明，大气环流异常会导致多地出现干旱。如果从海气相互作用观点出发，大气环流异常与海洋表面温度异常也有关联。过去的研究表明，澳大利亚东南部的干旱是印度洋偶极子和ENSO共同作用造成的；美国干旱与大尺度水汽输送不足和天气尺度气旋活动密切相关；欧洲南部和非洲西南部等地的干旱对海温异常很敏感；华北地区夏季干旱是中高纬度出现“西高东低”的环流型的必然结果；江淮地区夏季干旱与中纬度地区的环流异常密切相关。因此，不同地区的干旱除了与海温异常、大尺度环流系统异常有关联外，还与天气尺度的环流异常密切相关。

5.3.1　西北干旱成因

中国西北干旱区，如果追溯它的范围，我们可以发现，西起黑海以东，东到黄海以西，包括中亚地区、中国西北和华北地区，是一个连成一片的干旱、半干旱地带，是全球地理纬度最偏北的一条干旱和半干旱地带，也是可与非洲撒哈拉和萨赫勒干旱、半干旱地区相提并论的干旱严重区域。

中国西北地区，包括新疆、宁夏、青海、甘肃、陕西等省（自治区），其干旱区中心对应塔克拉玛干沙漠和巴丹吉林沙漠及其附近的干旱区，这是中国干旱、半干旱区的主体及极端干旱区所在，也是世界八大半永久性干旱区之一。这一区域既是农牧交错带，又是气候敏感带，更是生态脆弱带。

西北干旱区的形成，首先与夏季青藏高原（简称“高原”）北缘地形热力诱生的补偿下沉气流（即高原北侧多年夏季平均的垂直“经圈环流”下沉支）有关联，这是形成西北干旱区的气候背景。从青藏高原北边缘向北，降水递减很快。沿100°E经线附近，平均年降雨量从祁连山区的400～600mm到祁连山北麓的张掖仅有130mm左右，再到内蒙古西部的额济纳旗仅有36mm左右。南疆盆地东部更干，吐鲁番盆地西部托克逊站的年降雨量还不足7mm。

其次，西北干旱区远离海洋，无论是南亚夏季风，还是东亚夏季风，都很难到达西北地区，因此，这里水汽少，降水也少。

另外，青藏高原在春季地表增暖后，太阳辐射加强，地面迅速受热，地气间的感热加热及干对流也迅速加强，一般在3月初地面午后的最高气温就可达40℃，5月中旬可达到60℃，干对流在春夏之交最为旺盛。这就使地表蒸发强烈，不多的水汽在强烈的干对流条件下，蒸发殆尽。即使形成一定的云量，当雨强为1mm/h时，从对流云中降落的雨滴通过云下1km厚未饱和干气层后将蒸发一半；再通过1.6km厚的云下干气层后将被完全蒸发。难以成云致雨。这也是西北干旱区形成的原因之一。

除此之外，副热带和西风带大气环流也对西北干旱的形成有重要作用。

5.3.2 华北干旱成因

华北地区主要包括河北省、山东省、山西省、河南省、内蒙古自治区和北京、天津两个直辖市。从大气环流形势看，华北处于夏季风影响的北缘地带，季风强弱严重影响当地雨量；从植被分布条件来看，华北是森林草原和平原的交错地带；从人类活动来看，它们是农牧业交错区；从更大的地理背景来看，它的一边是低纬度沿海湿润区，另一边则是副热带或内陆平原向高原的过渡区。

每年7—8月，当东亚夏季风到达其最北位置，同时也是其发展最弱的阶段，华北进入全年唯一的雨季。因此华北的夏季降水被视作大尺度低纬季风系统强度和向北扩展的一个重要指示。与此相反，华北的干旱则被视为东亚夏季风偏弱或偏南。

华北地区是最近60多年来降水减少最突出的地区，20世纪80年代比50年代减少了24%左右。在60年代中期、70年代末期和90年代中期，华北地区的降水量经历了三次突变过程，60年代中期的跃变导致华北降水日数的减少和弱的极端降水；70年代后期的跃变除了使降水日数减少更多外，并未显示极值指标的变化；而90年代中期的跃变则导致更少的降水日数和更强的极端降水变率（Tu等，2010）。因此，每次突变，都使华北地区降水减少程度加重。

考虑了气候需水量的干湿指数能够反映华北干旱的年内变化特征（图5.2）。华北干旱最明显的时段是5—12月，1—4月虽然干旱，但影响并不严重。因为冬季气温较低，蒸发量较小，土壤底墒（前期干旱的贡献）的影响也小。5月以后，气温迅速回升，蒸发量显著增大，干旱现象就明显表现出来；6月，华北干旱程度达到了最大值，这是因为春

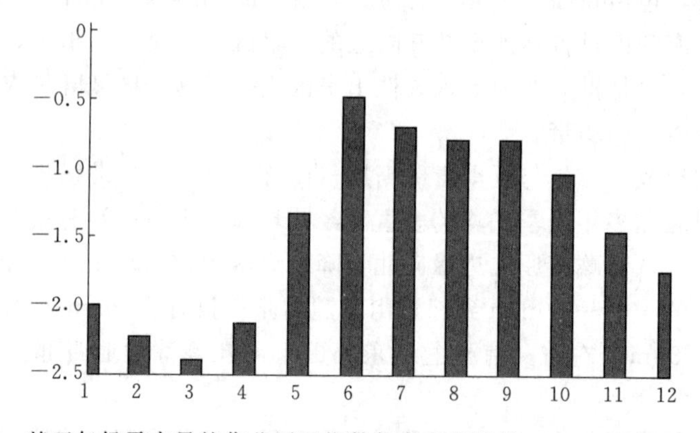

图5.2 基于气候需水量的华北干湿指数年内变化特征（摘自：李庆祥等，2002）

季降水较少，5 月以后的气温较高，蒸发量加大，使水分损失增大，土壤底墒的影响明显增强，导致 6 月干旱指数迅速增大，此后，干旱现象也非常明显。华北地区夏季降水量占年降水总量的 60%～70%，然而，夏季降水显著减少的趋势，使华北地区干旱问题变得更加突出。

从大尺度环流上来看，黄河流域、华北地区发生干旱有三种最基本的环流型，一是暖高压型，二是阻塞高压型，三是低涡型。暖高压型的主要特征是从河套到整个华北地区都在暖高压的控制下，在 500hPa 上亚洲高纬地区为大片的正距平区，这种形势下，天气晴朗，高温无雨，华北地区易出现干旱；阻塞高压型的特征是在东亚沿岸的中高纬度地区为阻塞形势，整个华北地区处于平直西风气流中，天气晴好，降水很少；低涡型的特征是在东亚地区有低涡出现，其底部也为平直西风气流，华北平原降水极少，出现干旱。

5.3.3 长江中下游干旱成因

长江中下游地跨湖北、湖南、江西、安徽、江苏、浙江和上海等 7 省（直辖市）。受海陆热力性质差异的影响，气候类型为亚热带季风气候。夏季高温多雨，冬季温和少雨，雨热同期。长江中下游从气候上属于气候湿润地区，然而，该地区的夏季降水变率却相当大。这一地区的降水最集中的季节在每年 6—7 月，也就是气候上的梅雨季节。梅雨量的多寡常常伴随发生洪涝与干旱。

长江中下游流域夏季的旱涝情况与当年西太平洋副高（简称“西太副高”）的位置和强度密不可分，当副高的位置、大小、强度发生变化时，很容易使得长江中下游的降水发生变异。副高偏强偏西，会削弱西风带低槽对该地区的影响，形成高温；2013 年夏季，西太副高偏西偏北，长期稳定在长江中下游地区，使长江中下游持续高温干旱。热带对流和赤道西太平洋暖池异常，通过西太平副热带高压影响长江中下游流域的夏季降水，通过西太副高的面积、强度、位置的异常，使得东南季风和长江中下游流域温度以及降水出现异常。

太平洋和印度洋海温的共同作用也能够造成夏季西太副高位置、强度持续异常，进而对长江中下游降水产生影响。当赤道太平洋海温异常时，Walker 环流位置和强度均会发生变化。而 ENSO 事件的不同阶段，对我国夏季华北地区、江淮流域以及黄河流域干旱的影响不同。长江中下游的旱涝与 ENSO 事件存在一定的联系，但并非显著相关，大涝和大旱年与 ENSO 事件并不一致对应。而南海海域海温偏低时，特别容易造成长江中下游出现干旱。

另外，南亚高压、青藏高原热力作用、菲律宾海域环流状况等对长江中下游流域干旱也有显著影响。南亚高压强度指数与长江流域降水之间呈显著正相关，南亚高压偏弱时，长江流域降水偏少；青藏高原的加热作用直接导致大气环流异常，从而加剧长江中下游地区的干旱；菲律宾海区域的大气环流出现异常气旋环流时，长江中下游 6 月将会偏旱。因此，长江中下游干旱是大尺度环流背景下的产物。

5.3.4 西南地区干旱成因

中国西南地区通常包括四川、贵州、云南、西藏和重庆，又被称作西南五省（自治区、直辖市），总面积达 250 万 km^2，占陆地国土面积的 24.5%。地理上包括青藏高原东南部、四川盆地、云贵高原大部分地区。区域地理位置为东经 97°21′～110°11′，北纬 21°08′～33°41′。

西南地区干旱成因与大气环流异常有直接关系。西南地区干旱成因与西太平洋副热带高压、西风带环流、南亚高压和南支槽等密切相关。西南地区夏季干旱主要与西太副高、南亚高压及亚洲夏季风的控制范围有关；冬季干旱主要与南支槽对孟加拉湾水汽输送的多少以及极涡内北极涛动（AO）和北大西洋涛动（NAO）异常变化有关；春季干旱和秋季干旱多与西风带环流系统异常有关。

孟加拉湾是西南地区重要的水源地，海温和大气环流的异常对孟加拉湾地区的水汽输送产生影响，这也是导致西南地区干旱的重要原因。ENSO 虽然是发生在赤道太平洋地区的海温异常现象，但是，它也能通过海气相互作用，对全球，也包括对西南地区产生影响。研究表明，在 Niño 3.4 区海温处于正位相时，云南春季降水在西北边缘偏多，全省大部偏少；ENSO 通过影响亚洲夏季风建立的迟早和强度来影响云南地区的降水。当 ENSO 为冷位相时，亚洲夏季风建立早强度强，进而云南雨季来得早，初夏降水偏多。2006 年 1—3 月赤道东太平洋海温异常偏低、太平洋 20°S～40°S 海域海温异常偏高，使得后期西南地区东部发生了严重干旱。2009 年西南地区强的秋季干旱，很大程度上是由于其独特的“暖池厄尔尼诺”现象。在“暖池厄尔尼诺”期间，赤道太平洋地区海温异常变暖的位置偏西且强度偏强，在西北太平洋地区产生了强烈的异常气旋，导致中国西南地区降雨量减少，发生了严重的秋季干旱。

5.4　我国重大干旱过程与水文状况

5.4.1　1972 年干旱事件

1972 年我国北方和南方先后出现了中华人民共和国成立以来罕见的大旱灾，干旱范围广、持续时间长、程度重。我国受灾范围很广，南、北方都出现旱情，内蒙古到西北东部旱情最严重。1972 年降水年内分配严重不均，北方大部分地区以及内蒙古大部分地区春季便开始干旱少雨，湖北、湖南、广西、贵州等地区 6 月出现旱情，除淮河部分区域外，中国中部到东部已经被降水负距平百分率所覆盖，黄河以北地区到东北西部，降水量比历史同期偏少 50%以上。7 月后旱情扩及四川、江西、安徽、浙江等省，降水偏少 50%的地区已经扩展到长江中下游。入夏后持续干旱少雨，发生春夏连旱。同时，南方大部分地区也遭受了旱灾。1972 年农业损失惨重，受旱面积 68.29 万 hm^2，成灾面积 39.24 万 hm^2。全国受旱率 20.8%，成灾率 9.2%，粮食减产率 5.4%，受灾人口率 10.6%。

1972 年发生了一次较强的厄尔尼诺事件。从 1972 年春季开始，赤道东太平洋海表温度便持续升高，SSTA 超过 0.5℃的边界已经到达了日界线，在 1972 年年底，SSTA 达到最强值，厄尔尼诺事件一直持续到 1973 年春季才减弱消失。

夏季 500hPa 位势高度等值线没有出现 5880 线，表明该年西太平洋副热带高压强度较弱，脊线位置偏南，主体位置偏东、偏北，沿副高外围的东亚季风气流不能向华北输送水汽。

正常年份，我国夏季雨带的位置与西风急流位置和走向颇为接近。高空西风急流下方为斜压区，气流垂直切变大，冷暖空气交绥，锋面气旋活跃，降水较多。1972年7月西风急流在45°N～50°N，比常年偏北5个纬距，比多雨的1959年同期偏北7个纬距，比大涝的1954年同期偏北15个纬距。西风急流的偏北不利于锋区发展，也不能带来降水。在6—9月贝加尔湖高压存在时间过长，使得大陆高压长期控制华北地区，有更多的冷空气南下，不仅影响夏季风气流北上，而且华北地区气流辐散，空气干燥、下沉运动显著，难以出现降水，导致该年干旱比较严重。

来自南半球、孟加拉湾和太平洋的水汽通量都有所减少，南海地区直接进入我国南方地区的水汽通量也减少很多，热带太平洋地区的水汽在东海便已转向，南亚季风气流从华南沿海转向东海而去。中国整个东部地区没有水汽输送。因此，1972年夏季风向我国输送的水汽异常偏少，导致我国出现大范围的干旱。

5.4.2　1980年干旱事件

1979年10月开始，在甘肃东部、陕西中部、山西南部以及河南北部等北方冬小麦地区开始出现显著的降水减少，冬春旱情对农作物的生长带来极为不利的影响。最严重的旱情出现在西北和北方地区。1979—1980年冬季，干旱从东北西部、内蒙古、陕西、甘肃，并一直延伸到西北地区，云南和广西是南方干旱区。春季，广西地区干旱缓解，云南和北方干旱仍在持续。夏季，云南干旱也已减轻，华南沿海地区出现轻度干旱，北方大部分地区雨水奇缺，7月至8月上旬，黄河下游及东北的大部分地区降水量偏少了2～5成；华北大部分地区以及黑龙江、辽宁的部分地区降水量偏少了5～8成。北京市7月上旬至8月上旬的降雨仅为35mm，只是常年同期的1/10，是百年来的最小值。有些重旱区水库塘坝干涸，河溪断流，秋作物遭到“卡脖旱”，农牧业的生产受到严重的影响。华北大部分地区及宁夏、甘肃中部的旱情一直持续到9月才有所缓解。在同年的秋末冬初，河南北部、河北南部、山西西部等地还出现了秋冬旱情。

在我国的南方地区，1980年也出现了比较严重的旱情，1979年9月—1980年1月，即前一年的秋冬季节，在华南的大部、云南东部以及贵州南部包括整个海南岛地区出现了持续少雨的情况，而后在1980年的秋冬季，再一次出现了雨水稀少的情况，连续两年出现了秋冬旱情，对于农作物的生长产生了不利的影响。同时，在1980年的春季，云南的大部分地区还出现了春寒的情况。

这一年干旱形成的主要原因与副热带高压密切相关。1980年夏季西太平洋副热带高压位置偏南、偏西、偏强。副高南移导致夏季风水汽输送沿着副高外围，从长江中下游流域到达了日本及周边地区，几乎没有水汽进入华北地区。该水汽输送形势导致了我国南涝北旱。水汽输送北端仅到达我国的江淮流域，造成江淮地区的洪涝灾害，而同期华北等北方地区的水汽输送不足，降水稀少，形成了旱情。

另外，1979年冬季东亚大槽强度偏弱，转年的春季西伯利亚高压增强，亚洲大陆维持位势高度正距平控制，抑制了该年夏季副高的北上过程，减少了华北地区的水汽输送。1980年7月在贝加尔湖附近形成了一个稳定的阻塞高压，9月下旬随着环流形势的调整，阻塞高压崩溃。此期间华北地区位于阻塞高压南北两个锋区之间的弱锋区，高压活动频繁，干旱少雨。整个中高纬度大陆地区完全处于位势高度正距平控制下，这种环流形势不利于携带水汽的夏季风进一步北上，华北地区水汽稀少，进而进一步加深了华北的干旱形势。

1979—1980年期间在热带中东太平洋表层海温维持着弱的暖位相，出现了一次持续时间长达12个月的厄尔尼诺事件。赤道西太平洋附近海温异常持续偏低，导致1980年夏季西太平洋对流活动减弱，造成1980年副高偏强偏西，对夏季环流形势造成了一定的影响。同时，西太平洋海温偏低，通过遥相关作用造成了华北地区1980年夏季气温偏低的情况，在高压活动频繁的环流形势下，也进一步抑制了蒸发，不利于降水的产生。

5.4.3 1986年干旱事件

1986年中国北方和南方均发生了大范围干旱，其中北方干旱范围最大，持续时间最长，河南、山西、山东和内蒙古等省（自治区）干旱最严重。同常年相比，黄河中下游、海河流域及陇东、关中一带年雨量只有300～400mm，较常年减少3～4成；冀南和豫北等地仅有20多mm，较常年少5～6成；浙南、闽北、赣大部、黔东南及南岭一带，较常年偏少2～3成；黑龙江北部和东部、内蒙古的中西部及兴安盟西部，宁夏大部、河西走廊、新疆大部，较常年偏少6～8成。冀南、豫北及山东烟台、菏泽，内蒙古海拉尔、陕坝，贵州遵义、榕江，江西赣州等地年雨量均为近30多年以来的最少值。

1985年冬季开始北方大部分地区雨雪稀少。春季，由于我国冷空气活动势力较弱或路径偏北偏西，造成我国北方及东部地区出现大范围的春旱。夏季，由于西太副高强度偏弱，我国福建沿海及其以北地区又无台风登陆，黄河流域及江南大部降水偏少，先后出现过夏旱。秋旱主要发生在黄土高原，山东丘陵和海河平原的部分地区，其中陇中、关中、陕北和山东半岛秋旱较重；江南南部至华南大部降水持续偏少，部分地区夏秋连旱。

这次干旱给中国农业生产带来了很大影响。全国受灾面积3104.2万hm^2，其中成灾1476.5万hm^2，全国受旱率17.2%，成灾率9%，粮食减产率4.9%，受灾人口率11.4%。由于各地干旱的持续时间与前期气候条件不同，所造成的影响也不同。夏、秋旱对玉米、棉花、水稻等作物的影响很大，干旱严重的地区，玉米苗身矮小，有些作物因干旱而茎叶枯萎甚至死亡，造成秋作物减产。我国南方部分地区的伏旱对水稻影响比较严重。由于持续的高温干旱，致使许多地区的晚稻插秧时间迟，不少地区因干旱而使晚稻改种旱作物，移栽的晚稻中败苗较重。在晚稻的抽穗扬花期间，有些地区干旱严重，平原和河道的水位接近历史最低值，影响了晚稻的抽穗。

由于大部地区雨量、雨日天气均较常年偏少，为工矿、建筑、石油等野外作业提供了良好的气候环境。例如，山西干旱少雨，为错硝生产创造了有利条件，产量大幅度增长。据调查，水泥、砖瓦、煤矿等行业的工作日都有较大增长。

干旱对水库蓄水也造成了严重影响。由于7—8月黄河中下游严重缺雨，汛期雨量是中华人民共和国成立以来最少的一年。至7月底河南全省15座大型水库蓄水量比常年同期偏少10亿～12亿m^3，豫北、豫西、郑州等地区部分小型水库干涸，河道断流，地下水位下降，机井难以抽水，山丘地区人畜饮水困难。北方城市水资源短缺也是一个突出问题。由于近年来干旱的影响，使得北方的一些城市供水紧张。

西太平洋副高是此次干旱事件发生的重要环流背景。西太平洋副高比历史同期弱很多，夏季东亚地区上空在中高纬呈“两槽一脊”的环流形势，这个脊是贝加尔湖湖阻塞高压，中国大陆的北方整个夏季都处于高压脊控制。两个槽的位置分别在东欧和北太平洋地区，我国西北东部、华北等地均处于脊前西北气流控制下，加之副高偏东偏弱，致使来自南海的水汽无法输送至这些地区，造成干旱少雨；阻塞高压稳定的存在，导致东部沿海出现一个小槽，使江淮流域降水增多。

从副高的面积指数看［图5.3（a）］，从1985年10月至1986年6月副高面积始终小于正常年份［注：图5.3（a）中1—3月、5月和8月副高面积指数为零是数据缺测导致的，不能理解为副高面积为零］；5—9月副高西伸脊点位置较常年明显偏东（图略）；除1986年4月以外，脊线位置始终偏南［图5.3（b）］，5—8月，副高脊线仅有7个候的位置接近常年或偏北，其余的8个候的位置明显偏南，8月第1、第5候副高脊线位于16°N，偏南程度是常年极少见的。副高强度弱、位置偏东、偏南，是我国大部分地区少雨干旱的主要环流背景之一。

1986年的水汽输送较常年平均情况弱很多。西太平洋水汽输送、越赤道水汽输送较弱且输送位置偏南，且多转向太平洋，这也是导致我国大范围干旱的一个原因。

1986年全国大部分地区出现干旱与1986—1987年的强厄尔尼诺事件有相当大的关系。从1985年夏季开始，赤道东太平洋Nino3.4指数稳定地超过0.5℃（图5.4），在1987年初达到第一个峰值，在1987年夏末秋初达到最大峰值。赤道西太平洋暖池区SSTA呈负距平状态，这种海温分布特征对大气的影响使西太平洋副高位置偏东偏南、强度偏弱，进而影响我国的降水。

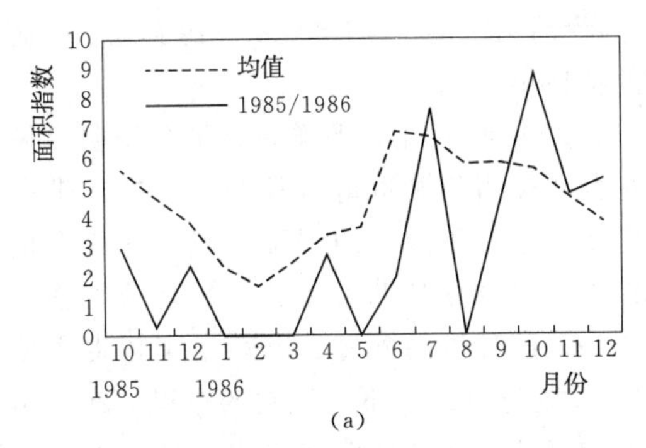

(a)

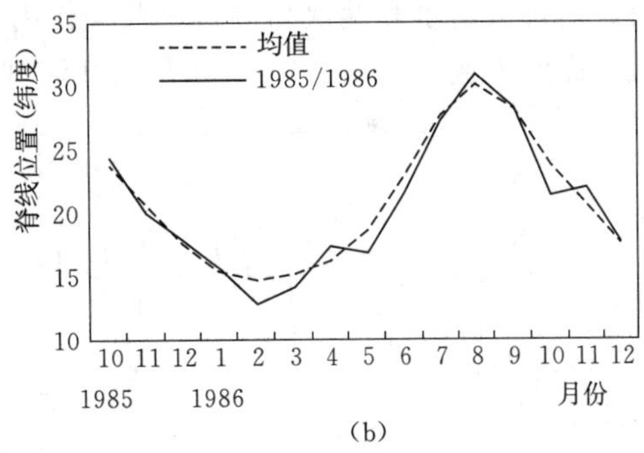

(b)

图5.3　1985—1986年副高面积指数（a）和副高脊线位置（b）

5.4.4　2006年干旱事件

2005/2006年冬季开始，西南地区开始持续少雨，出现较严重的冬旱。从2006年春季开始，少雨现象开始相继出现在华南、华北以及青藏高原地区，华北、华南和云南等地高温少雨，发生严重春旱。2006年夏季，重庆、四川和贵州降水持续减少，并遭受罕见高温热浪袭击，出现特大伏旱；东北西部、江淮、江汉、西北东部及内蒙古中东部等地出现阶段性干旱。干旱贯穿全年，尤以夏伏旱最为突出。伏旱直接导致了人畜饮水

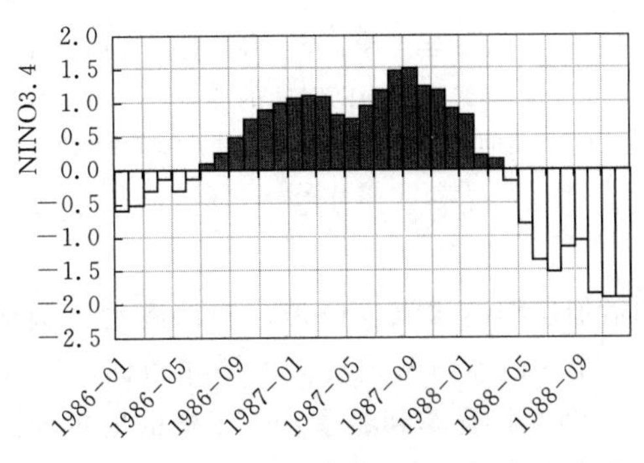

图5.4　赤道东太平洋Nino3.4指数的时间演变

困难、农作物受灾以及森林火险加剧。

2006年伏旱以江淮流域和川渝地区最为严重（彭京备等，2007）。这次伏旱是四川省80年一遇的事件，四川盆地中东部100年一遇，灾情为70年来最严重。重庆28个区县最高气温超过40℃，7月10日至9月4日，重庆地区的日最高温度多在35℃以上（图5.5）。重庆市气温大于35℃的高温日数为52天，比气候平均多28天。超过38℃的日数为37天，超过40℃的日数为14天，分别比气候平均多27天和14天。这次高温的强度强不仅表现在高温日数比常年同期高出1倍多，而且表现在极端最高气温创下历史新高。8月15日，重庆市突破最高气温的历史记录，达到43℃。而历史上重庆的极端最高气温出现在1953年8月19日，为42.2℃。綦江、万盛、江津等测站均突破建站以来最高气温极值。入夏后四川平均降水量仅有309.9mm，重庆为244.5mm，均为1951年以来历史同期最少。与常年同期相比，四川和重庆降水分别偏少136.2mm和228.2mm，折合水资源量偏少661.3亿m^3和188.0亿m^3，分别较常年同期偏少3成和5成。2006年四川、重庆的伏旱开始时间为7月上旬，比常年提前10～15天，伏旱持续时间长，直到9月上旬才结束。四川东部、重庆无雨日数达30～50天，重庆市无降水日数为1951年以来同期最大值。重庆市因伏旱造成的直接经济损失达82.55亿元，其中农业经济损失为60.75亿元。

2006年的高温伏旱也是长江流域百年一遇的严重事件。由于世界最大的三峡水库进行第二期首次蓄水和此次高温伏旱共同作用，导致了中下游汛期出现水资源匮乏、下游河口盐水提前上溯。因此，2006年是长江流域的特枯年。

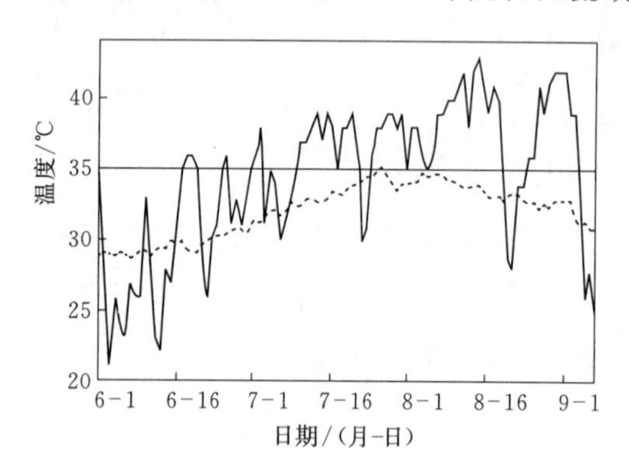

图5.5　2006年6月1至9月7日重庆单站日最高气温随时间的变化
（虚线是同期气候平均值，细实线是35℃标尺）
（摘自：彭京备等，2007）

2006年西北太平洋副热带高压明显偏西偏强，使得川渝贵地区长期处于副热带高压之下，不利于南方的暖湿气流到达西南地区东部。夏季西风带北缩，纬向环流偏强。这种中高纬环流的配置，有利于副热带高压在30°N附近维持，不利于它的东退。2006年7月中高纬度环流比常年平直，乌拉尔山地区和东北亚区域无明显阻塞高压形势，冷空气活动比常年弱，活动大多局限于黄河以北。同时，由于冷空气活动减弱，北方冷空气南下不明显，致使全国大部分地区气温偏高，还导致南北气流交汇不明显，造成降水偏少，气温偏高，旱情严重。

在2006年夏季，虽然存在来自阿拉伯海和孟加拉湾的水汽，但是，向西南地区输送的水汽很少。也存在来自太平洋的水汽，但是，更多的水汽输送转向太平洋和日本列岛，这可能与副高的位置偏西偏强有关。

2006年夏季到冬季发生了弱的厄尔尼诺事件。川渝地区雨季（5—10月）降水量变化与北太平洋海域呈显著负相关关系，且通过信度0.1的显著性检验。北太平洋（35°N～50°N，15°W～35°W）海温越高，川渝地区雨季降水量越少。2006年北太平洋海温偏高，由于海温的异常导致副热带高压活动的异常，使得川渝地区上空长时间受强大的副热带高压控制，进而影响川渝地区的降水。

研究表明，青藏高原积雪也与中国西南地区降水有显著关系。监测数据表明，2005年冬天以及2006年春天，高原的积雪比往年明显偏少。融雪需要的热量减少，导致地面温度较高，当其加热高原上空的大气时，大气热量增加促进了高原上空大气的上升运动，高原上升的大气向东移动过程中，在高原东侧下沉，正好叠加在副热带高压上，与副热带高压连接形成一个强大的高压带，持续控制川渝大部分地区。在高压带控制下，夏季川渝地区气温增高，蒸发加大，加剧了干旱。

5.4.5　2011年干旱事件

2011年，我国未出现大范围严重干旱，但在内蒙古、东北、西南、西北、黄淮、江淮以及长江中下游等地，均出现了局地阶段性严重干旱。其中，存在3个明显的干旱中心，分别是西南旱区，内蒙古中部和东部、西北东部、东北大部组成的北方旱区和江淮、黄淮大部及长江中下游组成的东部旱区。华北、黄淮出现近41年来最严重秋冬连旱；长江中下游出现近60年来最严重冬春连旱，6月旱涝急转，发生暴雨洪涝灾害；西南出现近60年来最重夏秋旱。与往年相比，旱情有以下特点：以阶段性旱情为主；西南地区旱情十分严重；部分地区人饮水困难突出；对粮食生产影响较小；干旱影响波及生态及养殖等方面。2011年整个长江流域及其华南、西北、华北北部都属于降水偏少区域。

从2010年秋季开始，在长江中下游和东北地区便开始出现少雨现象，入冬以后，东北地区降水增多，而长江流域、华南地区和新疆南部等地降水减少程度加重，到了2011年春季，干旱已经蔓延到中国中部、新疆东部和内蒙古西部，其中，长江中下游春季干旱已经成为近60年以来最严重春旱记录。由于持续少雨，鄱阳湖、洞庭湖水域面积相比2010年之前的5年平均面积分别减少了40%和50%，湖南107座水库、湖北近千座水库和太湖流域的多座水库水位接近死水位，2011年5月，大通水文站来水量与历史同期相比减少50%左右（秦建国等，2012；陈鲜艳等，2014）。仅在安徽、江苏、江西三个省，干旱导致的经济损失就超过了75亿元人民币。因此，2010/2011年长江中下游秋冬春三季连旱产生的影响非常严重。

下面仅以长江中下游的秋冬春三季连旱过程进行分析（吕星玥等，2019）。图5.6是长江中下游自2000年以来区域平均SPI的时间变化过程，图中虚线是SPI＝－0.5的水平线，表示轻旱水平。可以看到，2000年以来，有多个时段SPI1和SPI3超过了－0.5的轻旱水平线，但是，连续超过轻旱水平的时间均不长。2010年10月开始，SPI1即达到轻旱程度，12月SPI1转变为正值，但是，2011年1月SPI1再次进入轻旱状态，并逐渐加强到中等干旱程度。由于累积效应，SPI3在2011年4月达到重旱程度。自2000年以来，长江中下游曾经出现三次SPI1不大于－1.5。2011年4月SPI1值虽未超过2001年最小SPI1值，但是，从SPI不大于－0.5的持续时间和SPI3的数值来看，2010年秋季、冬季到2011年春季却是干旱持续时间最长和干旱程度最重的一个时段。

从空间上看，2010年10月，轻到中度干旱只出现在湖北和湖南地区；11月，干旱几乎遍布全区；12月，由于长江中下游的南部地区出现一些降水，干旱消除；但是，从2011年1月开始直到5月，干旱愈演愈烈，不仅在全区蔓延，而且干旱程度加重，许多

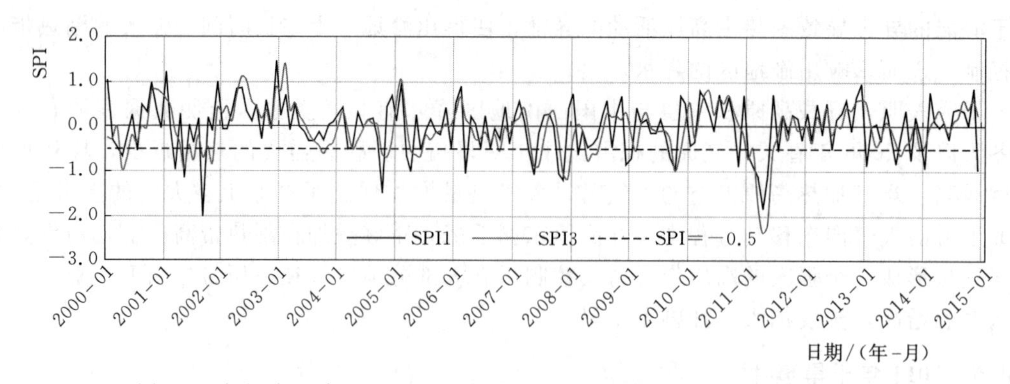

图 5.6 长江中下游 2000—2014 年 SPI 的时间变化（摘自：吕星玥等，2019）

地区达到极端干旱程度；6 月降水增多，干旱才开始缓解，只有个别地方仍存在轻到中度干旱。2010/2011 年长江中下游秋、冬两季的干旱程度不大，春旱最重，是自 1961 年以来最严重的一次春旱，其中 4 月和 5 月降水量比历史同期分别偏少 5～8 成和 8 成。历史上，长江中下游易发生夏秋干旱，干旱通常持续 3 个月左右。但是，此次干旱从秋季开始持续至次年夏初，是历史上少见的。

深入剖析这一干旱事件，可以从多个角度来认识它。

1. 拉尼娜事件的影响

2010—2011 年，赤道东太平洋爆发了中等强度的拉尼娜事件。2010 年 5 月之后，赤道东太平洋地区海温转变为负距平，最大负距平中心在始终在赤道中太平洋，因此，这次事件是中部型中等强度的拉尼娜事件。2010 年 7 月，Nino3.4 指数开始小于−0.5℃，拉尼娜事件形成，在 2010 年 10—12 月拉尼娜事件达到最强，Nino3.4 指数最小值小于−1.5℃（图 5.7）。从 2011 年 2 月开始，拉尼娜事件逐渐衰减，到 2011 年 4 月拉尼娜事件结束。该事件在 2011 年 5—8 月终止了 4 个月，2011 年 9 月再次进入拉尼娜状态。从 SOI 指数看，自 2010 年 4 月 SOI 转变为正值后，直到 2011 年底始终持续正位相。气压场的持续振荡现象可能是拉尼娜在夏季短暂消失，秋季再次加强为拉尼娜事件的原因之一。

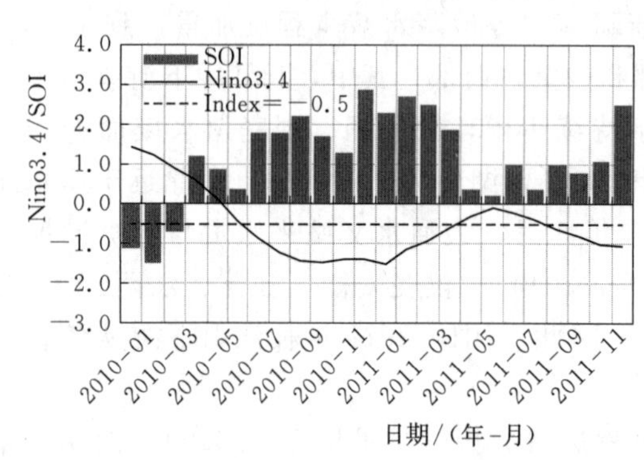

图 5.7 Nino3.4 与 SOI 指数时间序列
（摘自：吕星玥等，2019）

2. 拉尼娜事件引起的 Walker 环流和 Hadley 环流变化及其影响

中部型拉尼娜事件造成了赤道中太平洋海表温度下降最强烈，而赤道西太平洋由于异常增暖，因此，赤道太平洋上空的 Walker 环流下沉支移动到赤道中太平洋，而 Walker 环流的上升支位置不变，但是，上升运动比正常年份更加强烈。Walker 环流的变化进一步导致了 Hadley 环流的变化。

赤道西太平洋的强烈增暖，造成那里的 Hadley 环流增强，Hadley 环流相对于赤道变得非常不对称，2010 年 10 月 Hadley 环流的上升支扩展到南半球的 10°S 左右，而下沉支出现在 30°N 附近，这是 Hadley 环流相对于赤道不对称的现象；在随后的冬季，Hadley 环流的上升支扩展到南半球的 20°S，而下沉支出现在 20°N～40°N，下沉运动最强烈的地方出现在 25°N～30°N；在 2011 年春季，最强烈的下沉运动中心维持在 25°N～35°N，这也正是长江中下游所在地。

在整个拉尼娜发展过程中，由于 Hadley 环流圈范围变宽、相对于赤道不对称，造成其下沉支正好位于长江中下游，使该地区持续处于强烈下沉运动中，虽然 2011 年，在 105°E～110°E 有微弱的上升运动（相当于长江中下游西部），但是，垂直速度的距平仍为负值，表明那里的上升运动显著减弱。因此，拉尼娜事件过程中，长江中下游持续处于下沉运动或微弱的上升运动中，水汽难以被抬升成云，引起该地区降水偏少。拉尼娜事件常常可以引起长江中下游发生干旱现象（荣艳淑等，2019），此次干旱事件正好验证了这种说法。

3. 拉尼娜引起的西太平洋副热带高压的变化及其影响

赤道地区海温异常通常对低纬度的大气系统影响最大，副热带高压就是其中之一。从 2010 年 12 月开始，副高面积减小、强度减弱、脊线位置偏南、西伸脊点偏东（表 5.1），这是副高减弱的标志。这种现象一直持续到 2011 年 4 月。拉尼娜事件可通过海气热力差异进一步改变感热、潜热通量，使春季西太平洋对流层低层气旋性异常环流加强，东亚沿海低纬度出现偏北风距平，沿副高外围的水汽输送受到阻挡，对长江中下游降水更加不利。

表 5.1　2010 年 10 月至 2011 年 6 月西太平洋副热带高压参数距平统计

		面积指数	强度指数	脊线位置/°N	西伸脊点/°E
2010 年	10 月	3.0	14.1	1.1	18.9
	11 月	0.9	7.8	−1.2	5.8
	12 月	−38.2	−69.1	−1.5	30.5
2011 年	1 月	−23.0	−43.3	−0.4	27.2
	2 月	−16.5	−33.1	−1.6	12.7
	3 月	−24.5	−46.0	1.0	34.4
	4 月	−25.5	−48.3	−1.1	22.5
	5 月	22.2	61.6	1.3	−4.2
	6 月	12.0	75.1	1.9	−3.1

西太平洋副热带高压在 2011 年夏季偏东偏强。而在 5 月之前，副高异常偏弱、偏东，致使长江中下游出现严重春旱，之后副热带高压有所加强，尤其在 6 月异常偏强，使长江中下游地区梅雨量偏多、旱涝急转；秋季副热带高压脊线偏北、中高纬度地区冷空气活动阶段性活跃，致使华西、黄淮地区秋雨异常偏多，缓解了部分旱情。在对流层中层，2010 年冬季至 2011 年春季，欧亚中高纬环流表现两槽一脊型分布，并有阻塞高压存在，会加深东亚大槽的形势，使得冬季风偏强，北方冷空气南下，一方面阻碍南方暖湿气流的输送，另一方面使得空气变得更加干燥，影响到我国大部分地区，导致干旱的发生。夏季，

欧亚中高纬环流呈现“两脊一槽”型分布，我国上空整体受到高压的控制，相对不利于冷空气南下，致使我国夏季气温较常年明显偏高。2011年秋季，亚洲中高纬环流呈“西低东高”型分布，秋季亚洲地区西风以纬向环流占优势，造成我国秋季大部地区气温异常偏高，特别是西南地区的干旱形势进一步加剧。并且干旱区盛行下沉气流，不利于水汽凝结产生降水。

4. 大气活动中心增强导致冬季风增强

在2010年10月海平面气压场上，西伯利亚高压已经形成，中心在贝加尔湖及西南部，整个高压区内气压距平不一致，在贝加尔湖到东亚地区有正气压距平，表明在东亚地区的西伯利亚高压明显增强。在北太平洋一带存在很大的负距平，表明10月阿留申低压开始增强。这两个大气活动中心的增强，使得冬季风形势在10月便已形成、增强，在2010年10月冷空气便开始频繁活动，中国东部地区降温强烈。

在2010/2011年冬季的海平面气压场上，西伯利亚和北太平洋东部地区对应为正距平，副热带地区和北太平洋西部均为负距平，表明西伯利亚高压显著增强，副热带高压明显减弱，阿留申低压和西伯利亚高压之间的气压梯度显著增大，导致西北气流增强。

在2011年春季，贝加尔湖以南地区仍存在正距平，副热带西太平洋存在大片负距平，阿留申低压中心区域出现负距平，表明西伯利亚高压仍然很强，阿留申低压增强，而副热带高压仍然偏弱。表明冬季风形势仍然存在，中国东部地区仍受西北气流控制。

5. 阻塞高压加强了冬季风

2010年10月，500hPa环流图上中纬度地区呈现两脊一槽型，乌拉尔山高压脊和北太平洋高压脊一带存在较大的正位势高度距平，表明这两个脊都比历史同期增强，而位于中国东部沿海地区的槽强度较弱。在冬季，60°E附近的乌拉尔山高压脊增强，而东亚大槽位置偏西，槽前有正距平，槽后有负距平，表明东亚大槽后部气压下降，是西北气流增强的标志。春季，500hPa上的高压脊和低压槽系统性移动，乌拉尔山高压脊已经移动到80°E附近，东亚大槽移到北太平洋上空，两个系统都在增强，预示冬季风环流形势仍然很强，而西太平洋副热带高压比历史同期位置偏东，范围偏小，与表5.1反映的状况一致。

研究表明春季乌拉尔山（鄂霍茨克海）阻塞高压较强，不仅增强了我国东部地区的偏北气流，同时阻挡了南方暖湿气流的输送。为了了解阻塞高压的活动情况，可以用50°N、60°N和70°N三个纬度上500hPa位势高度距平的时间-经度剖面图来展示（图略），如果在任意两个纬度上相同的经度范围都存在超过100gpm的位势高度正距平，且存在时间超过5天，表明那里存在阻塞高压。

在50°N上，2010年10月中旬至11月中旬，从欧洲东部到乌拉尔山地区（40°E～60°E）始终存在超过100gpm的正距平区，对应在60°N，同一区域也存在超过100gpm的正距平区，对比可知，乌拉尔山一带存在高压脊，可以认为，这是乌拉尔山阻塞高压。同样的，在北太平洋地区（150°E～180°E）始终存在超过100gpm的正距平区，这是鄂霍茨克海阻塞高压，因此，在2010年秋季，乌拉尔山阻塞高压和鄂霍茨克海阻塞高压同时存在，使500hPa的环流形势稳定，冬季风沿乌拉尔山阻塞高压脊前的西北气流可以直接到达中国东部。

在冬季到春季，阻塞高压的活动始终存在。2010年12月底至2011年1月中旬，50°N、60°N和70°N三个纬度上乌拉尔山阻塞高压和贝加尔湖阻塞高压同时存在；3—5月中旬，在50°N和60°N两个纬度上仍有乌拉尔山到贝加尔湖阻塞高压活动；5月以后，在60°N和70°N两个纬度上，贝加尔湖阻塞高压变得异常活跃；鄂霍茨克海阻塞高压活动具有阶段性，2011年1月中到下旬鄂霍茨克海阻塞高压出现在60°N和70°N两个纬度上，2月中旬至3月初在三个纬度上均有反映，4月中、下旬在60°N和70°N两个纬度上反映明显，进入6月，它只在70°N上有所反映。这些都表明了从2010年秋季开始，乌拉尔山阻塞高压和鄂霍茨克海阻塞高压便开始活跃和增强，是冬季风较早来临并影响中国东部秋季出现干旱的原因；在整个冬春季节中，乌拉尔山阻塞高压、贝加尔湖阻塞高压和鄂霍茨克海阻塞高压不仅都参与了强化冬季风的过程，而且它们轮番和持续存在，维持和加强了冬季风形势，使中国整个东部地区持续处于偏北风控制下，空气干燥，非常不利于降水出现。

6. 水汽输送不足加剧干旱

10月的水汽输送存在于四个地区，一是中纬度60°N附近的西风带水汽输送带，一直穿过中国东北地区，到过日本及北太平洋；二是阿拉伯海到孟加拉湾的由西向东的水汽输送；三是热带太平洋由东向西的水汽输送带，并从长江以南一直延伸到中国西南地区，与来自孟加拉的水汽输送汇集在一起，长江中下游处于热带太平洋水汽输送的边缘；四是日本南部黑潮海域的西南水汽输送带。北风距平从贝加尔湖开始，穿过内蒙古西部，从山东半岛开始一直延伸到华南地区。因此，从2010年10月开始，东亚地区便已转入冬季风形势，中国东部地区完全处于偏北风的控制下，空气变得干而冷。

由于副高偏东、强度偏弱，副高外围的暖湿气流难以到达长江中下游，导致暖湿水汽向长江中下游输送不足、不利于形成降水。

5.4.6　2009—2014年云南持续干旱事件

自2009年以来，云南地区持续遭受干旱影响，连年干旱的叠加效应使农作物大面积减产甚至绝收，云南多处水库塘坝干涸，山区群众饮水和农业灌溉困难，生态环境受到影响，经济损失严重。云南气候独特，干湿季节分明，雨季（5—10月）降水占全年降水总量的85%左右，而干季（11月至次年4月）降水只占15%左右，因此，云南冬春和初夏是最易发生干旱的季节。在2009秋季到2010年春季，云南出现了严重的秋、冬、春连续严重干旱，云南楚雄更是连续五年干旱。

依据荣艳淑等（2018）的分析，我们可以看到这次云南连续干旱过程的详细分析。1961—2014年［图5.8（a）］，云南干旱指标显示了三个阶段性特征，第一阶段是20世纪60—80年代，这一时期干旱次数较少、干旱间隔时间较长。第二阶段是20世纪90年代至21世纪，这一时期旱次数明显增多，干旱间隔明显缩短。第三阶段是2000年以后，这一时期干旱次数和干旱强度明显增大，干旱持续时间也明显延长，特别是2009年以来，云南出现持续干旱。2009年以来干旱迅速增强［图5.8（b）］，在2009年秋季达到极端干旱，在2011年春季干旱强度减弱为轻到中旱，之后，干旱强度再次增大，达到重度和极端干旱。在2010年秋季以后，除云南以外，中国西南许多地区干旱明显缓解，然而，云南干旱仅仅程度略有减弱，干旱过程并未结束。

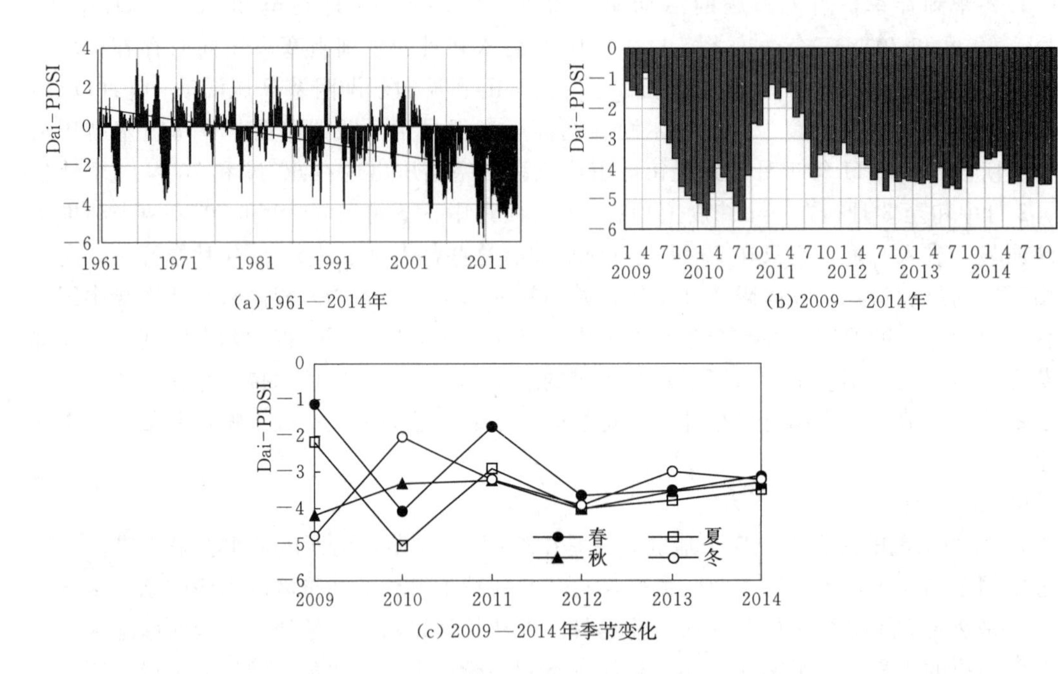

图5.8　云南省区域平均Dai-PDSI的时间变化

（摘自：荣艳淑等，2018）

以季节为时间尺度时，云南干旱存在几个严重的干旱季节［图5.8（c）］，其中，2009年秋季和冬季、2010年春季和夏季、2012年夏季和秋季均达到极端干旱（Dai-PDSI≤−4）程度。因此，云南自2009年以来干旱严重而且持续，其严重程度已达到最近60多年来罕见的程度。这个现象值得关注。

图5.9是云南2009—2014年逐月降水距平百分率的时间变化。图5.9中仅有短暂几个月出现接近和超过50%的降水距平百分率，这几个月恰恰是干旱程度略有减轻的时段。除此之外，其余各月降水基本为负距平百分率或很小的正距平百分率，特别是云南极端干旱期间，月降水距平百分率均为较大负值，表明降水减少是干旱持续和加重的主要原因。

为了全面分析2009—2014年云南持续干旱的空间演变规律，从两个角度分析云南干旱的空间演变规律。从东西方向上看，2009年夏季云南东、西两侧旱情严重、中部稍弱。2009年秋季开始，干旱从云南东西两侧向中间扩展。2009年冬季，干旱已经在东西方向上全部蔓延，并持续到2010年夏季。从2010年秋季开始，云南西部旱情略有缓解，但是，东部仍存在极端干旱。2011年冬季开始，重旱到极端干旱在全区蔓延，东部干旱在2014年略有缓解。

从南北方向上看，2009年春季到夏季，云南北部有轻到中旱，2009年冬季到2010年夏季，极端干旱从北部贯穿到南部，干旱中心在26°N附近。2010年冬季到2011年春季，干旱程度减轻。但是，从 2011 年夏季开始，极端干旱区集中在云南中北部(23°N～29°N)，云南南部稍有减轻。

为了进一步了解云南干旱的空间分布状况，挑选了 2009 年秋季和冬季、2010 年春季和夏季、2012 年夏季和冬季等 6 个极端干旱季节（Dai - PDSI≤－4）进行了重点分析。

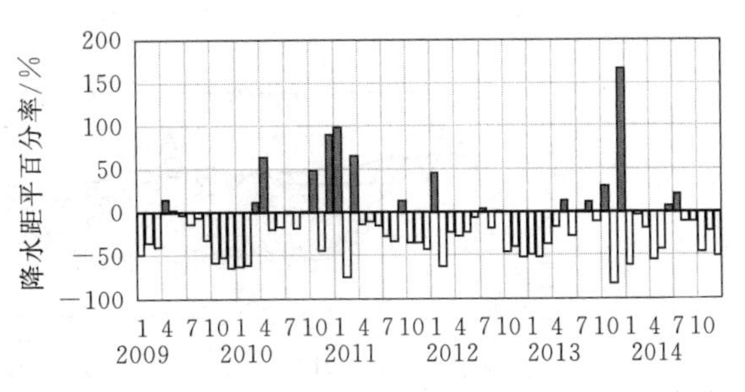

图 5.9 云南省区域平均降水距平百分率的时间变化

在 2009 年秋季，极端干旱分布在云南的东、西两侧，占全省面积的 2/3 左右，重旱出现在中部，占全省面积的 1/3 左右。2009 年冬季，全省均被极端干旱所控制，Dai - PDSI≤－5.0 的区域占 60％左右，这是云南最旱的一个冬季。在 2010 年春季，极端干旱主要在云南中东部，云南西北部旱情有所减轻。2010 年夏季极端干旱从东北部扩展到西南部，Dai - PDSI≤－7 的极端干旱面积约占全省 90％以上，这是云南最旱的一个夏季。2012 年夏季极端干旱范围仍占全省面积的 80％以上。2012 年秋季，云南西北部为重旱区，其余仍为极端干旱。

纵观 2009—2014 年云南干旱在空间上的演变，可以发现，2011 年春季之前，极端干旱由云南东南部向东北部发展，并稳定在东北部；2011 年夏季以后，极端干旱稳定在云南中部和北部；2014 年夏季之后，云南西北部成为极端干旱区。这种现象反映了云南极端干旱中心不固定，中部和东北部干旱最重，东南部干旱稍轻的特点。

云南境内分布着众多水域及河流，气象干旱出现的同时，很多池塘、小河干涸，流域水位下降，这是水文干旱的表现。为了了解云南水文干旱的程度，以金沙江、南盘江及澜沧江的控制流域为界，将云南省大致分成北部、东部和西部三个区域，北部归为金沙江流域，代表站取溪洛渡；东部归为南盘江流域，代表站取天一；西部归为澜沧江流域，代表站取糯扎渡。以这三个代表站的 SDI 指数，可以分析水文干旱的演变过程。

图 5.10 是三个水电站水文干旱指标 SDI 和三个区域气象干旱指标 Dai - PDSI 在 2009—2014 年的演变过程。云南北部［图 5.10（a）］、云南东部［图 5.10（b）］和云南西部［图 5.10（c）］稳定地形成气象干旱的时间分别是 2009 年 2 月、2009 年 7 月和 2008 年 4 月，金沙江、南盘江及澜沧江的代表站溪洛渡、天一和糯扎渡 SDI 达到水文干旱标准的时间分别是 2009 年 5 月、2009 年 7 月和 2008 年 12 月。在时间响应上，云南北部金沙江和西部澜沧江的水文干旱滞后于气象干旱，云南东部的南盘江水文干旱几乎与气象干旱同时出现。在强度上，云南北部金沙江和东部南盘江超过 53％的月份水文干旱达到了重旱和极旱的强度，云南西部澜沧江的水文干旱只有中等强度。因此，云南气象干旱出现时，水文干旱相伴而生。三个水电站的水文干旱过程与气象干旱均有一致的演变规律，但是，水文干旱强度略低于气象干旱强度，这可能与水电站用水库水量调节河道水量损失，使流域水文响应强度下降有一定关系。

干旱形成的表面因素是降水减少，根本原因是大气环流异常。云南自 2009 年进入干

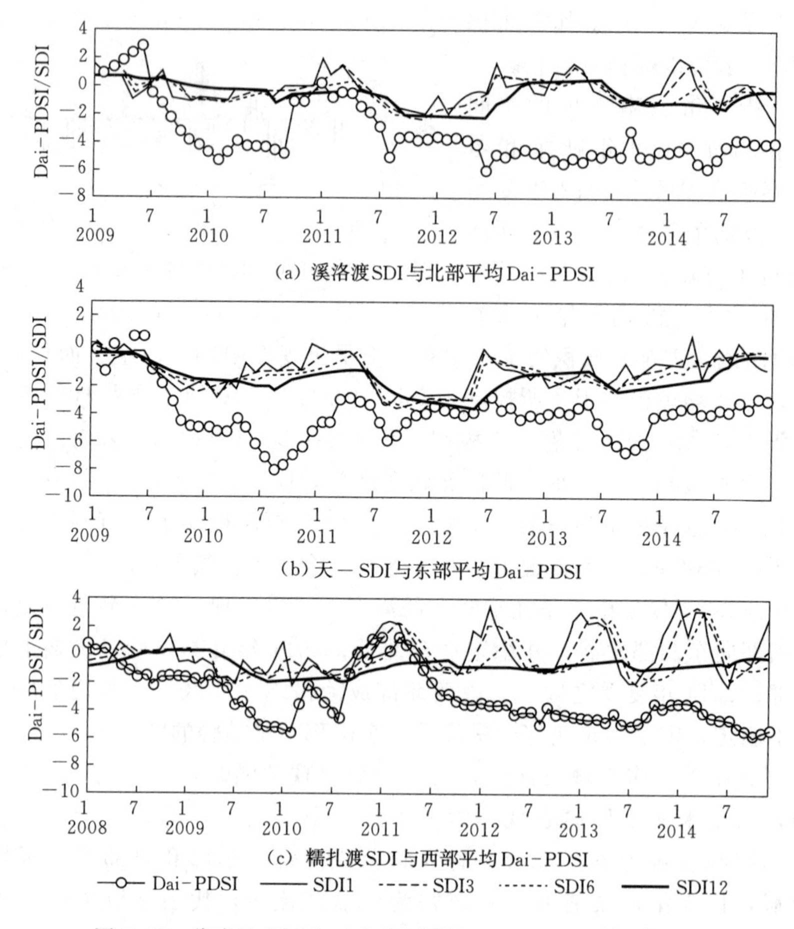

图 5.10 代表站 SDI 和三个分区平均 Dai－PDSI 时间序列图

旱状态以来，到 2014 年仍未显示终止的迹象。从多个角度分析这一持续性干旱事件的原因是有必要的。

1. 夏季环流异常分析

在云南 2009—2014 年持续干旱过程中，夏季干旱很严重，副热带高压是夏季干旱的主因，从 2009—2014 年逐月 500hPa 和 100hPa 平均位势高度及位势高度距平时间-经度剖面图中，可以清楚地看到西太平洋副热带高压和青藏高压的演变过程，表 5.2 是西太平洋副高基准期平均位置参数及 2009—2014 年各参数的距平值。

2010 年、2013 年和 2014 年夏季西太平洋副高（5880gpm 等值线）的西边界均显著超过平均位置（130°E），西太平洋副高面积也明显大于平均值（表 5.2），在 90°E～110°E 内还伴有明显的正距平区，这是对流层中层西太平洋副高显著增强的标志。2009 年夏季和 2012 年夏季，西太平洋副高西伸较少，但是，90°E～110°E 内仍有位势高度升高现象，表明那里可能受较强的大陆高压控制。只有 2011 年夏季西太平洋副高没有向西扩张，但是，该年夏季西太平洋副高面积仍然较大、脊线和北界均偏北，春季和秋季副高面积和强度显著增强、西伸较大，表明西太平洋副高只在夏季有短暂减弱，其他季节仍然很强。对流层顶层的青藏高压中心基本在90°E以西，因此，它是西部型青藏高压。当西部型青藏高压控制中国105°E以西的广大地区时，可使那里盛行下沉气流，降水显著减少。

因此，对流层中层持续被增强的西太平洋副高控制，对流层高层受青藏高压影响，对流层中层和上层持续在下沉气流控制下，均不利于形成降水。这可能是云南这几年夏季干旱严重的原因之一。

表5.2　　西太平洋副热带高压夏季指数平均值和距平值

时　段	面积	强度	脊线位置/°N	北界位置/°N	西伸脊点/°E
基准期平均值	5.2	105.3	26.7	30.5	130.4
2009年距平	3.0	89.5	0.0	0.0	−5.9
2010年距平	11.2	325.4	−0.7	1.5	−29.9
2011年距平	0.8	38.4	2.1	2.0	1.7
2012年距平	0.3	−0.7	1.9	1.4	−0.8
2013年距平	2.7	41.6	−0.2	−0.2	−9.8
2014年距平	4.9	144.2	−2.0	−1.2	−12.5

2. 冬季环流异常分析

2009—2014年多个冬季干旱也非常严重。在云南，冬季天气形势中南支槽占有重要地位。南支槽是冬半年副热带西风气流受青藏高原阻挡，在高原南侧绕流后形成的半永久性低压槽（索渺清和丁一汇，2009）。南支槽前的西南气流可引导孟加拉湾水汽向中国西南地区输送，为云南降水提供条件。如果南支槽减弱，云南地区降水将显著减少。

在2009/2010年冬季是云南干旱最严重的冬季。南支槽强度指数显著偏弱，槽区只有向西的水汽通量距平，高原东侧槽有向东的水汽通量距平，水汽只集中在南支槽区附近，并没有向云南输送。

2011/2012年、2012/2013年、2013/2014年和2014年秋冬季，云南干旱均为重旱程度，这几个冬季中，南支槽或者很弱或者不存在，水汽不能在云南地区汇集。2010/2011年冬季云南干旱为中等程度，该冬季南支槽有一定的强度，但是，槽区只有来自西风带的水汽通量距平，并未出现来自孟加拉湾或南海的水汽通量，因此，这个冬季降水仍然显著偏少。

综上所述，云南地区连续多个冬季南支槽偏弱，槽前的西南气流很弱，向云南输送的水汽明显不足，不利于降水形成。这可能是导致冬季降水偏少的原因之一。

3. 垂直运动与水汽条件异常分析

图5.11是基准期大气平均垂直速度和2009—2014年垂直速度距平的高度-时间剖面图，图5.12是基准期大气平均比湿和2009—2014年比湿距平的高度-时间剖面图。云南平均海拔在2000m左右，因此，图5.11和图5.12只给出了700hPa以上的高度-时间剖面图。

云南地区气候基准期中［图5.11（a）］，4—11月垂直运动以上升运动（垂直速度为

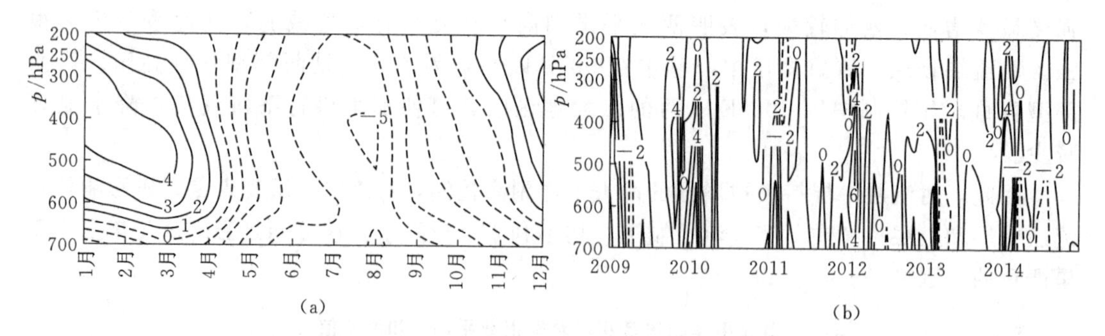

图 5.11　云南地区气候基准期平均垂直速度和 2009—2014 年垂直速度距平高度-时间剖面图
（取 21°N～29°N，98°E～106°E 平均，单位：0.01Pa/s）

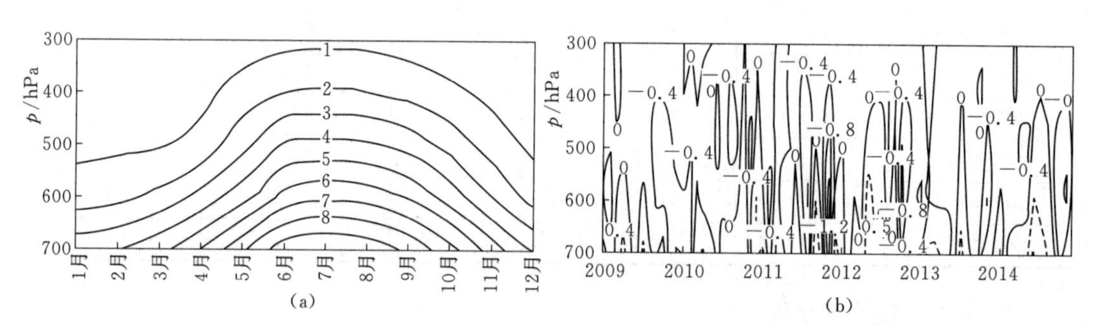

图 5.12　云南地区气候基准期平均比湿和 2009—2014 年比湿距平的高度-时间剖面图
（取 21°N～29°N，98°E～106°E 平均，单位：g/kg）

负值）为主，12 月至次年 3 月 600hPa 以上的高空基本为下沉运动（垂直速度为正值），只在 600hPa 以下的薄层中有较小的上升运动。2009—2014 年［图 5.11（b）］，云南的垂直速度基本以正距平为主，少有负距平，只在 2009 年春季、2012 年夏季、2013 年春季和 2014 年春季到夏季出现较小的负距平，表明这一时期云南地区的上升运动变得很弱，或者下沉运动增强，对降水非常不利。

在气候基准期中云南地区夏季比湿最大［图 5.12（a）］，比湿可伸展到对流层上层，其余季节比湿较小，而且更多集中在对流层中下层。2009—2014 年［图 5.12（b）］，从对流层低层到高层，多数时间内比湿为负距平，只在 2011 年秋季、2012 年夏季和 2014 年夏季有明显的比湿正距平，正距平出现的高度达到 600～650hPa，其余时间里，比湿正距平仅出现在 700～750hPa 的薄层中。因此，2009—2014 年，云南上空的大气湿度显著减少，也不利于形成降水。

另外，根据胡玉恒等（2017）和荣艳淑等（2017）的研究成果，印度洋对云南及华南等地的影响也非常显著，精确地分析 2009—2014 年云南持续性干旱过程，还要从海气相互作用，特别要从印度洋的影响入手，深入剖析，也是相当重要的。

第6章　气候变化及其影响

6.1　气候变化及原因

6.1.1　气候变化的现状

6.1.1.1　气候的定义

当把气候看成静态时，气候指的是气象要素的统计平均状况，在这一理念下，各地的气候基本是不变的。例如，中国西部干燥少雨，是典型的干旱气候。华北夏热冬冷，降水集中在夏季，冬季降水稀少，是典型的半干旱地区。江南夏季炎热多雨，冬季不冷，属于湿润气候。华南全年无冬，雨水充足，是潮湿气候。这是在传统气候学主导思想下得到的各地气候特征。

事实上，各地的气候总是变化的。为了描述一个地区气候的平均状态，世界气象组织规定，用滑动的30年气象要素的平均记录来表示某地的气候特征，例如，1961—1990年、1971—2000年、1981—2010年，等等。每个滑动的30年平均气象要素的平均数值是变化的，这标志着某地气候具有波动性变化特征。这是现代气候学的概念，它强调了围绕气候平衡态的扰动，常常用对平衡态的偏差或距平来表示气候的变化。

现代气候学与传统气候学还有一个重要的差别，就是现代气候学引进了气候系统的概念。传统气候学更多地强调大气本身的一些参数，而现代气候学不仅研究大气本身的气候变化，还研究发生在大气上下边界处的各种物理和化学过程，研究大气圈、水圈、岩石圈、冰雪圈和生物圈的五大圈层相互作用和影响，将传统气候学拓展为多学科相互影响和作用的交叉科学。

6.1.1.2　气候的变化

地球气候自形成以来，一直是波动变化的，无论是树木年轮，还是冰芯和孢粉等资料都能反演到地球气候的变化。众多数据表明，气候变化具有非常宽的时间谱，但是，该谱不是均匀谱，而是在某些频率上振幅非常强。图6.1给出了10～100亿年尺度上气候变化周期的相对方差估计。图中的峰值（实线）表示气候变化的各个周期分量，在100万～100万年的时间尺度上，气候变化的主要峰值出现在2500年、2万年、4万年和10万年周期上，在1000万年以上的时间尺度上还有两个主峰值，它们分别对应了3000万～6000万年和2亿～5亿年的周期。

气候变化不仅具有不同的时间尺度，而且还有不同的空间尺度。图6.1中虚线表示了气候变化的空间尺度小于1000km的气候过程对气候变化总方差的贡献。可以看到，对周期大于100万年时间尺度上的气候变化，大尺度（>1000km）气候变化的贡献较大，但是，随着时间尺度的缩短，区域尺度（<1000km）气候变化的贡献有增大趋势。因此，较长时间尺度的气候变化主要代表较大范围的气候变化，而较短时间尺度的气候变化仅仅反映较小范围的气候变化。然而，某一地区的气候变化常常是不同时空尺度叠加在一起，

不同区域的气候变化存在区域同步或非同步性，这也就要求气候变化研究需要区分不同的时空尺度。

表 6.1～表 6.3 给出了地质时期以来地球气候经历的暖期和冷期的比较。每一个冰期之后都存在一个相对温暖的时期，也称为间冰期。在一个大冰期里，气候也是波动的，出现亚间冰期。

通过对比可以看到，地球暖期通常给人类的进步和发展带来了益处，特别是在距今5000 年以来，气候温暖期对应了古埃及、古巴比伦、古印度和古代中国文明的诞生和发展。不同冷暖期与中国所相对应的朝代，也正是王朝兴衰更替的关键时期。

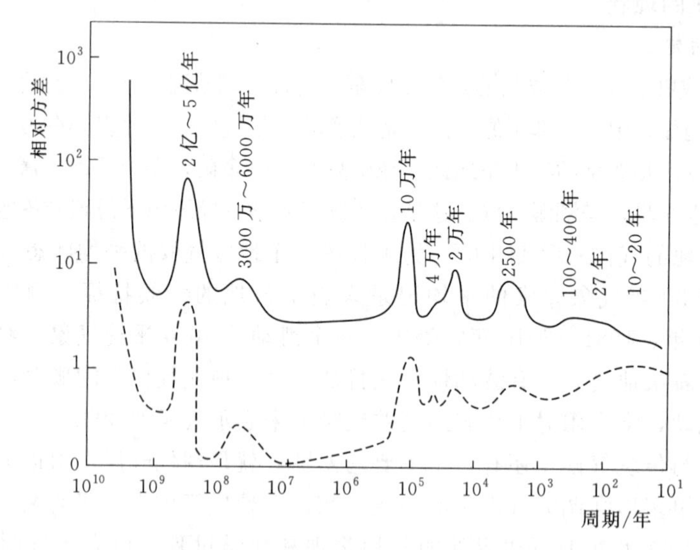

图 6.1　从 10～100 亿年尺度上气候变动周期的相对方差的尝试性估计
（摘自 Michell，1976；Goodess 等，1992）

表 6.1　　**地质时期的气候阶段比较**

气候阶段	名　称	出现时间	现 象 及 证 据
第 1 个寒冷期	震旦纪大冰期	距今 6 亿年	遍及全球各大洲，全球大部分地区出现大冰川气候。在中国长江流域出现冰碛层
第 1 个间冰期（温暖期）	寒武—石炭纪大间冰期	距今 3 亿～6 亿年	全球处于温暖期，很多大陆内部也出现茂密的森林
第 2 个寒冷期	石炭—二叠纪大冰期	距今 2.5 亿～3 亿年	主要再现在南半球，除印度外，北半球尚未发现确切证据
第 2 个间冰期（温暖期）	三叠纪—第三纪大间冰期	距今 2.5 亿～200 万年	全球普遍处于温暖状态，中国长江南北分别是热带和温带
第 3 个寒冷期	第四纪大冰期	距今 200 万年到现在	这一时期的地质资料最为丰富，是世界范围的大冰川期。该时期还包括了 5 次亚冰期和 4 次间冰期

表 6.2 **第四纪大冰期的气候阶段比较**

气候阶段	名称（以阿尔卑斯山冰碛物和冰川特征命名）	出现时间	资料来源
冰期	武木（Wurm）	距今12万～1万年	斯堪地亚维亚的卫斯塞里安，英国的德文森，北美的威斯康星，新西兰的奥梯兰，中国的大理都有证据
亚间冰期	里斯-武木（Riss - Wurm）		斯堪地亚维亚的艾娜，英国的埃波斯为契，北美的桑加蒙，新西兰的奥曲林，中国的庐山大理都有证据
冰期	里斯	距今37亿～24亿年	斯堪地亚维亚的萨里安，英国的基平，北美的伊利诺按，新西兰的卫门，中国的庐山都有证据
亚间冰期	明德-里斯（Mindle - Riss）		斯堪地亚维亚的豪斯他因，英国的豪克斯按，北美的雅奥斯，新西兰的特兰吉安，中国的大蛄-庐山都有证据
冰期	明德	距今80万～58万年	斯堪地亚维亚的埃尔斯特立安，英国的安古林，北美的堪萨斯，新西兰的卫蒙干，中国的大蛄都有证据
亚间冰期	群智-明德（Guns - Mindle）		斯堪地亚维亚的克日梅尔，英国的克鲁梅里安，北美的阿弗康尼安，新西兰的维维兰，中国的鄱阳-大蛄都有证据
冰期	群智（Guns）	距今120万～90万年	斯堪地亚维亚的维地斯，英国的贝汶坦，北美的内布拉斯加，新西兰的波利坎，中国的鄱阳都有证据
亚间冰期	多脑-群智		
冰期	多脑		

表 6.3 **历史时期的气候阶段**

气候阶段	出现时间	现象及证据
第1个寒冷期	距今9000～8000年	公元前6300年左右是主要寒冷期，是武木亚冰期最近一次副冰期的残余阶段
第1个温暖期	距今7000年左右	第二个寒冷期主要在距今3400年左右，寒冷强度较小，人们将第一和第二个温暖期统一称为“气候适宜期”
第2个寒冷期	距今7000～3500年	
第2个温暖期	距今4000年左右	
第3个寒冷期	距今3000～1900年	主要寒冷时段出现在公元前830年左右，也称为新冰期
第3个温暖期	距今1100～700年	第二次气候适宜期
第4个寒冷期	距今1500～1900年	最冷时期出现在1725年前后，称为现代小冰期（Little Ice Age）

目前我们讨论的气候变暖是指近代有气象观测记录以来的气温增暖现象。自1900年以来，全球气温存在明显的上升趋势（图6.2和图6.3），这期间，第一次增暖出现在20世纪40年代，第二次增暖始于20世纪70年代末。自IPCC给出全球气候变化评估以来，这种变化趋势一直存在。表6.4是IPCC FAR到AR5历次对全球气温的评估对比。表明了近二三十年的增暖越来越强的现象。

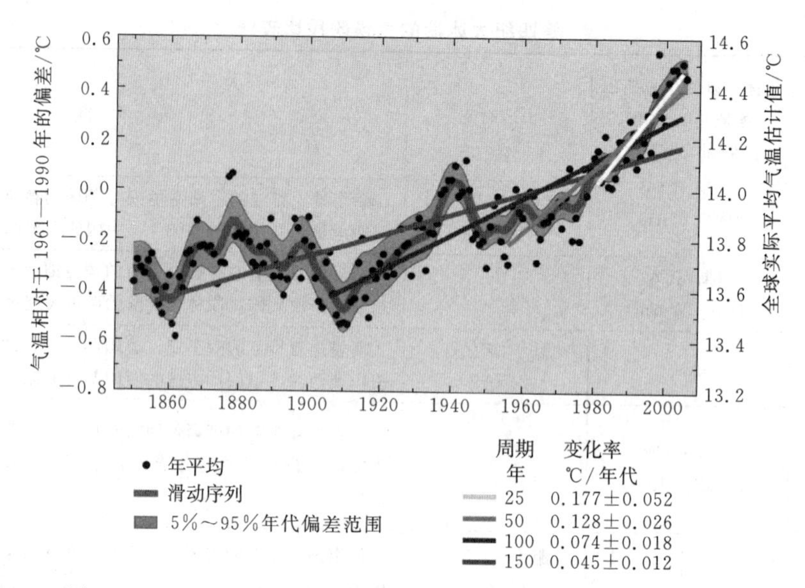

图6.2　IPCC AR4给出全球平均气温的时间序列（摘自IPCC AR4）

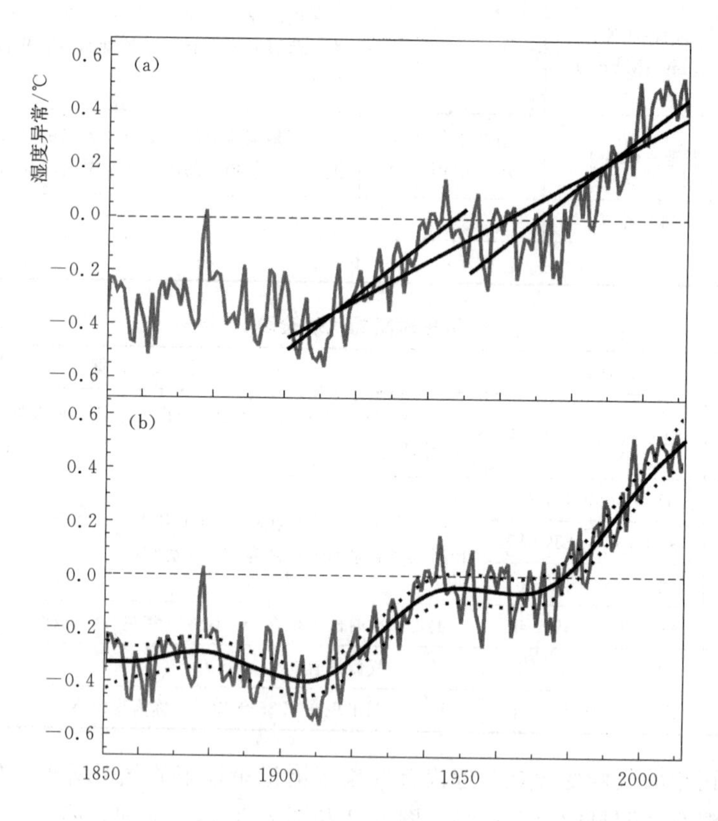

图6.3　IPCC AR5给出的全球平均气温距平的时间序列（摘自IPCC AR5）

(a) 基于HadCRUT4数据的全球年平均地表温度（GMST）与1961—1990年平均气候的距平值。黑色直线是1901—2012年、1901—1950年和1951—2012年的线性趋势；(b) 与(a)采用相同的数据，趋势是用平滑样条（实线）和平滑曲线上的90%置信区间（虚线）。

表 6.4 IPCC 历次气候变化评估报告中气温增暖比较

分类	平均温度增暖趋势/℃	分类	平均温度增暖趋势/℃
FAR	0.3～0.6	AR4	0.6～0.8
SAR	0.3～0.6	AR5	0.8～1.0
TAR	0.6		

表 6.5 是使用线性和非线性方法评估的增暖比较，也可以看到，不同时期全球气温增暖的程度有所不同，但是，无一例外地都表明了自 1951 年以来，全球变暖的程度最大。

表 6.5 不同阶段线性和非线性增暖趋势 单位：℃/10 年

方　法	1901—2012 年	1901—1950 年	1951—2012 年
线性趋势	0.075±0.013	0.107±0.026	0.106±0.027
非线性（滑动样条）	0.081±0.010	0.070±0.016	0.090±0.018

自从 1901 年以来，全球都经历了地表变暖，这种变暖过程并不是线性的。变暖主要发生在两个时期，即 1900 年左右至 1940 年左右，以及 1970 年以后。全球平均变暖表现出非常明显的空间特征。20 世纪初的变暖主要是北半球中高纬度现象，而最近的暖化更具全球性（图 6.4）。各个不同数据集的估算结果在早期相对较大，特别是 1950 年之前更为明显。

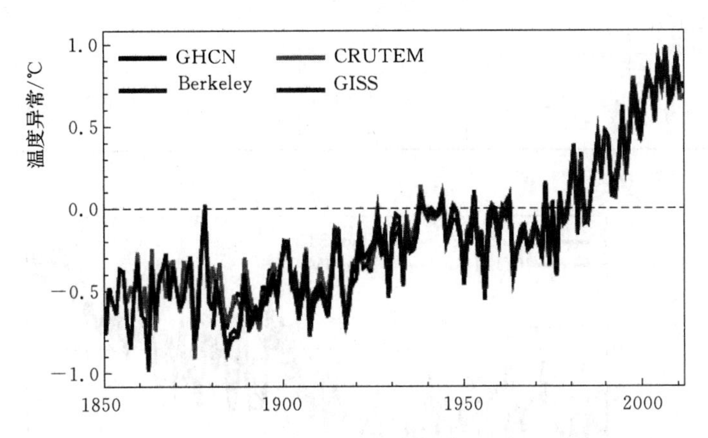

图 6.4 基于最新版本的 4 种不同数据集（Berkeley，CRUTEM，GHCN 和 GISS）所得全球年平均地表气温（LSAT）相对于 1961—1990 年平均地表气温的异常值

1. 全球陆地气温的变化

目前对全球陆面气温评估的数据来自多个数据集，图 6.4 给出了不同数据集对全球陆面气温的评估结果，其中，GHCN 是全球历史气候学网络。GISS 指 Goddard Institute of Space Studies（戈达德空间研究所），该结果基于 GHCH 的估算，通过对夜间灯光的调整

计算城市群的影响。CRUTEM包含额外的系列站点以及许多单独记录同质化数据站点。Berkeley来自伯克利的新数据产品。多种数据集显示相似的结果，均表现出气温增暖趋势在1900年之后更明显。表6.6是不同数据集在不同的时间尺度中气温增暖的评估结果。尽管增暖数值与表6.5略有不同，但是，它们的趋势也非常相似。因此，全球增暖是确凿无疑的。

2. 全球海洋表面温度的变化

自20世纪初以来，全球平均海面温度（SST）也显著增加，图6.5是几个数据集给出的全球海洋表面温度的变化，它们都显示出全球SST自20世纪50年代以来和19世纪后期以来都有所增加的结论。表6.7和表6.8是不同数据给出的海洋表面温度的趋势，它们的升温趋势一致。

表6.6　5个不同时期全球年平均地表温度全球平均趋势评估（置信区间为90%）

Data Set	趋势（℃/10年）				
	1880—2012年	1901—2012年	1901—1950年	1951—2012年	1979—2012年
CRURTEM4.1.1.0 (Jones et al., 2012)	0.086±0.015	0.095±0.020	0.097±0.029	0.175±0.037	0.254±0.050
GHCNv3.2.0 (Lawrimore et al., 2011)	0.094±0.016	0.107±0.020	0.100±0.033	0.197±0.031	0.273±0.047
GISS (Hansen et al., 2010)	0.095±0.015	0.099±0.020	0.098±0.032	0.188±0.032	0.267±0.054
Berkeney (Rohde et al., 2013)	0.094±0.013	0.101±0.017	0.111±0.034	0.175±0.029	0.254±0.029

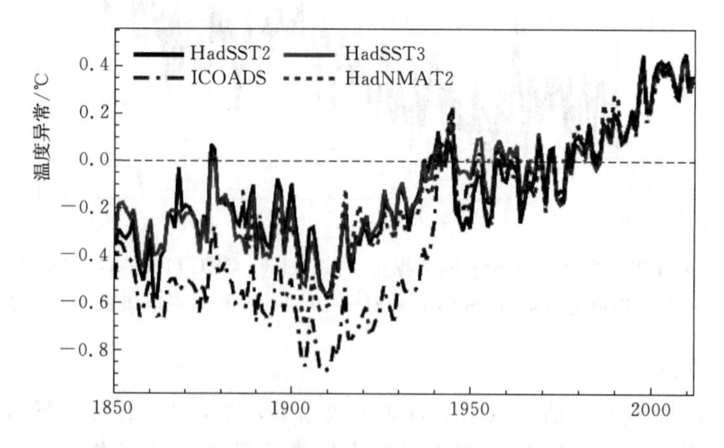

图6.5　全球年平均海表温度（SST）和夜间海洋气温（NMAT）相对于1961—1990年平均值的偏差（摘自IPCC AR5）

表 6.7　5 个不同时段两种 SST（全球年平均海表温度）的趋势评估（置信区间为 90%）（摘自 IPCC AR5）

数据集	趋势（℃/10 年）				
	1880—2012 年	1901—2012 年	1901—1950 年	1951—2012 年	1979—2012 年
HadSST3（Kennedy et al.，2012）	0.054±0.012	0.067±0.013	0.117±0.028	0.074±0.027	0.124±0.030
HadSST2（Raynet et al.，2006）	0.051±0.015	0.069±0.012	0.084±0.055	0.098±0.017	0.121±0.033

表 6.8　5 个期间三个数据集全球年平均表面温度的平均趋势评估（置信区间为 90%）

数据集	趋势（℃/10 年）				
	1880—2012 年	1901—2012 年	1901—1950 年	1951—2012 年	1979—2012 年
HadCRUT4（MOrice at al.，2012）	0.062±0.012	0.075±0.013	0.107±0.026	0.106±0.027	0.155±0.033
NCDC MLOST（Vose et al.，2012b）	0.064±0.015	0.081±0.013	0.097±0.040	0.118±0.021	0.151±0.037
GISS（Hansen et al.，2010）	0.065±0.015	0.083±0.013	0.090±0.034	0.124±0.020	0.161±0.033

6.1.2　气候变化的原因

地球气候既受气候系统内部变化的影响，也受气候系统外部变化的影响。影响气候变化的外部因素主要以太阳的变化、地球轨道参数、造山运动为主。

1. 外部原因

太阳黑子（sunspot）是在太阳的光球层上发生的一种太阳活动，是太阳活动中最基本、也是最明显的，在太阳表面看到的最突出的东西就是黑子。因此，人们常用太阳黑子的变化来表征太阳活动的强弱。一般认为，太阳黑子实际上是太阳表面一种炽热气体的巨大漩涡，温度为 3000～4500℃。因为其温度比太阳的光球层表面温度要低 1000～2000℃（光球层表面温度约为 6000℃），所以看上去像一些深暗色的斑点。太阳黑子很少单独活动，通常是成群出现。

太阳黑子虽然颜色较“深”，但是在观测情况下，它与太阳耀斑同样清晰显眼。太阳黑子最早的观测记录出现在中国，世界公认的第一次明确的黑子记录是公元前 28 年中国汉朝人所观测到的。在《汉书・五行志》里有这样的记载：“成帝河平元年三月乙未，日出黄，有黑气，大如钱，居日中央。”1610 年，意大利天文学家伽利略用望远镜也看到了太阳黑子，他发现，黑子是太阳表面非常普遍的现象。不过，这一观测结果与当时的宗教教义相抵触。1610—1818 年的黑子记录资料是不连贯和不均匀的，存在各种系统误差，尤其是 1750 年以前的观测记录存在很大的不确定性。从 1818 年开始，国外系统地观测黑子的变化，获得了比较可靠的黑子资料。

从长期的黑子相对数记录可见，黑子相对数的平均值表现出 11 年左右的周期性，最短为9.0年，最长为13.6年。对应黑子相对数的年平均值的极大和极小年份，分别称为太阳活动的极大年（峰年）和极小年（谷年）。通常，也将与极大（小）年相邻的几年，称为太阳活动高（低）年。太阳黑子活跃时会对地球的磁场产生影响，主要是使地球南北极和赤道的大气环流作经向流动，从而造成恶劣天气，使气候转冷。

为计算简便起见，太阳对地球的影响（即单位时间内获得的太阳辐射能）可用一个常数表示，这就是太阳常数。1981年WMO推荐太阳常数为1367W/m^2。实际上，地球围绕太阳公转的轨道是椭圆形的，日地距离是变化的；另外，太阳本身的强度也是不同的。因此，单位时间内的太阳辐射能不可能是一个常数。然而，太阳常数取固定值的做法却为各种计算带来了极大的方便。

除了太阳之外，地球围绕太阳运动的轨道参数（包括黄道半径的变化、春分点的变化等）、地轴偏心率的变化等，都可对地球气候产生影响。但是，这些地球轨道参数通常以几万年的周期变化。因此，它们的影响是缓慢的，在个人的生命周期里，很难体会和发现这些影响。

火山活动对地球气候的影响如同阳伞一样。巨大的火山喷发，将大量的火山灰喷发到大气层中，其喷发的高度可以穿过对流层，直达平流层。平流层中的火山灰可以沿着西风带或东风带向下游传播。每一个火山灰颗粒都如同大气中的一个气溶胶，强烈地反射或散射太阳辐射，阻挡了太阳辐射，使其难以到达地球表面，其作用如同一把阳伞遮盖在地球表面。这种作用，可令地球表面温度明显下降。1991年6月菲律宾皮纳图博（Pinatubo）火山爆发，使得1992年全球平均气温下降了0.2℃，北半球下降0.4℃。

因此，火山活动的这种“阳伞效应”是影响地球上各种空间尺度范围达十数年以上的气候变化的重要因子。

2. 内部原因

科学界对气候的认识，已经从“平均”的角度转变到“过程”的角度，即气候的变化经历着不同的时间尺度，需要从过程的演变来研究气候变化。

气候的变化不仅仅受到气候因素（包括气温、降水、气压、湿度和风向风速等）的影响，而且，还有受到各种化学和生物过程的影响。在较长的时间尺度和较大的空间尺度上，大气运动还受到海洋、陆地、冰雪等诸多因素的影响，是气候系统的各个圈层相互联系、相互作用的结果。因此，气候变化需要从气候系统的角度分析问题。

大气圈是气候系统中最活跃的部分，也是变化最剧烈的圈层。大气由多种气体、液体、固体和杂质混合组成。大气中的微量气体，如二氧化碳、甲烷、一氧化二氮、臭氧和水汽等，虽然量少，但是它们却强烈地吸收太阳辐射和地表长波辐射，同时，也向外发射长波辐射，人们将这些气体统称为温室气体，温室气体发射的长波辐射可以全部被地球所吸收。如果温室气体增多，地球必将吸收更多的热量，导致地表升温，引起地球气候变化。特别是大气中的水汽，虽然含量很少，但是水的相变和水分循环不仅把大气圈、海洋、陆地和生物圈紧密地联系在一起，而且对大气运动的能量转换和变化，以及对地面和大气温度都有重要影响。

大气的各种物质还会伴随大气的运动而向其他地区传播。大气中的水分在大气环流的作用下，在全球内传播，在环流系统合适的地方成云致雨。极地的冷空气在大气环流的推动下，由极地向中低纬度传播，在沿途造成大风降温天气。

全球的许多沙漠地区都与副热带高压系统有关系。在副热带高压系统的控制下，那里盛行下沉气流，天气晴朗，空气干燥，是干燥气候或沙漠气候区。季风控制区的气候常常表现为潮湿、多雨。大气环流除了周而复始地运动之外，还会形成特定的环流型和天气系统，对其控制区的气候产生影响。因此，大气是对地球气候影响最直接的部分。

水圈是地球上所有水体的总称，包括海洋、湖泊、江河、地下水和地表上一切形式的水体。水圈也是处于连续运动之中，通过水循环，水圈的各部分互相交换、不断更新。

在水圈中，海洋的作用最重要。海洋在气候系统中是一个巨大的能量储存库，是驱动地球系统其他部分的重要驱动源。据估计，到达地表的太阳辐射能约有80%被海洋表面的吸收。海洋上层平均厚度约 240cm 的水温具有季节变化，热容量为 36.45×10^{16} MJ/℃。如果仅考虑 100m 深的表层海水，其储存的热量即可达到气候系统总热量的95.6%，由此可见海洋在气候系统中的重要性。

海洋表层的海水或海冰与大气的相互作用尺度为几个月到几年，深层海洋的热力调整时间为世纪尺度，依靠海水的温度和盐度驱动的温盐环流，其运动周期可达 1600 年左右。现在研究表明，海洋的极向热输送约占海气耦合系统中极向热输送总量的 50%，在北半球，它把低纬的热量输送到高纬，在 50°N 附近（那里的海洋西边界流最强）通过强烈的海气热交换，把大量的热量输送给大气，再由大气把能量向更高纬度输送。因此，温盐环流活动的任何变化，都将给区域乃至全球气候造成可观的影响。

岩石圈指地球的坚硬层，包括地壳和地幔的大部分外层。大陆板块构成了地表和地形，形成了山脉、丘陵、高原、盆地、平原等。海洋板块构成了海洋地形。这种复杂的地理环境使地球上形成各种各样的气候，例如，山区气候、丘陵气候、高原气候、盆地气候、平原气候等。特别像海陆分布和大地形对大气环流的形成起重要作用，进而对地球气候的产生显著影响。

从气候系统看，大陆表面最为重要，而岩石圈几乎恒定不变。唯一例外的是，岩石圈浅层活跃，具有热容量，在热存储过程中起一定的作用。通过能量、角动量、感热和动能传输，岩石圈和大气圈之间存在强烈的相互作用。土壤湿度强烈地影响反射率、蒸发、土壤热传导率和地表能量平衡的局地差异性。

陆地与海洋中的动植物共同组成了生物圈。陆地植被的存在与缺失、结构和功能的变化，会影响地表反射率、蒸发、湿度、径流，以及大气、海洋与陆地之间的二氧化碳平衡。人类通过农业和城市化，影响气候系统及其相互作用。

3. 人类活动的影响

生物圈，是人类活动的圈层，对气候的影响具有特殊性。因此，人类活动对气候的影响已成为一个重要的课题。由于人类活动影响的特殊性，本书将专门有一节介绍这个内容。

6.2 极端气候与旱涝的关系

6.2.1 极端气候事件的评估与概率分布特征

1. 极端气候事件的评估

前面讨论的气候变化通常是指平均气候的变化。事实上，在平均气候变化的情况下，极端气候也在不断变化。由于缺少更长时间的观测记录，人们只能在有限资料的情况下，分析极端气候的变化强度。

极端气候事件都是小概率事件，IPCC第三次评估报告（TAR）和IPCC第四次评估报告（AR4）都对极端天气气候事件作了明确的定义，对特定时间和地点，极端天气和气候事件是发生概率极小、非常罕见的事件，通常不到10%。从气候学研究的角度来看，TAR和AR4给出的定义简洁而明确，虽然只涉及事件的发生概率，却解决了事件的绝对强度随区域不同而差异较大，很难用同一标准作评判的问题。根据这样的理念，极端气候事件可从三个方面来阐述：一是事件发生的频率相对较低；二是事件的强度相对较大；三是事件导致了严重的社会经济损失。

过去的研究曾以暴雨（日降水量不小于50mm）出现次数、暴雨日数和暴雨量作为极端降水的界定标准。依据这样的标准，湿润气候区可以提取到极端降水数据，而半干旱和干旱区，一年中暴雨日数和暴雨量非常少，甚至没有暴雨出现。此时，可能不存在极端降水数据。但是，这样的结果并不能说明半干旱和干旱区不存在极端降水数据。因此，类似于固定降水量阈值的方法存在缺陷。

WMO也曾将达到2倍标准差的事件视为极端事件。例如，某地的日平均气温序列中，某日的平均气温超过了该日平均值的正（或负）两倍标准差，则认为该日的平均气温达到了极端值。然而，这样的标准可能过于苛刻，导致气象水文要素的极端值数据过少。于是，有人降低标准，以1.5倍标准差，甚至0.8倍标准差作为某要素的极端阈值。这样的极值阈值取值方法又存在不同地区不同标准的问题。

根据某类要素出现的概率定义极端值的阈值，例如，第99%/1%百分位、第95%/5%百分位数、第90%/10%百分位数对应的数值调整，这类极端阈值可能更能反映各地气象或水文要素的极端性，也可使各地的极端值能在同一水平下进行比较，是一个比较客观的提取极值数据的方法。

另外，极端气候事件不能仅考虑事件的强度或频率的大小，还应当将持续时间一并考虑进去，特别是像干旱、洪水和热浪，需要将持续时间和强度等几个因素结合起来，才能构成一个完整的极端事件。

2. 极端气候事件的概率分布特征

气候或天气变量值出现的概率可以用概率密度函数（PDF）来描述，对于某些变量（如温度），它的形状类似于高斯曲线。PDF是一个函数，表明变量的不同结果发生的相对概率。简单的统计推理表明，极端事件（例如，在特定地点可能出现的最大24h降雨）的频率发生重大变化，可能是由于天气或气候变量的分布发生了相对较小的变化。图6.6（a）显示了这样一个PDF的示意图，并说明了变量均值的微小变化对分布两端极端频率的影响。一个极端的频率增加（例如，酷热天气）可以伴随另一个极端的减少（如霜冻日），分布的可变性、偏斜度或形状的变化会使这个简单的图复杂化［图6.6（b）、（c）和（d）］。

由日平均气温和降水的概率密度函数可以看出，日气温变化趋势近似于高斯正态分布，而日降水具有偏态分布。图中的虚线代表以前分布，实线代表变化后的分布，阴影区代表极端事件的发生概率或频率。在气温的图示中，图6.6（a）表示极端事件的发生概率随均值的变化而变化，图 6.6（b）表示极端事件的发生概率随方差的变化而变化，图 6.6（c）表示极端事件的发生概率随均值和方差两者的变化而变化。图 6.6（d）表示降水具有偏态分布特征，分布的均值通常会影响其变异性或扩散，因此日降水均值的增加也意味着极端降水的增加，反之亦然。此外，右尾形状的改变也会影响极端事件。气候变化也可能改变降水的频率和降水事件之间的干旱期。

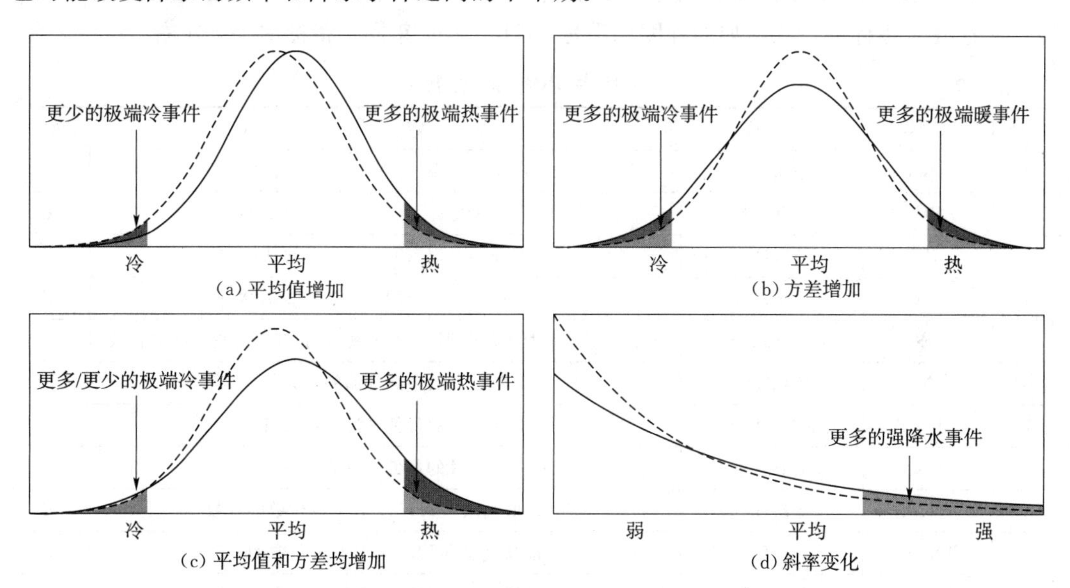

图 6.6　日平均气温和降水的概率密度函数

（虚线代表以前分布，实线代表变化后的分布，阴影区代表极端事件的发生概率或频率）

6.2.2　极端气候的诊断

极端气候事件的识别要有一定的依据，为此，许多人专门研究了识别极端事件的指标。世界气象组织于 1998—2002 年的气候变化检测会议中提出了一套气候极端指数，这些指数成为气候变化研究中的统一标准，其中有 26 个指数被认为是核心指数（表 6.9），它们分别由日气温和日降水数据计算而得，具有弱极端性、噪声低、显著性强等特点。极端气候指数并不是唯一的，根据不同类型的科学问题有不同的核心指标，表 6.9 中仅供参考。根据需要，每个人都可以选择或研制合适的极端气候指标。

通过这些指数，人们可以研究各地的极端气候强度，并将它们进行比较，以便讨论不同地区极端气候变化的强度及其影响等问题。

6.2.3　全球极端气温的变化

自 1950 年以来，全球大多数陆地地区都经历了最高和最低温度极端值升高的现象。目前，全球呈现冷夜和冷日数量明显减少的现象，而暖夜和暖日数量明显增多。每个指数的转折点与全球变暖的时间基本对应。夜间温度分布的变化比白天温度的变化更大，全球最低气温极值具有一致性变暖的趋势，最低气温比最高气温增加得更快，最低气温变暖的速度更高。因此，日较差下降。暖昼和暖夜一直在增加，冷夜和冷昼，包括霜冻在减少。从 20 世纪中期开始，一些地区（例如亚太地区的部分地区和欧亚大陆的部分地区）暖夜增加了1倍，而冷夜减少了50%左右。但是有些地区，包括北美中部、美国东部和南美部分地区存在一致性变冷的特征。

用不同数据估算的冷夜、冷昼、暖夜和暖昼四个指标的第90百分位阈值的线性趋势也反映了类似的结果（表6.10）。无论是1951—2010年，还是1971—2010年，冷夜和冷昼第90百分位阈值都表现为下降的趋势，而暖夜和暖昼则表现为一致的增暖现象，在1971—2010年这几个指标减少或增加的程度几乎是1951—2010年同样指标的1倍左右。

表6.9　　气候核心极端指数

序号	代码	名　称	定　　义	单位
1	FD	霜冻日数	日最低气温（TN）＜0℃的日数	d
2	SU	夏天日数	日最高气温（TX）＞25℃的天数	d
3	ID	结冰日数	日最高气温（TX）＜0℃的日数	d
4	TR	热夜日数	日最低气温（TN）＞20℃的日数	d
5	GSL	生长期长度	至少6日平均日平均气温＞5℃的初日与＜5℃的终日间的日数	d
6	TM_x	最高气温	年、月的最高气温的最大值	℃
7	TN_x	最低气温极大值	年、月的最低气温的最大值	℃
8	TN_n	最低气温	年、月的最低气温的最小值	℃
9	TN10p	冷夜日数	日最低气温（TN）＜10%分位数的日数	d
10	TX10p	冷昼日数	日最高气温（TX）＜10%分位数的日数	d
11	TN90p	暖夜日数	日最低气温（TN）＞90%分位数的日数	d
12	TX90p	暖昼日数	日最高气温（TX）＞90%分位数的日数	d
13	WSDI	暖日持续日数	每年至少连续6天日最高气温（TX）＞90%分位数的日数	d
14	CSDI	冷日持续日数	每年至少连续6天日最高气温（TN）＜10%分位数的日数	d
15	DTR	日平均温差	日温差的平均值	℃
16	Rx1day	日最大降水量	日最大降水量	mm
17	Rx5day	5d最大降水量	每月最大连续5天降水量	mm
18	SDII	降水强度	年降水量≥1mm日数	mm/d
19	R10mm	中雨日数	日降水量≥10mm日数	d
20	R20mm	大雨日数	日降水量≥20mm日数	d
21	Rnnmm	达到nn mm降水阈值的日数	每年降水量≥nnmm（用户定义的阈值）的天数	d
22	CDD	连续无雨日数	最长连续无降水日数	d
23	CWD	连续有雨日数	最长连续降水日数	d
24	R95pTOT	第95百分位日降水量阈值	日平均降水≥第95百分位阈值的降水量总和	mm
25	R99pTOT	第99百分位日降水量阈值	日平均降水≥第99百分位阈值的降水量总和	mm
26	PRCPTOT	年降水量	≥1mm降水日累积量	mm

表 6.10 全球多时间尺度的冷夜（TN10p）、冷昼（TX10p）、暖夜（TN90p）和暖昼（TX90p）趋势估计值和 90%的置信空间（摘自：IPCC，2013）

数据集	趋势/10 年							
	TN10p		TX10p		TN90p		TX90p	
	1951—2010 年	1979—2010 年	1951—2010 年	1978—2010 年	1951—2010 年	1978—2010 年	1951—2010 年	1979—2010 年
HadEX2（Donal et al.，2013c）	−3.9±0.6	−4.2±1.2	−2.5±0.7	−4.1±1.4	4.5±0.9	5.8±1.8	2.9±1.2	6.3±2.2
HadGHCND（Caesar et al.，2006）	−4.5±0.7	−4.0±1.5	−3.3±0.8	−5.0±1.6	6.8±1.3	8.6±2.3	4.2±1.8	9.4±2.7
CHCNDEX（Donat et al.，2013a）	−3.9±0.6	−3.9±1.3	−2.6±0.7	−3.9±1.4	4.3±0.9	6.3±1.8	2.9±1.2	6.1±2.2

6.2.4 旱涝气候变化

1. 干旱问题

自 20 世纪 50 年代以来，世界上一些地区经历了强烈和持久的干旱。干旱是一个复杂的现象，人们通常用干旱指数来表示干旱的变化特征，例如，PDSI、SPI、SPEI 和水文干旱指数等经常被用来评估干旱。干旱指数涉及的变量（如降水、蒸发、土壤水分或径流等）和时间尺度对干旱事件的等级有很强的影响，用它们分析干旱事件存在很大的不确定性。例如，PDSI 可能无法在不同的气候区进行比较，等等。此外，对于模拟土壤水分的研究，使用不同的潜在蒸散发模型还可能导致对受影响地区的估计和干旱的区域范围存在显著差异。

因此，使用不同的干旱指数时，对干旱变化的解释可能会产生差异。例如，Sheffeld 和 Wood（2008）发现全球干旱持续时间、强度和严重程度呈下降趋势。而 Dai（2011a，2011b）却发现，除了 20 世纪 70 年代的萨赫勒地区干旱和 20 世纪 30 年代美国和加拿大大草原的干旱外，全球范围内的干旱普遍增加。Van der Schrier 等（2013）使用月尺度自适应 PDSI（sc-PDSI），发现在 1901—2009 年或 1950—2009 年，全球范围内没有明显的干旱或湿度增加的案例。Van der Schrier 等（2013）计算的 sc-PDSI 与 Dai（2011）计算的 sc-PDSI 非常相似，然而，对 1950—2009 年的分析显示，Van der Schrier 等的数据集开始出现干旱增加，随后从 1980 年中期开始下降，而 Dai 数据显示，到 2000 年，干旱仍在继续增加。因此，在识别旱涝趋势时，要注意使用的数据及研究方法的差别，避免产生歧义的解释。

在北半球中纬度地区第 95 百分位阈值（R95P）增加和减少的区域难分伯仲，日降水强度（SDII）显示出日降水强度增大的地区多于减少的地区，连续干燥日数的最大值（CDD）也表现出减少的地区多于增多的地方。然而，Giorgi 等（2011）指出，“水文气候强度，HY-INT”是一种结合了干旱期长度和降水强度的测量方法，在 20 世纪后半叶随着气候变暖而增加。他们发现，在欧洲、印度、南美部分地区和东亚趋势最为显著（反映干旱和/或极端降水事件的增加），但在澳大利亚和南美洲北部趋势有所减少（反映干旱和/或极端降水事件的减少）。

尽管全球范围内研究得出的结论各不相同，但他们在某些地区达成了共识。根据最新的研究，1950年以来，东亚地区的中等干旱程度有所增加，在地中海和西非的干旱有显著的增加，北美中部和澳大利亚西北部的干旱程度有明显下降。但是，在全球范围内得出结论时，数据的可用性、质量和记录长度仍然是问题。

总之，由于缺乏直接的观察，地理上的趋势不一致，以及对指数选择的依赖，证明全球干旱或干燥（缺少降水）趋势增加的证据仍显不足。

2. 洪涝

洪水的发生并没有全球性的趋势（Kundzewicz等，2007）。对于洪水的区域评估说明洪水趋势受到河流管理变化的强烈影响。由于高纬度地区观察到的变暖趋势最大，高纬度地区存在最明显的洪水趋势，但是，在高纬度的某些地区并没有发现极端洪水趋势的证据，例如俄罗斯的日出口流量（Shiklomanov等，2007）。欧洲（Hannaford和Marsh，2008；Renard等，2008；Petrow和Merz，2009；Stahl等，2010年）和亚洲（Delgado等，2010）的研究表明，洪水的等级和频率既有上升趋势，也有下降或无趋势的现象。除了在积雪较多的地区出现更早的春季流水外（Seneviratne等，2012）。目前没有明确和广泛的证据可以证明洪水发生了变化。因此，在全球范围内的洪水等级和频率的变化趋势，仍需进行深入研究。

6.2.5 中国的极端气候变化

1. 中国的极端气温变化特征

伴随全球气温的升高，中国极端冷日和冷夜数呈现明显减少，而暖日和暖夜个数显著增加。热浪事件增多，寒潮事件减少。中国气象局发布的《中国气候变化蓝皮书（2019）》指出，气候系统的综合观测和多项关键指标表明，气候系统变暖趋势进一步持续，中国极端天气气候事件趋多趋强，气候风险水平呈上升趋势。我国极端强降水事件增多，极端低温事件显著减少，极端高温事件在20世纪90年代中期以来明显增多。

研究发现，日最高温超过第90百分位的暖日数在我国呈现普遍的增多趋势，仅在华北和西南少部分地区出现微弱的减少趋势，但并不显著。日最高温低于10%百分位的冷日数普遍减少，尤其在北方地区趋势显著。与暖日和冷日数相对应，暖夜和冷夜数分别表现出显著地增多和减少趋势，特别是在东北和西北地区，冷夜数减少幅度达到12天/10年。说明伴随着全球气温的升高，发生在我国的冷事件显著减少，暖事件显著增多（图6.10）。

2. 中国极端降水的变化特征

我国极端强降水事件增多，极端低温事件显著减少，极端高温事件在20世纪90年代中期以来明显增多；中国松花江、长江、珠江、东南诸河和西北内陆河流域地表水资源量总体表现为增加趋势，辽河、海河、黄河、淮河和西南诸河流域则表现为减少趋势，这与我国降水近几十年东南、西北增多，东北、华北和西南减少的趋势是一致的。降水谱分析（Wu等，2013）发现，我国西北地区降水总体增多，华南地区极端强降水增多，极端的小雨事件减少，降水强度增强。

对极端降水事件的分析，可以通过对概率密度分布函数的两端取极值得到超过95^{th}

百分位的强降水 RR95 和低于 5th 百分位的极弱降水 RR05 的发生日数，以及最长连续无雨日 CDD 和最长连续有雨日 CWD 两组极端量分别量化极端降水事件的发生频次和持续时间。通过对我国站点资料的长时间序列分析，发现我国的强降水事件在西北、东南和东北北部地区的发生频次有增多趋势，中部和西南地区减少。小雨除了西北西部地区有所增加之外，其他地区表现为减少的趋势。由于小雨比强降水事件更容易被地面吸收，小雨的减少不利于局地干旱的缓解。小雨减少，强降水增加的现象表明降雨谱正在从小雨向强降水方向移动，未来强降水事件的发生概率增多，这主要是由于全球气温升高导致大气的饱和水汽压增加，大气中的可降水量增多。

另一方面，从持续时间看，最长连续有雨日在西南和东北地区以及东南沿海地区减少。反观最长连续无雨日，华北地区以及华南地区表现出明显的无雨期增长趋势，而在西北和长江中下游地区无雨期缩短，这意味着华北地区的干旱化趋势将进一步加剧。

3. 中国旱涝事件的变化特征

旱涝灾害事件直接受到降水的影响，而又不单受降水影响，影响因素复杂。降水强度的大小、持续时间的长短、气温的高低、风速的大小包括当地的地形地貌、地质条件都会影响旱涝事件的发生和灾害严重程度。表征旱涝干湿程度的指标也有很多种，由于不同研究的需要，干旱指数可以分为气象干旱、水文干旱、农业干旱等不同表征方式，最直接的是土壤湿度。为了更全面地了解干旱造成的影响，进一步对干旱指数细分为干旱持续时间、干旱严重程度和干旱影响面积三个方面。

有研究基于过去近 60 年的资料分析了我国不同地区土壤湿度和干旱指标的变化趋势。从土壤湿度看，我国华北和东北地区有变干趋势，而在西北呈现变湿的趋势，华南地区不明显，这意味着我国北方的干旱化趋势在进一步加剧。通过对干旱持续时间、面积和严重程度的趋势分析发现，干旱的持续时间在东北和华北地区有延长趋势，干旱严重程度在华北和东北地区增强，尤其是黄河中下游地区尤为明显。干旱发生频率在全国大部分范围内普遍增多。

6.2.6　未来极端气候的研究

过去的很多极端气候研究是针对单个要素的极端性（包括发生概率低、强度大、造成灾害严重等）开展。但从研究极端气候的目的性出发，造成灾害的程度是其根本，所以，IPCC《管理极端事件和灾害风险推进气候变化适应特别报告》提出从灾害影响程度出发，探讨极端气候。这就将单要素的极端气候研究进一步推广到多要素综合极端事件的研究。比如说，长时间的少雨甚至无雨加上高温事件，就极易引发干旱气象灾害；而长时间、大范围的强降水过程加之连续的低温，则易诱发冻雨灾害；再比如，强台风所伴随的大风、暴雨天气加之当地的下垫面结构特征则易导致城市内涝或者洪水灾害事件。

6.3　气候变化与人类活动

6.3.1　人类活动对气候变化的影响

人类活动对气候变化的作用主要表现为 4 个方面：①化石燃料燃烧排放的 CO_2 等温

室气体通过温室效应影响气候，这是人类活动造成气候变暖的主要驱动力；②农业和工业活动排放的 CH_4、CO_2、N_2O、PF_C、HF_C、SF_6 等温室气体也通过温室效应使气候变暖；③土地利用变化导致的温室气体源/汇变化和地表反照率变化进一步影响气候变化，这包括森林砍伐、城市化、植被改变和破坏等；④环境污染中排放的气溶胶，尤其是硫化物与黑碳气溶胶等引起的气候变化，它们的主要作用是使地面变冷。实际上人类产生的气溶胶最主要的排放源也是化石燃料的燃烧。在这个过程中，排放出的污染物有 CO、VOC_S，黑碳气溶胶或烟尘、氮氧化合物、SO_2 等，以及诸如 O_3 和颗粒物（PM）等二次污染物。因而温室气体引起的气候变暖和空气污染实际上由同一排放源造成。但由于它们的生命期、空间影响尺度以及物理-化学过程不同，这两个问题往往分别处理，但近年来开始研究以耦合的方式来共同应对气候变暖与空气污染问题。应该指出，在地球的气候长期演变过程中，温室气体（导致变暖）和气溶胶（导致变冷）始终是两个主要的影响因子，只不过在气候变化的早期或地质年代，这两种因子是自然起源的，而不是人类起源的。

人类对温室效应的认识大致经历了三个阶段（丁一汇，2008）。Edme Mariotle 在 1681 年指出，虽然太阳光及其热量容易通过玻璃和其他透明物质，但其他来源的热量却不能穿过玻璃。18 世纪 60 年代，Horace Benedict de Saussure 用日射温度计（把一个放在涂黑盒内的温度计覆盖上玻璃器皿）做了一个简单的温室效应试验，第一次显示了产生人工增暖的能力，这是一次观念上的飞跃，人们认识到空气本身也能够截获热辐射。1824 年，法国科学家约瑟夫·傅里叶引证了上述 Saussure 的结果时，进一步指出：地球的温度因受空气的影响而能够提高，因为以光的状态呈现的热量在穿过空气时比转化成非发光性热量重回空气时受到的阻力更小。这个论断表明，大气和温室玻璃一样会产生相似的增温结果，这就是温室效应这一名称的由来。1836 年 Poulliet 依据傅里叶的思想指出：大气的层结状态使空气对地球放射的射线（辐射）比太阳射线具有更大的吸收。这个观点第一次说明了大气的温度层结（温度随高度下降）在产生温室效应中的重要作用。1839 年，英国科学家约翰·丁德尔（即泰德）通过实验室试验认识到了复杂分子，如水汽和 CO_2 对热辐射的吸收特性，不同于占主要大气成分的双分子 O_2 和 N_2 的吸收特性，并测量了水汽和 CO_2 对红外辐射的吸收，进一步阐明了大气中微量的温室气体对地球温度变化的特殊作用。他指出，任何辐射活跃的大气成分，如水汽和 CO_2 在量上的变化都能够产生地质学家的研究所揭示出的气候变化。

第二阶段主要是对温室气体增暖效应的定量计算和预测。在 19 世纪后期以及以后的 50 年中，不少人进行了这种计算。1895 年瑞典化学家阿尔赫尼斯通过计算指出，由于燃烧煤使 CO_2 的大气浓度加倍时，全球平均温度将增加 5～6℃。这个结果已十分接近我们现在由复杂气候模式计算的结果。他同时指出，如果大气中痕量的 CO_2 含量增减 40%，则可能触发冰河期的进退。100 年以后，人们发现，在冰期和间冰期 CO_2 确实以这个数量变化，但现在认识到，初始的气候变化似乎超前于 CO_2 的变化，而 CO_2 温室效应反馈作用进一步增强了这种变化。在这个时期，S. 兰利和 R. 伍德也指出了温室与大气中温室效应的差别。1938 年，卡伦德尔（Callendar）求解了一套联系温室气体和气候变化的方程组，他发现 CO_2 加倍后可使全球平均温度增加 2℃，并且极地增温更强，他还把增加的

化石燃料燃烧与 CO_2 及其温室效应增加联系在一起。他指出，随着人类现在正以比地质年代更加异常的速度改变着大气成分，寻求这种变化的可能结果就是十分自然的。从最好的实验室观测数据看，增加的大气 CO_2 的主要结果将是地球冷区平均温度的逐渐增加。在 1947 年，阿尔曼（Ahlmann）报告了自 19 世纪以来，北极地区出现了 1.3℃的增暖，并且错误地相信，这种气候脉动可能由温室增暖来解释。1956 年，普拉斯（Plus）得到了类似的模式预测结果：如果在本世纪末（20 世纪），测量表明全世界的 CO_2 含量明显增加，并且同时温度继续在全球上升，则可能肯定地确认，CO_2 是引起气候变化的重要因子。在这个时期，人们试图进一步了解化石燃料的排放怎样改变大气 CO_2 浓度，这涉及碳循环的问题，从而开始了新的多学科交叉的碳循环问题的研究。在这个问题中首先是 CO_2 的海气交换过程。1957 年 R. 瑞威拉和 H. 瑞斯（Revelle 和 Suess）解释了为什么排放的 CO_2 能够被观测到在大气中不断积累，而不是被海洋吸收：CO_2 的混合过程能够迅速地发生在海洋的上部混合层中，而与深层海洋的混合时间则长达几百年，正因为如此，CO_2 的大气浓度将显著增加，而消失非常缓慢。在 IPCC 第三次评估报告出版之前（2001），科学界已预测，气候变化与海洋环流和生物地球化学过程的相互作用，将改变海洋吸收人类排放的 CO_2 部分。

1957 年在夏威夷的蒙纳罗亚和南极建立了 CO_2 测量站，从而进入了温室气体的实际测量阶段，并以精确的测量结果表明，大气中的 CO_2 浓度确实在不断地增加，由此揭开了近代全球气候变化研究的序幕。特别应该提及的是 G. D. 基林（Keeling）在 20 世纪 50 年代对于 CO_2 的系统测量工作。在这个时期主要测量的是 CO_2 与 H_2O，前面指出这两个温室气体早在 100 多年前已由丁德尔确认。直到 20 世纪 70 年代，其他温室气体 CH_4、N_2O 和 CFC_S 才被公认为是另外的重要温室气体。测量表明，温室气体浓度已从工业化前（1750 年）的 280ppm① 增加到了 2005 年的 379ppm。2005 年 CO_2 的大气浓度值已远远超出了根据冰芯记录得到的 65 万年以来浓度的自然变化范围（180～330ppm）。在 1995—2005 年这 11 年间 CO_2 大气浓度的增长率（1.9ppm/a）比过去有连续直接大气测量以来的增长率（1960—2005 年：1.4ppm/a）要高。其他温室气体的大气含量增加都十分明显，其量值也都超过了 65 万年以来的自然变化范围。由此引起的温室效应如以辐射强迫为计量单位，全球平均达到了 1.6W/m^2（0.6～2.4W/m^2）（与 1750 年相比），其中 1995—2005 年 CO_2 的辐射强迫增加了 20%，这可能是近 200 年中增长最快的 10 年。

6.3.2 气候变化对水资源的影响

中国是个水资源问题突出的国家，人均占有水资源量偏少，按照 2004 年人口计算，中国人均水资源占有量为 2185m^3，仅占世界平均水平的 30%左右（张建云，2008）。在地区分布上，我国水资源具有南多北少、东多西少、山区水多、平原水少的特点，并且 70%以上的水量主要集中在汛期的几个月份，这种极不均匀的时空分布，非常不利于水资源的开发利用。另外，我国水资源分布与人口、土地、社会经济格局不匹配，如北方地区（长江流域以北）面积占全国的 63.5%，人口约占全国的 46%、耕地占 60%、GDP 占 44%，而水资源仅

① ppm 为温室气体浓度的单位。

占19%，水资源成为制约这些地区社会、经济发展及区域生态改善的重要因素。

气候变化对水资源影响有5个主要指标，它们说明了全球气候变化是如何通过这5个指标或要素影响水资源的。

1. 温度变化

大气温度越高，大气的持水能力越强（根据克劳休斯—克拉珀龙定律，即C-C定律），全球和许多流域降水量可能增加，但同时蒸发量也增加。这使气候的变率增加，即有更强的降水和更多的干旱，从而使水循环加速。温度升高可使降水的季节分配发生变化，使一个季节（如冬季）降水增加，另一个季节（如夏季）降水减少，从而导致季节流量占全年流量的比例失调，目前是冬季的流量占全球流量比在增加。

2. 降水变化

降水是气候变化中影响水资源的直接因子，降水变率增大，分布更不均匀，同时强降水强度增加。暴雨洪涝与干旱的频率与强度增大。通过采用多种方法分析人类活动对20世纪全球降水的变化影响已可以检测出来，这些研究显示，在北半球中高纬度（40°～70°N纬度），降水增速为62mm/100a，人类活动对降水增加的作用占50%～85%（存在不确定性）；在北半球副热带和热带（0°～30°N）地区存在干旱化，降水减少98mm/100a，人类活动的作用为20%～40%。在全球气候变化背景下，全球水循环发生了变化，表现为加速的趋势，因而降水与流量表现更加集中，年变化更大，在干旱与半干旱区，降水和河川流量均为减少趋势，这使得干旱与半干旱区水资源在气候变化影响下更加脆弱。降水增加可补偿一部分地表水的减少，但由于人口的增加和需水增加，地下水也呈明显减少，并长期得不到恢复和补充。许多地区遭受更强烈的持续多年的干旱（如非洲西部、美国西部、加拿大南部、澳大利亚等）。而另一些地区由频率和强度增加的极端降水事件引起的降水强度增加，在这些地区可导致洪水风险增加。从全球看，1996—2005年严重内陆洪水灾害是1950—1980年的2倍，经济损失则高达5倍。全球气候变化间接反映在降水方面的问题是冰川退却与融化，以及积雪更早的融化，这些过程使最大流量由夏季移向春季，或由春季移向冬季，使夏秋出现更低的流量，或使已存在的低流量更低，明显增加了流域的水资源脆弱性。另一方面，是全球变暖对湖泊等水体污染的影响，由于升高的水温、增加的降水强度和长期的低流量使湖泊和水库多种水污染，包括沉积物、营养化、可溶性有机碳、病原体、杀虫剂、盐和热力污染等加剧，可影响生态系统、人体健康、水系统的可靠性与作业耗费。而变暖为蓝藻暴发提供了很好的条件。

3. 海平面上升

由全球气候变化引起的海平面上升可扩大地下水与河口区盐渍化的面积，造成沿岸区淡水供应减少，含水层和河口淡水量的过度减小或撤退，使海平面上升的作用加剧，进而可引起更强的盐渍化和咸潮。

4. 蒸散发变化

全球气候变化条件下，温度、日照、大气湿度和风速发生了明显变化，它们进而可影响潜在蒸散发，它部分抵消降水增加的效应，而使河川水量减少，进一步加剧降水减少对地表水的影响。目前小蒸发皿观测到的蒸发量表现为一致的减少，而实际蒸散发主要表现为增加，两者差异原因尚未充分了解，但都与气候变化有密切关系。

5. 径流变化

径流对气候变化极其敏感，主要表现在以下几个方面：①降水变化对径流影响显著，在气温不变，降水增加25%的情况下，海河年径流量增加较多，在81%左右；黄河、赣江和汉江增加相对较少，分别约增加46%、40%和36%。②淮河年径流对气温变化响应最大，在降水不变，气温升高2℃情况下，年径流量约减少15%；而海河、黄河、赣江和汉江在同样气候变化情况下年径流量依次减少14%、9%、5.4%和5.3%。③气温对径流的影响随降水的变化而变化。当降水增加时，气温对径流的影响更显著；当降水减少时，气温对径流的影响不明显。④降雨的增加对径流的影响比减少同幅度时对径流的影响大。例如海河流域，在温度不变，降水增减25%情况下，年径流量的变化分别为+81%和-64%。

由于流域产流过程十分复杂，不同地区产流条件存在差异，导致不同地区径流对气候变化的敏感性不同。但总的看来，干旱地区或水资源缺乏地区径流对气候变化相对敏感。对比气候条件相似、人类活动不同的流域的分析表明，大规模水土保持和水利工程建设，增加了流域对径流的调节能力，从而减少了径流对气候变化的敏感性（王国庆等，2002）。

在高寒地区的天山伊犁河上游对气候变化的敏感性具有特殊性，主要表现为：①在非冰川区，降水增加10%即可抵消气温升高4℃对径流产生的负面影响。②非冰川区径流对气候变化的反应比冰川区径流变化要强烈。③背景气温越高，径流对降水的敏感性越强，背景降水越小，径流对气温的敏感性越大。④气温升高对高寒区径流的年内分配有较大影响。随着气温的升高，春季径流将明显增加，而其他季节的径流减少，尤其夏季减少最多。径流的这种年内变化表现在径流的峰值提前，且峰值降低，造成春季径流增加（叶柏生等，1996；2001；康尔泗等，1999）。

6.4 人类活动与水资源的关系

水资源是随气候变化而变化的动态资源，由于某一地区的气候是以不同的时间尺度的变化组成的，导致水资源数据量也具有时间尺度的差异，未来的水资源不是过去的重复与外延。除了气候变化对水资源产生显著外，人类活动是另一个对水资源产生重大影响的因素。

伴随社会经济的发展和进步，人类社会由乡村走向城市，逐渐形成了以城市为主要聚集地的生活形式。城市化的含义既是指农业人口不断转变为非农业人口的过程，也是指社会经济变化的过程，包括农业人口非农业化、城市人口规模不断扩张，城市用地不断向郊区扩展，城市数量不断增加以及城市社会、经济、技术变革进入乡村的过程。

6.4.1 城市化及城市气候特征

城市化地区具有鲜明的特征，它是非农业人口高度聚集的区域，是高强度的经济活动区域。城市地区具有特殊的下垫面，完全不同于自然环境的下垫面。

在城市化地区，人类活动的影响首先通过改变下垫面的性质来体现。图6.7是西安市1988—2010年土地利用面积的变化，西安市农业用地大量减少，而城市建筑用地大量增加，其他类型的用地，包括水域、草地、未加利用的土地和林地都变化很小。这种现象充分说明伴随城市化的发展，城市向近郊和乡村扩展，城市不断扩大的事实。

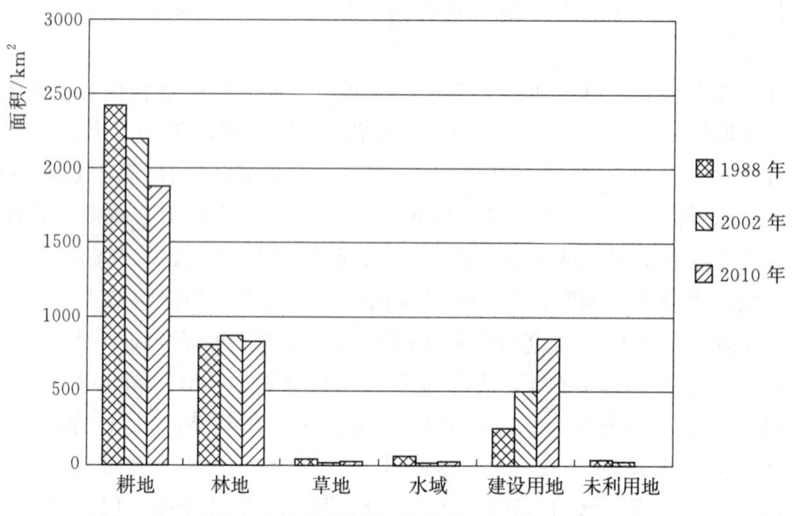

图 6.7　西安市土地利用面积的变化（摘自：舒媛媛，2014）

中国城市化进程可以分为 5 个阶段：①1949—1957 年，是城市化起步发展时期；②1958—1965 年，是城市化的不稳定发展时期；③1966—1978 年，是城市化停滞发展时期；④1978—2000 年，是城市化的稳定快速发展时期；⑤2000 年以后，城市化超高速发展时期。图 6.8 是上海城市化各项指标的变化。除了农业耕地面积有显著减少以外，其他几个指标都显示出快速变化的现象，特别是以 2000 年为节点时，2000 年之前和之后的变化趋势有明显不同，表现为 2000 年之后，城市规模，无论是城市人口、城市道路交通、城市 GDP 和人均 GDP、能源消耗总量和汽车保有量都显示了更快速的增大。这种现象在其他城市同样存在。

在 2016 年，世界城市人口已接近 40 亿，占全球总人口的比例已经超过了 55%。中国城市常住人口由 1981 年的 1.72 亿增加到 2016 年的 7.93 亿，占全国总人口的比例由 20.2%增加至 57.4%。快速的城市化进程使城市气候特征更加明显，城市气候最显著的特点是存在城市热岛、城市干岛、城市湿岛、城市雨岛、城市浑浊岛等效应。

1. 城市热岛效应

城市热岛是指城市气温明显高于郊区及乡村的现象。城市热岛对大气边界层产生扰动，破坏大气层结的稳定性，形成独特的热岛环流（图 6.9）。图 6.9（a）显示出市中心气温与郊区气温相差达 3℃，在白天，人类活动强烈，人为热释放很多，然而，白天的太阳辐射增强，水汽蒸发强烈，形成白天的干上升气流［（图 6.9（b）］。由于郊区气温偏低，市中心的热空气便向郊区流动，以补充那里热量的不足，于是，形成了自城市中心上空流向郊区的局地环流模式。

在图 6.10 中显示的不同年代北京市城郊气温变化图中，城市热岛效应显著增强，20 世纪 60 年代，城市高气温中心不仅范围小，与郊区的温度差异也小；70 年代城市中心的高温区略有增大，但是，城郊气温差异并没有明显增大；城市中心的高温区略有增大，但是，城郊气温差异并没有明显增大；80 年代城市中心的高温区显著增大，城郊气温差异也明显增大；在 90 年代，城市中心的高温区中心和城郊气温差异都显著增大。表明了城市化发展后，城市热岛效应也明显增强。

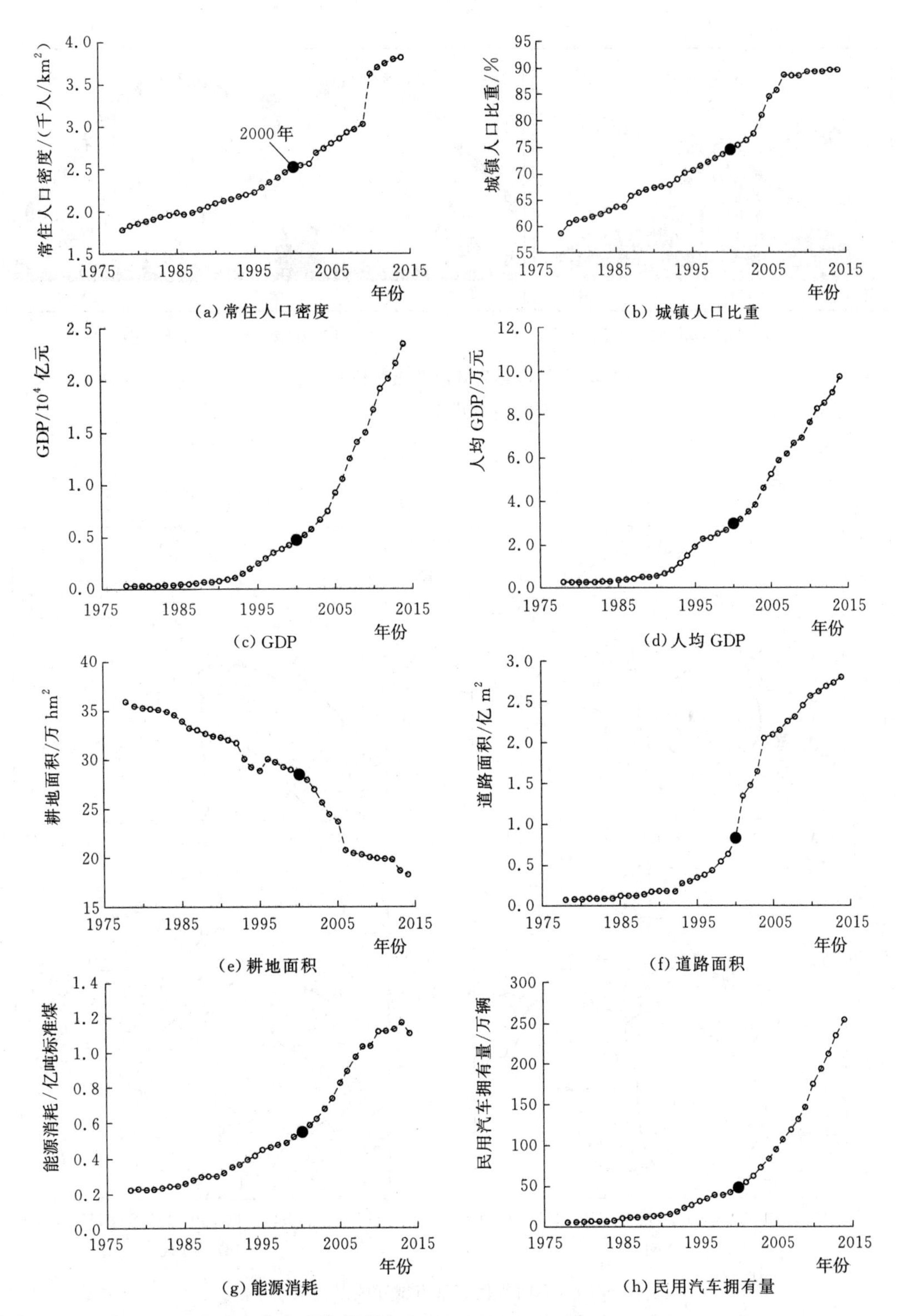

图 6.8 上海城市化各项指标的变化（圆点是 2000 年的数据点，摘自：金义蓉，2017）

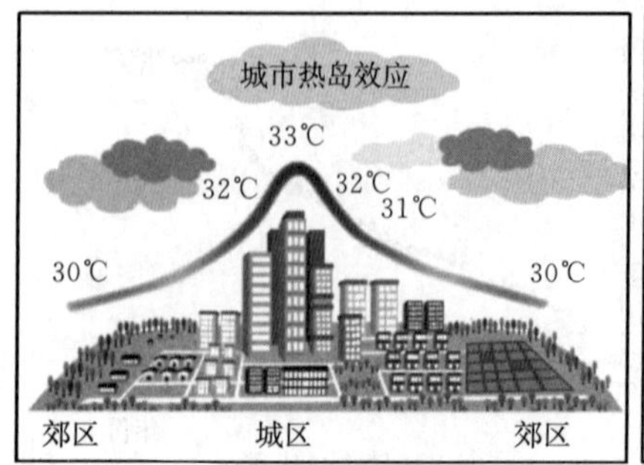

(a) 城市与郊区温度差异

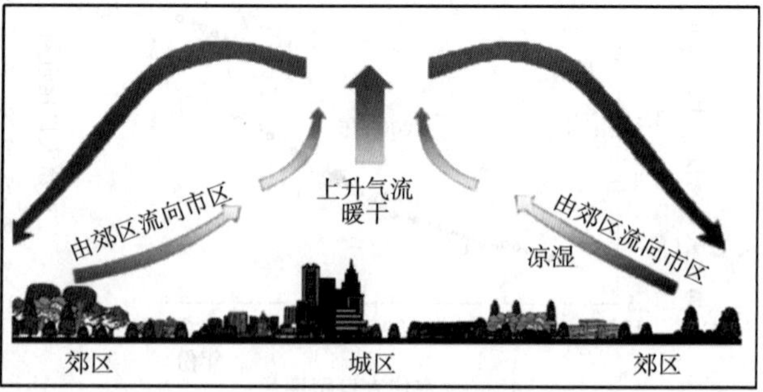

(b) 城市热岛环流示意图

图 6.9 城市热岛效应及热岛环流示意图

（摘自：胡庆芳等，2018）

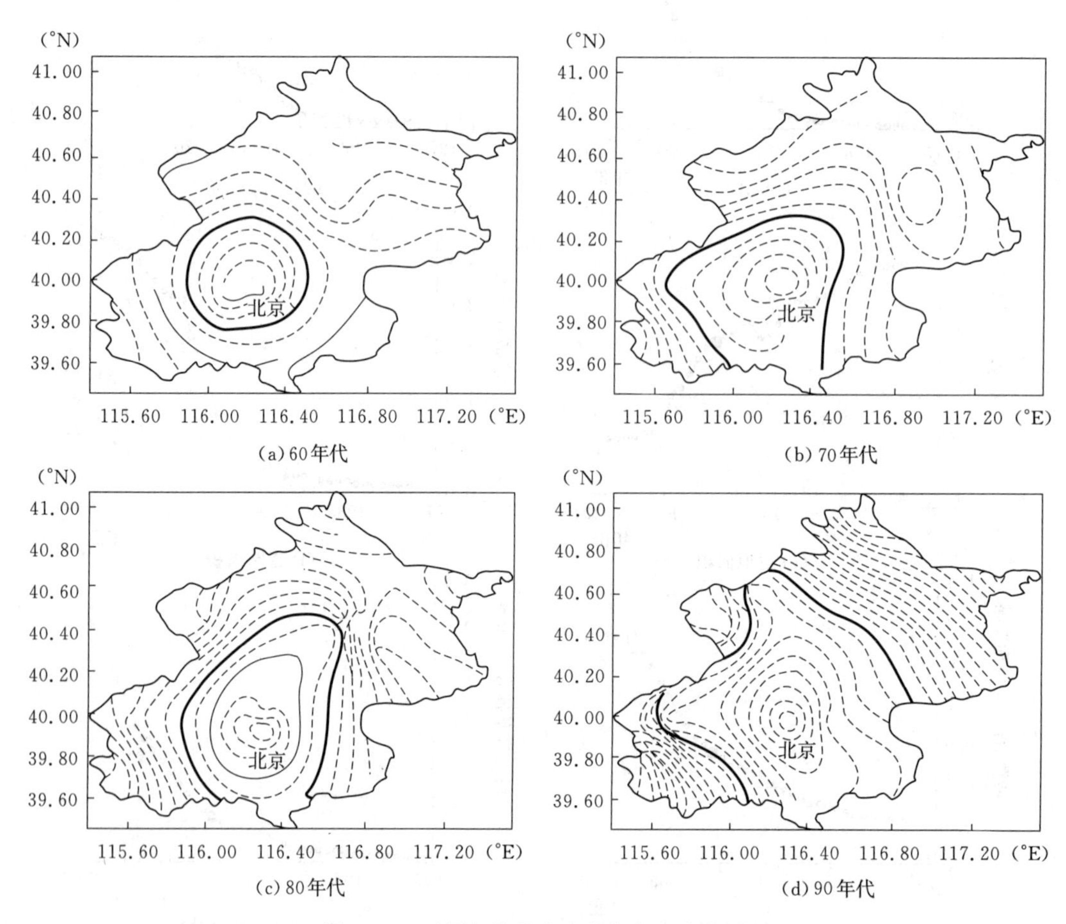

图 6.10 不同年代北京市城郊气温变化图

（每隔 0.1℃画一条等温线，摘自：于淑秋等，2005）

城市热岛效应有日变化和季节差异。图 6.11 显示了北京城市热岛强度在一天中的平均变化幅度和云层效应导致城市热岛强度的变化特征。在 20 点至凌晨 6 点，城市热岛效应最强烈，城郊温差可达 3℃以上；在白天的中午时分，城市热岛强度最小，城效温差仅有 1℃左右；在太阳逐渐升高期间（上午）和太阳逐渐落山期间（下午）是城市热岛强度快速变化的时段［图 6.11（a）］。不同高度的云对北京“城市热岛”强度的影响不同，与低云相比，中、高云的影响较小，可以忽略。在晴天时，城市热岛强度大，被统计天数的城市热岛强度 80％在 2℃以上；阴天时城市热岛强度小，有 80 ％处于 2℃以下［图 6.11（b）］。此外，湿度对北京城市热岛的影响也有一定的统计关系，在低湿度（RH＜40％）和高湿度条件下，城市热岛强度相对比较弱。

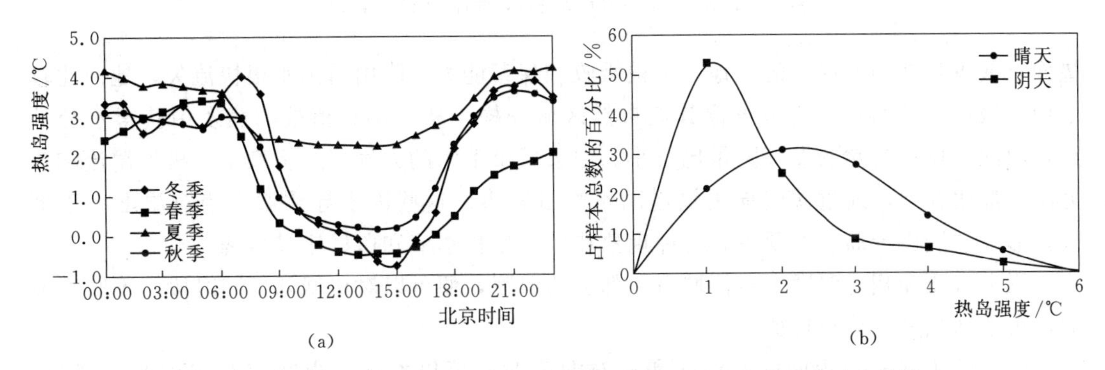

图 6.11 北京市城市热岛强度日变化特征和云量对北京城市热岛强度的影响

（摘自：王全喜等，2006）

上海徐家汇站的周围是建筑物密布的城市中心，奉贤站周围为大片农田，用徐家汇站的代表市中心，用奉贤站代表郊区，两站点气温差值可代表城郊温差。从频率变化看（表 6.11），上海一年中四个季节的城市热岛频率都很高，均在 80％以上，相比之下，秋季城市热岛频率最高，其他三个季节频率相当。从平均强度看，也是秋季最强，其他三个季节相近。从时间变化看，从 20 世纪 60 年代起，上海就存在城市热岛现象（图 6.12），平均城市热岛强度在 0.5℃以下；在 70 年代后期，城市热岛强度增大，平均城市热岛强度在 0.5℃左右变化，这一时期正是城市化进程开始加大的时期；在 90 年代以后，城市热岛强度显著增强，平均城市热岛强度增大到 1.0℃左右；特别是在 2000 年以来，城市热岛平均强度超过了 1.0℃，其中，尤以秋季增加的强度最大，春夏相当。

表 6.11　上海城市热岛季节频率和平均强度（摘自：张艳等，2012）

季节	春季	夏季	秋季	冬季
热岛频率/％	83.7	84.9	90.2	85.3
热岛强度/℃	1.13	1.04	1.31	1.17

2. 城市干岛效应和城市湿岛效应

城市干岛效应和城市热岛效应相伴存在。城市地面多为大面积的水泥辅就的不透水下

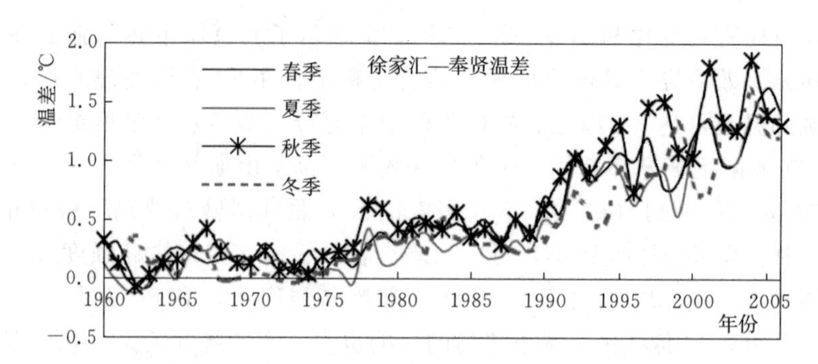

图 6.12　上海市不同季节平均城市与郊区的温差变化
（徐家汇代表城区，奉贤代表郊区，摘自：张艳等，2012）

垫面，缺少自然地面原有的土地及植被吸收和保蓄能力，降雨后雨水很快流失，地面比较干燥。城市近地面的空气很难像其他自然区域一样，从土壤和植被的蒸发中获得水分补给，因此，城市自然蒸发蒸腾量比较小。白天城市上空的大气层结不稳定，机械湍流和热力湍流都比较强，通过湍流向上输送的水汽量较多。这些因子导致城市绝对湿度小于郊区，形成“城市干岛”的现象。这种现象在植物生长季节和白昼比较显著。

用水汽压和相对湿度来表征城市和郊区的湿度，便可以对比城郊不同时段、不同季节的城市干岛强度及分布特征。

同样的方法探讨夜间的水汽压和相对湿度时，可以发现，夜间存在城市湿岛现象。因为夜晚城市缺少了太阳辐射，气温下降很快。在风速小，大气层结稳定的情况下，有大量露水凝结，致使近地面层中的水汽压锐减。城市因有热岛效应，气温较郊区高，水汽凝结量远比郊区小，但是，城市有人为水汽量补充。同时，夜晚大气湍流运动减弱，向上输送的水汽量减少，这些，城市近地面层空气的水汽压反而比郊区大，形成城市湿岛现象。

3. 城市雨岛效应

观测数据显示，在城市中及其下风方向，降水有所增加，夏季增加更明显。从年平均角度看，北京和上海城市降水量比郊区增加 9%左右，杭州和广州增加 8%左右，南京增加 3%～5%。城市有大量建筑群，遇有降水天气过程时，降水系统移动慢，降水时间增加，同时，城市气温高，城市上空的对流运动更加强烈，再加上城市上空污染物较多，使城市上空的大气含有大量的凝结核。例如，上海的降雨分布特征就是以龙华为最大降水中心，越往外降水越少。

随着中国城市化的推进，在中国不同气候带均已检测出城市化增雨效应，城市化确实使城区及下风区雨季降水有较明显增加，并使强降水事件发生频率增加，因而使降水在时空分布上可能更为集中，表 6.12 是上海不同时期城郊降水量的比较，以川沙、南汇、金山、闵行、青浦和嘉定作为郊区站，1960—1979 年，上海市区与郊区等地降水量的差异较小；1980—1999 年，城郊降水量差异增大。但是，城市化对旱季降水的影响相对不明显。例如，上海城市雨岛效应主要存在于 6—9 月的梅雨期和台风雨期间，而秋末到春季没有雨岛现象；广州城市化主要是造成城区大雨、暴雨和大暴雨日数增加。

表 6.12 上海不同历史时期城郊降水差别的比较（摘自：周丽英和杨凯，2001）

测站	1960—1979 年		1980—1999 年	
	降雨量/mm	城郊差别/%	降雨量/mm	城郊差别/%
市区	1067.1	—	1233.5	—
川沙	1059.2	0.7	1232.5	0.1
南汇	1008.5	5.5	1139.1	7.7
金山	982.3	7.9	1112.1	9.8
闵行	1056.3	1.0	1206.2	2.2
青浦	998.2	6.5	1147.2	7.0
嘉定	1026.6	3.8	1167.9	5.3
崇明	984.9	7.7	1121.7	9.1

4. 城市浑浊岛效应

表 6.13 是北京、上海和乌鲁木齐三个城市的太阳辐射和浑浊因子的城郊比较。城市的生产规模和人类活动强度均比郊区大很多，大量的工业废气、汽车尾气排放到空中，不仅严重污染了大气环境，而且使空气的浑浊度增大，进而，使大气中的气溶胶数量大量增加。气溶胶可以强烈地散射太阳辐射，使到达地面的太阳辐射显著减少。作为超大城市的北京和上海，从太阳辐射中得到的总辐射量都是城市小于郊区，而浑浊因子都是城市大于郊区。在乌鲁木齐，这种现象同样存在。然而，乌鲁木齐与北京和上海相比，浑浊程度是偏小的，这也说明了超级大的城市与一般大城市相比，空气质量更差。

表 6.13 不同地区太阳辐射和浑浊因子的城郊比较（摘自：高绍凤等，2004）

分　类	北　京		上　海		乌鲁木齐	
	古观象台（城区）	北京台（郊区）	龙华（城区）	宝山（郊区）	幸福路（城区）	种蓄场（郊区）
总辐射 Q	5118.69	5472.81	4571.78	4860.59	5141.66	6971.12
散射辐射 D	2376.91	2601.50	2345.79	2379.84	2194.73	2606.43
直接辐射 S	3053.02	3549.46	2225.99	2480.75	2946.94	4364.69
D/Q/%	46.44	47.53	51.31	48.96	57.31	62.61
S/Q/%	59.64	64.86	48.69	51.04	42.69	37.39
浑浊因子（D/S）	0.78	0.73	1.05	0.91	0.74	0.60

6.4.2 人类活动对径流的影响

河川径流是气候条件与流域下垫面综合作用的产物，径流不仅受人类活动强度影响显著，而且对气候变化响应敏感。河川径流源于降水，气候条件的变化直接影响到河川径流的丰枯，但是，人类活动已经显著影响了气候变化，因此，不可避免地影响到河川径流变化。

在实测径流变化中已经同时包含了气候变化和人类活动的综合影响，如何科学定量地界定两者对河川径流的影响，不仅是水文气象学中的科学问题，也是目前研究人员面临的难题。随着全球气候变化和人类活动的加剧，全球许多地区的河川径流发生了显著变化。剖析人类活动与气候自然变化对径流的影响，对流域管理和社会经济的可持续发展有着重要作用。

人类活动通过改变流域下垫面而影响产汇流机制，进而对河川径流产生影响（王国庆，2008）。目前，根据不同人类活动作用情况及流域尺度大小，分别采用相似降雨对比方法、相似流域对比试验方法、分项计算组合方法等途径，分析人类活动对河川径流的影响（张胜利等，1998；汪岗和范昭，2002；陈江南等，1998）。

不同方法优劣不同。对于相似降雨对比方法应用，其前提是研究流域有较长的实测水文气象资料，这样可通过对比分析相似降水条件下的水文变化揭示人类活动的影响。但其难点是不容易寻求包括降水量、降水强度及其空间分布均相似的降水条件。对于相似流域对比试验方法，要求在同一气候区内，平行选择相邻的试验流域，其中一个流域保持原状，另一个流域进行一定规模的人类活动，通过对比这两个流域内水文变量的差异，进而分析人类活动对流域水文的影响。该方法的弊端是只适用于小流域，并且试验成本过高。对于分项计算组合方法，是基于不同人类活动类型（造林、种草、梯田修建）对水文影响的试验成果，通过调查研究流域内人类活动强度（各种水土保持措施面积），叠加得到人类活动对径流量的影响。该方法的局限性在于将小区试验指标移用到中大尺度流域，必须解决尺度差异的影响。

还有三种方法也可以分析人类活动对径流的影响（王国庆，2008）。

1. 天然水文序列阶段划分方法

由于人类活动对流域不同强度的扰动，水文序列将呈现阶段性或趋势性的变化。为在一定程度上消除由于降水变化对流域水文的影响，以年径流系数序列为研究对象，分析由于人类活动影响引起的流域水文变化的阶段性。受人类活动或气候变化显著影响后的水文序列在某种意义上异于原天然序列，在“类”的角度上，可将影响后的序列和原有序列（天然序列）视为两类，利用有序聚类分析法推估水文序列的可能显著的干扰点，其实质就是推求最优分割点，使同类之间的离差平方和最小，而类与类之间的离差平方和相对较大。

一般的，若序列有两个明显的阶段性过程，则总离差平方和的时序变化呈现单谷底现象；若有两个以上的明显阶段性过程，则总离差平方和的时序变化有两个以上的谷底，这样，可以根据谷底发生的时间划分序列变化的阶段。

2. 流域水文模拟估算

概念性流域水文模型是20世纪中期发展起来的用于水文预报、水资源评价等方面的有效工具。近些年来，基于物理过程简化的概念性流域水文模型也逐渐应用到环境变化的影响研究中。一般根据流域的地理及气候条件，首先选取适宜的水文模型，利用天然时期的气象水文资料率定模型参数，然后保持模型参数不变，将人类活动作用时期的气象资料输入模型，进而得到人类活动影响期间的天然径流量。

在此以黄河中游河龙区间左岸的一级支流——三川河为代表，阐述这个方法的评估过程（王国庆，2008）。三川河发源于山西省方山县东北赤尖岭，流经方山、离石、中阳、柳林四县区，在柳林县石西乡上庄村注入黄河，全长176.4km，平均比降为42.9‰，流域面积 161km^2。三川河流域水系呈树枝状，主要支流有北川、东川和南川。后大成水文站是三川河流域的出口控制站，控制面积 4102 km^2。三川河流域地处黄土丘陵沟壑区和土石山区，上游土石山区为天然林覆盖，植被较好，中下游黄土丘陵沟壑区植被稀疏。自20 世纪 70 年代以来，三川河流域水利化程度提高显著，截止到 1999 年，流域内共修建中小型水库 6 座，总库容达到 3470 万 m^3，修建骨干工程 44 座，总控制面积 796km^2，淤地坝 1950 座，谷坊 521 道，水窖 11667 眼，修建梯田 37137hm^2，造林 75891hm^2，种草 1810hm^2，淤成坝地 4544hm^2。治理面积约占流域面积的 28.7%。表明人类活动对该流域干扰相当严重。

首先采用有序聚类的方法计算三川河流域年径流系数的离差平方和变化过程，年径流系数的离差平方和变化过程呈现单谷变化，因此，判定谷底对应年份为 1971 年，以此作为流域天然时期与非天然时期的分界点。

选取 SIMHYD 水文模型，利用 1971 年之前的水文气象资料率定并检验模型，为消除模型中间状态变量初始值人为给定的影响，资料的前 3 年作为预热期，选用 Nash - Sutcliffe 模型效率系数 R^2 和模拟总量相对误差 R_e 为目标函数，对 SIMHYD 模型进行率定。实测与模拟径流过程最大相对误差不超过 15%，平均相对误差也均小于 3%。说明模型拟合效果较好。

表 6.14　　环境变化对三川河流域径流量的影响评估（摘自：王国庆，2008）

起止时间	实测值 /mm	计算值 /mm	总减少量 /mm	气候因素		人类活动因素	
				减少量 /mm	贡献率 /%	减少量 /mm	贡献率 /%
背景值	83.28	83.31					
1970—1979 年	60.34	77.82	22.94	5.49	23.90	17.45	76.10
1980—1989 年	46.63	74.76	36.66	8.55	23.30	28.11	76.70
1990—2000 年	39.38	66.71	43.90	16.60	37.80	27.30	62.20
1970—2000 年	48.48	72.89	34.80	10.42	29.90	24.38	70.10

以 1971 年以前的径流量作为基准径流（即表 6.14 的背景值），1971 年以后的径流为人类活动影响和气候变化后的径流量。可以看出：①三川河流域实测径流量具有明显的递减趋势，其中 1990—2002 年的年均径流量不到基准值的 50%。②不同时期人类活动和气候变化对径流的影响程度不同，气候因素对径流量的影响程度呈增加趋势，例如，在 20世纪 90 年代，受气候变化影响的径流减少量（16.6mm）基本是 70 年代相应减少量（5.49mm）的 3 倍。③人类活动对径流的绝对影响量也基本呈增加趋势，在 20 世纪 70 年代，人类活动影响的径流减少量为 17.45mm，而在 80—90 年代，相应的绝对影响量均在28mm 左右。④平均而言，人类活动和气候变化对径流的影响量约占径流总减少量的29.9%和 70.1%，可以认为人类活动是三川河流域近些年径流减少的主要原因。

目前，水文模型已有许多种，都可以用于估算人类活动的影响。只要按上述方法操作，便可实现目标。

3. 气候变化和人类活动对径流影响分离方法

以流域天然时期的实测径流量作为基准值，用实测径流减去基准期径流，其变化部分可以认为包括两个部分，其一为人类活动影响部分，其二为气候变化影响部分。人类活动和气候变化对流域径流影响的分割方法如下：

$$\Delta W_T = W_{HR} - W_B \tag{6.1}$$

$$\Delta W_H = W_{HR} - W_{HN} \tag{6.2}$$

$$\Delta W_C = W_{HN} - W_B \tag{6.3}$$

$$\eta_T = \frac{\Delta W_C}{\Delta W_T} \times 100\% \tag{6.4}$$

$$\eta_C = \frac{\Delta W_C}{\Delta W_T} \times 100\% \tag{6.5}$$

式中：ΔW_T 为径流变化总量；ΔW_H 为人类活动对径流的影响量；ΔW_C 为气候变化对径流的影响量；W_B 为天然时期的径流量；W_{HR} 为人类活动影响时期的实测径流量；W_{HN} 为人类活动影响时期的天然径流量；η_T、η_C分别为人类活动和气候变化对径流影响百分比。

即使已经有了一些方法可以计算出人类活动的影响，但是，仍存在两个需要解决的关键问题：①如何界定人类活动影响时期；②天然径流还原的可信度如何。若这两个问题不能得到较好解决，对同一流域分析的结果可能差异很大，甚至结论相反。

表 6.15 是对松花江流域不同时期降水和人类活动对径流变化的贡献率。在这个例子中，不考虑蒸散对径流量的影响，仅考虑降水量和人类活动两个因素，则松花江径流量变化的主要控制因素就简化为降水量及人类活动两个因素。

表 6.15　松花江流域不同时期降水和人类活动对径流变化的贡献率

（摘自：王彦君等，2015）

时期/年	水文站名	径流量/$10^8 m^3$	降水量/mm	降水贡献/%	人类活动贡献/%
1955—1963	库漠屯	73.41	532.77		
1964—1982		41.78	470.84	27.0	73.0
1983—1993		70.27	541.87	−39.9	139.9
1994—2005		49.20	507.90	14.2	85.8
1955—1963	江桥	288.6	523.0		
1964—1982		152.2	452.4	28.5	71.5
1983—1993		250.7	521.2	2.6	97.4
1994—2005		130.9	444.2	27.6	72.4
1955—1963	大赉	328.3	510.6		
1964—1982		154.4	441.1	25.7	74.3
1983—1993		264.2	506.6	4.0	96.0
1994—2005		110.8	424.7	25.4	74.6
1955—1963	哈尔滨	506.4	540.3		
1964—1982		346.8	480.9	34.8	65.2

续表

时期/年	水文站名	径流量/$10^8 m^3$	降水量/mm	降水贡献/%	人类活动贡献/%
1983—1993		470.3	537.9	6.3	93.7
1994—2005		270.4	465.9	29.5	70.5
1955—1963	通河	600.5	545.5		
1964—1982		367.0	486.0	28.1	71.9
1983—1993		522.4	545.4	0.1	99.9
1994—2005		228.4	399.5	43.2	56.8
1955—1963	佳木斯	822.0	562.1		
1964—1982		521.8	493.6	33.4	66.6
1983—1993		722.5	555.3	10.1	89.9
1994—2005		434.7	485.7	28.1	71.9

将1955—2005年整个时期划分为4个阶段（表6.15），在松花江流域的不同时期，人类活动对径流变化的影响存在差异。库漠屯是嫩江最上游的水文站，控制流域范围的地形以山区为主，观测数据起始时间偏晚，其他水文站的观测数据均始于1955年，库漠屯降水量数据始于1967年，所以该站降水量插值存在一定误差。在1983—1993年径流量仅比1955—1963年偏少$3.14\times10^8 m^3$，不足总量的5%，所以这个时期人类活动对径流量变化的贡献率为139.9%，存在误差，降水量的贡献为负值，也是错误的。但是，其他水文站的数据存在相当的可信度。

对松花江径流量评估结果显示出多数地区人类活动的影响是主要因素。自20世纪60年代开始，松花江流域的人口不断增加，同时开展各类水土保持活动，使得人类活动的影响显著增强。在表6.15中也显示了从1964年开始的后三个时段，人类活动的影响都比较大，特别是在1983—1999年，人类活动的影响在所有站点中都是最大值，均超过了90%，表明在社会经济发展最强烈时期，人类活动对径流影响最强烈。在1999—2005年，人类活动影响下降，表明社会开始注意减少人类活动对气候的干扰，这一数值下降也是可能的。

第7章　气候变化趋势预估和径流预测

7.1　全球和区域气候模式介绍

气候系统包括一系列复杂的相互作用过程和反馈机制，深入理解气候的形成机制和变化规律是开展气候预测的前提。气候系统的表现及其发展遵循着自然界普遍的物理规律，并且它的演变过程可以由一组基于物理定律的控制方程组来表示。但是由于描述气候系统的数学物理方程具有复杂性和高度的非线性，目前无法通过解析方法对上述方程进行求解。数值计算的方法为上述方程的求解提供了新的途径，并且逐渐开辟了气候数值模拟的新领域。本章将简要介绍全球气候模式、区域气候模式，以及模式对未来气候的预测结果。

7.1.1　全球气候模式

气候模式以描写气候系统的基本方程为基础，详细考虑了有关气候系统不同分量的动力、热力、物理、化学过程，从而能够对气候系统进行更加全面、合理的描述。大气环流模式（AGCM）通常采用大气原始方程组来描述大气运动，并且通过方程组进行求解，从而得到温度、气压、湿度、风速等气象要素变量。模式方程组提供了描述大气运动的动力学框架，这是建立大气环流模式的基础，但是在设计大气模式时，需要考虑方程的坐标变换、方程的变形等，并且通过数值计算方法求解模式基本方程组的数值解。为了求得大气运动方程的数值解，首先需要对模式的基本方程组进行空间和时间的离散化。

通常将大气沿垂直方向划分为若干层，预报量定义在各层中间或者层与层的交界面上，这就是垂直离散化。模式的垂直分层反映了模式的分辨率，早期的AGCM将大气分成几层，而现在的垂直分层通常为几十层。模式水平离散化方法通常由“格点法”和“谱”方法两种。“格点法”通常将变量的水平空间变化由一张覆盖全球的网格点表示，用格点上变量的差分形式代替微分，最终用差分方程代替微分方程，模式的水平分辨率由网格距表示，格距越小，模式的水平分辨率越高。“谱”方法则是将变量的水平空间变化表示为有限个基函数的线性组合，将变量用球谐函数展开，并利用球谐函数的正交性质，将微分方程转变为可以进行数值求解的预报方程，模式的水平分辨率通常由截断波数来反映，截断波数越大，模式的分辨率越高。模式的时间离散化是将模式变量表示在不同时刻的值，两个相邻时刻的时间间隔称为模式的时间积分步长，给定预报量在某一时刻的值(初始条件)，利用模式方程组按一定时间步长外推，就能求得他们在任意时刻的值。

7.1.2　全球大气模式（CAM5）

在过去近20年里，美国大气研究中心（National Center for Atmosphere Research，NCAR）先后发展了一系列的公用气候模式（Community Climate Model，CCM）。最早的CCM系列模式为CCM0，是从Australian谱模式发展而来的，第二代CCM模式

(CCM1）于1987年发布，并且引入了一个垂直有限差分技术作为动力内核，修改了水平和垂直扩散过程和表面的能量平衡过程。第三代CCM2模式于1992年发布，完善了主要气候过程的模拟能力，包括云和辐射、湿对流过程、陆面过程、行星边界层和能量传输过程等方面。第四代CCM3模式增加了部分物理过程参数化，对动力框架进行了少许修改，包括CCM3的辐射收支，水循环和热力结构、极地气候模拟和动力过程均进行了检验，结果表明CCM3能够较好地描述大气的基本特征，特别是对大气环流的大尺度特征和季节循环有较高的模拟能力。CAM5是NCAR最新独立开发的一款全球大气模式，它可以选择三种动力核心方案，分别是欧拉谱模式内核、半拉格朗日内核和有限元内核。其中欧拉谱模式主要包括T85、T65、T42、T31等谱模式分辨率，垂直方向上采用了混合坐标，近地面采用σ坐标，中间采用过渡层σ-P坐标，上层采用纯P坐标（图7.1），模式分为26层，模式层顶高度约为2.917mb。在微物理方案上CAM5也有较大的更新，可以描述云滴和冰粒的质量浓度和数目浓度（Morrison和Gettelman，2008），并且能够更好地模拟层云—扰动—辐射的相互作用。CAM的运转已有不短的历史，是最具有代表性的AGCM之一，在大气科学研究领域被广泛使用。

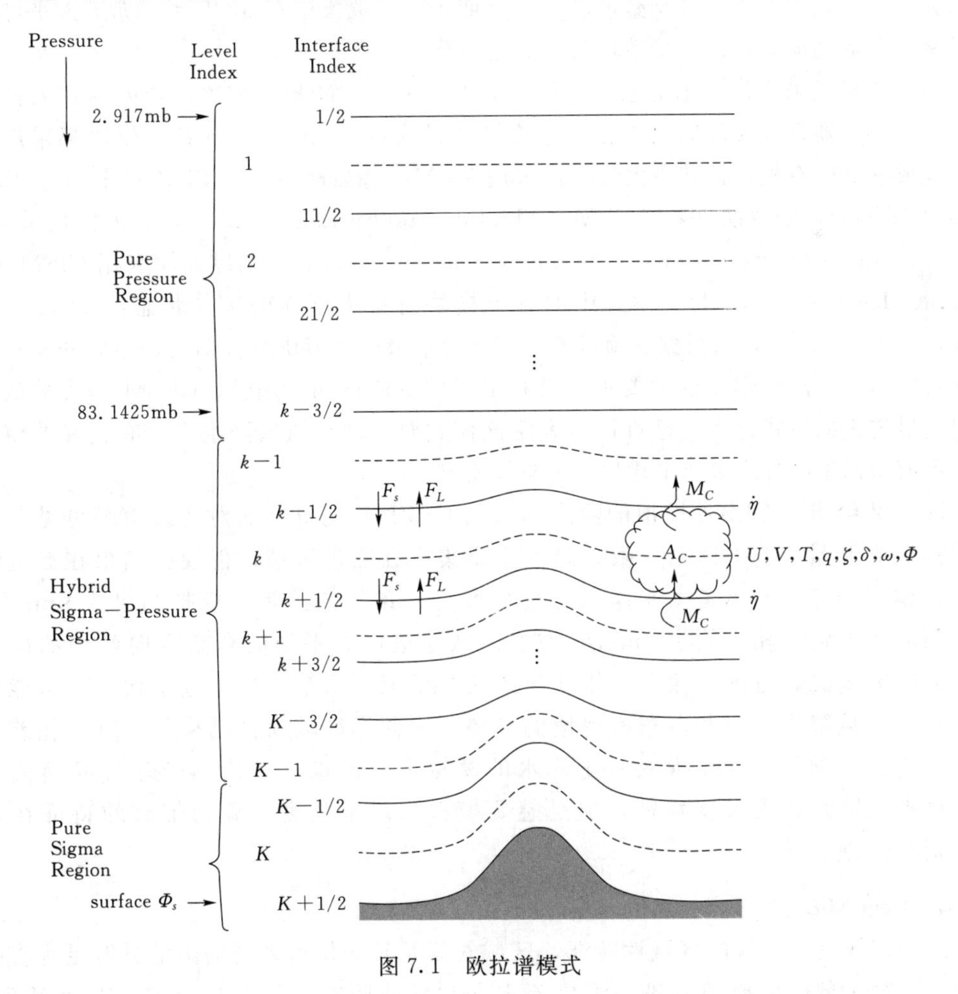

图7.1 欧拉谱模式

7.1.3　通用地球系统模式（CESM）

气候模式自早期的大气环流模式开始，经历了由简单到复杂的发展和完善过程，气候模式所关注的对象也从大地气开始向海洋、冰雪、陆面等气候系统分量转变。国际上对地球科学数值模式的高度重视极大地促进了目前地球系统模式的快速开发应用，其中最具代表性的有：美国“共同体气候系统模式发展计划”（The Community Climate System Model，CCSM）和“地球系统模拟框架计划”（The Earth System Modeling Framework，ESMF）。通用地球系统模式（The Community Earth System Model，CESM）是美国国家大气研究中心（NCAR）在2010年6月推出的地球系统耦合模式，对解决地球系统建模中所涉及的新挑战和新问题具有很大的帮助。它是在CCSM4.0基础上发展的地球系统模式，与上一代模式相比，CESM在参数化方案、资料库等很多方面有了改进。如大气模块中采用了新的湿湍流方案可以更好模拟层云中的气溶胶作用；新的浅对流方案可以更好模拟浅对流活动；海洋模块中也增加了新的涡通量参数化方案等。另外，CESM新增了陆冰模块，可以模拟冰川活动。研究表明，CESM模式在ENSO的模拟方面较CCSM3有明显改进，表现在Nino3指数的功率谱周期主要峰值集中在3～6年，赤道太平洋海温异常呈一年周期振荡，这些特性均与实况更相符。

CESM模式采用模块化框架，主体由大气、海洋、陆地、海冰、陆冰等几大模块组成，并由耦合器管理模块间的数据信息交换和模式运行。CESM的各个模块都采用现阶段比较成熟的既有模式，其中大气模块采用CAM，海洋模块采用POP（The Parallel Ocean Program），陆地模块采用CLM（The Community Land Model），海冰模块采用CICE（The Los Alamos National Laboratory Sea - ice Model），陆冰模块采用CISM（The Climmer Ice Sheet Model）。模式中的各个模块有集中不同的工作状态：active，data，dead，stub。CESM可以根据试验目的的试验要求来选择模块组合形式，不同的模块组合方式可以满足不同科学试验的要求，具有很强的灵活性和通用性。CESM模式被认为是世界上最先进的模式之一，已有评估表明该模式对亚洲季风区降水变化有较好的模拟能力，可模拟出中国降水多年平均的主要空间模态。

图7.2给出了CESM模拟的降水结果与GPCP观测资料的对比。由图可见，模拟结果的分布和量级与GPCP一致，降水主要集中在热带区域，但模拟结果在赤道辐合带区域偏多明显。在赤道太平洋以北至5°N有一条纬向雨带，模拟结果为9mm/d以上，与GPCP资料相比偏多2mm/d左右。从赤道西太平洋向东南方向延伸的雨带强度较GPCP偏强，范围也偏大。印度洋区域的模拟结果东西分布过于均一，未能很好模拟出该区域降水由西北向东南递增的趋势，大西洋区域模拟结果与GPCP相差不明显。值得指出的是，气候模式对于降水的模拟十分困难，目前的全球气候模式基本可以模拟出降水的大尺度特征，但是想要模拟出降水强度等更为细致的特征在短时间内很难实现。

7.1.4　RegCM模式

由于气候具有明显的区域性特征，区域气候及其变化对人类的生活具有更为直接的影响，比如区域性的暴雨洪涝、干旱等灾害常常威胁着人类的生存安全与生活质量。

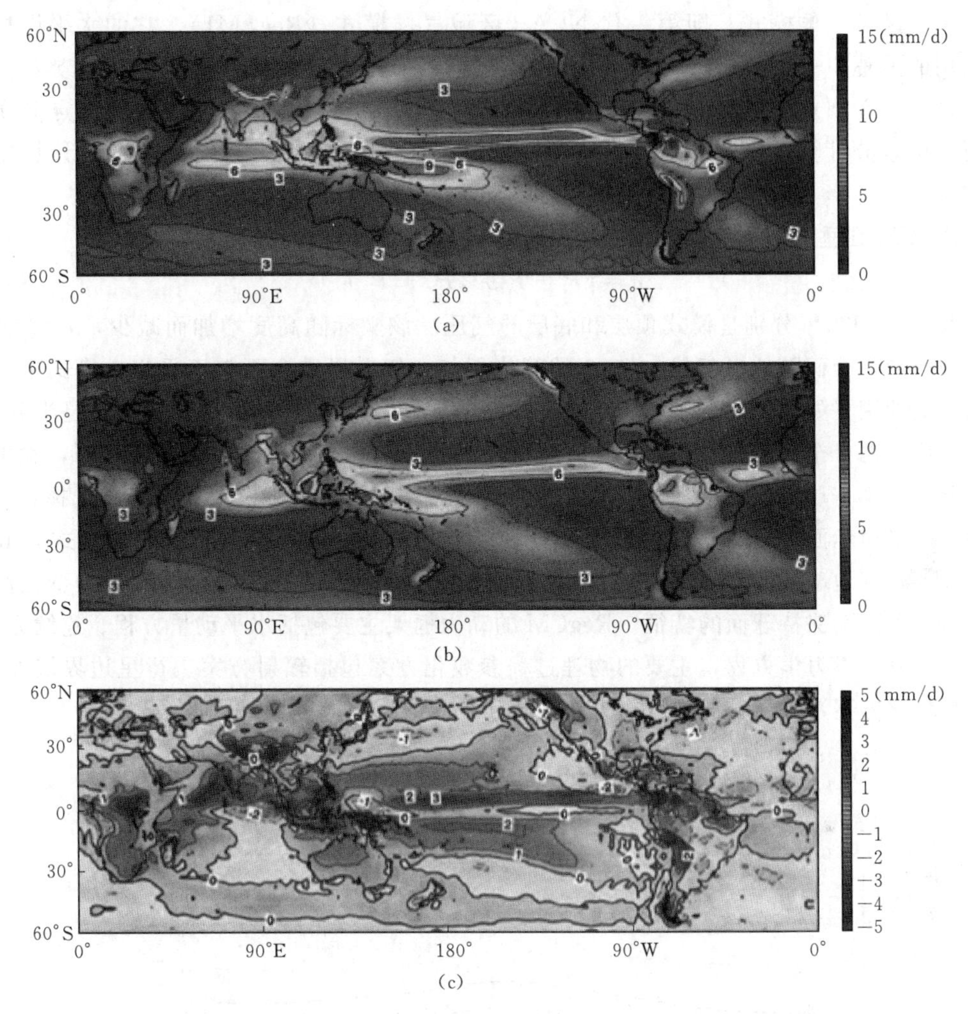

图 7.2　CESM 模拟的降水、GPCP 观测资料水资料以及两者之差

因此，对区域气候及其变化的研究引起了人们的极大关注，区域气候模拟也日益成为全球变化问题中关键性的科学问题。区域气候预测的数值模式一般采用全球模式嵌套一个区域细网格模式，或者用全球模式作出预测后，采用一个降尺度（downscaling）的统计方法来获得小范围的气候特征。Giorgi 等（1987）和 Dickinson 等（1989）的研究指出：大尺度的大气运动对中小尺度特征的模拟有较大的控制甚至支配作用。因此用准确的大尺度分析资料给区域模式提供较准确的初始条件和边界条件对区域模式的模拟很重要。与全球模式相比，区域气候模式的分辨率有了很大的提高，模式能够细致地描述一些区域性信息，并且可以显著地改进对气候空间分布的模拟，已成为研究区域气候变化的重要途径。

目前用于气候模拟的区域气候模式有很多，如 RegCM、RIEMS、RAMS、WRF 等，其中 NCAR 的 RegCM 是应用最广的区域气候模式之一。Dickinson 等和 Giorgi 等（1993）将改进的有限区域中尺度气象模式（LAM）与全球模式 GCM 单项耦合，发展了第一个区域气候模式，即第一代 NCAR 区域气候模式（RegCM1）。它的水平网格分布采用的是荒川-B（Arakawa-B）格式。即将水平格点分为叉点和圆点两种类型，动量变量定义在圆点上，而其他变量定义在叉点上。实际应用中变量的这种跳点分布形式便于作差分计算，简化差分格式，因而减少计算量，对气压梯度和散度的计算精度比较高。

RegCM 在垂直方向上使用的地形坐标 σ，σ 和气压 P 的关系是

$$\sigma=(P-P_t)/(P_s-P_t) \tag{7.1}$$

其中 P_t 和 P_s 分别是模式顶层和底层的气压。该坐标随高度增加而减少，$\sigma=1$ 的等值面与地形重合而随地形起伏，$\sigma=0$ 的等值面与大气上界重合而趋于平坦。模式中垂直方向离散的网格如图 7.3 所示，图中有两类垂直分层，一类是全 σ 层，另一类是半 σ 层。半 σ 层位于两个全 σ 层的中点处。模式中分布于半 σ 层和全 σ 层的变量各不相同，除垂直速度分布在半 σ 层，所有其他的变量都分布在全 σ 层。模式的地图投影有 4 种选择：半毂特投影、极射赤面投影、麦卡托投影和旋转麦卡托投影。地图投影系数的表达式为 m=(格点距离)/(地球上的实际距离)。在局部范围内，$dx=dy$，但格距会随纬度的变化而变化，以在平面上保持球面的特征。RegCM 的动力框架主要包括水平动量方程、连续方程、热力学方程和静力学方程，主要的物理过程参数化方案包括辐射方案、行星边界层方案、积云参数化方案，海洋通量参数化方案、气压梯度方案以及陆面过程方案。

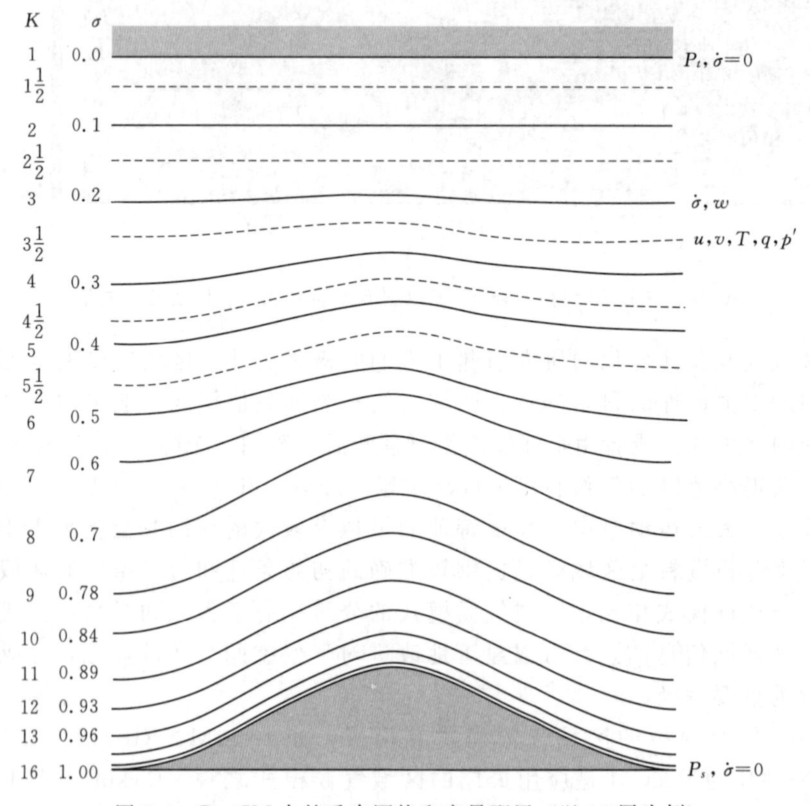

图 7.3　RegCM 中的垂直网格和变量配置（以 16 层为例）

7.1.5 WRF 模式

WRF（Weather Research and Forecasting Model）模式是新一代高分辨率中尺度模式，该模式是由美国国家大气研究中心（NCAR）中小尺度气象部（MMM）、美国国家大气海洋局（NOAA）预报系统试验室、国家大气环境研究中心（FLS）预报研究处（FRD）和俄克拉荷马大学（OU）暴雨分析预报中心（CAPS）四部门于 1997 年联合发起，诸多单位共同参与了研发工作，重点用于开展分辨率为 1～10km 内的数值模拟。WRF 模式是开源的数值天气预报模式，免费对外发布。模式结合了先进的数值方法和资料同化技术，采用经过改进的物理过程方案，同时具有多重嵌套及易于定位于不同地理位置的能力。它很好地适应了从理想化的研究到业务预报等应用的需要，并具有便于进一步加强完善的灵活性。与 MM5 模式相比，WRF 模式作为新一代高分辨率中尺度数值模式具有以下优点：①MM5 所采用的地形跟随坐标在模拟陡峭地形时会出现虚假环流（Michalakes 等，1999）；②支持更高的网格分辨率，并采用了 Arakawa－C 网格，能够提供更接近实际情况的加热和冷却模式，有利于提高高分辨率数值模拟的准确性；③耗散项更小，提供更复杂且更精确的顶边界条件，在更大的时间步长下能够保证计算的稳定性；④在中小尺度系统的细节刻画和演变机制上体现出一定的优越性，且具有可移植、易维护、可扩充、高效率等诸多优点。

为了使其适用于不同目的，WRF 模式的动力框架按照规范化、模块化和标准化的原则设计，采用了三种不同的方案。前两个方案都采用时间显式方案来求解动力方程组，即模式中垂直高频波的求解采用隐式方案，其他波动求解则采用显式方案。WRF 是一个完全可压缩非静力模式，其控制方程组均写为通量形式。WRF 模式使新的科研成果运用于业务预报模式更为便捷，并使得科技人员在大学、科研单位及业务部门之间的交流变得更加容易，目前已成为改进从云尺度到天气尺度等不同尺度重要天气特征预报精度的工具。

WRF 模式分为研究用 ARW（the Advanced Research WRF）和业务用 NMM（the Nonhydrostatic Mesoscale Model）两种形式。该模式中包括了辐射过程、边界层参数化过程、对流参数化过程、次网格湍流扩散过程以及微物理过程等。网格采用有利于高分辨率模拟中提高准确性的 ArakawaC 格点，质量坐标框架（ARW，EM）采用地形追随静力气压垂直坐标，3 阶 Runge－Kutta 显式时间差分方案，5 阶或 6 阶平流差分方案，质量、动量及其标量守恒，应用通量形式的诊断方程。

WRF 模式分为数据预处理、模式前处理系统、模式系统主题部分和模式后处理及可视化 4 个步骤。数据预处理部分主要是指准备模式运行所必需的数据，包括模拟区域内的地形、植被等静态数据以及背景场数据等，例如 GFS、GEM 等格点数据。并且还包括常规以及非常规观测资料的处理过程。

WRF 模式的前处理系统即 WPS 部分，主要用于实时数值模拟。包括：①定义模拟区域（geogrid）；②插值地形数据（如地势、土地类型以及土壤类型）到模拟区域（ungrib）；③从其他模式结果中细致网格以及插值气象数据到该模拟区域（metgrid）。模式的主体部分是模式系统的关键，它由几个理想化，实时同化以及数值积分的初始化程序组成。主要完成根据不同的物理过程选择适当的方案进行预报或模拟工作。WRF 模式拥有更为完善的物理过程，尤其是对流和中尺度降水过程。后处理部分包括 RIP4、NCL 以及为使用其他作图软件包如 GrADS 和 Vis5D 的转换程序，用以将模式系统结果进行处理、诊断并显示出来。

WRF 模式中有单向嵌套（1-way）和双向嵌套（2-way）两种选择。单向嵌套方案中，大尺度和小尺度的大气运动被分开来计算，两者之间没有沟通；双向嵌套方案考虑了小尺度大气运动对大尺度大气运动的反馈，并且同时考虑了不同波形在粗细边界中的数值震荡和反射带来的影响。粗网格（Coarse Grid）和细网格（Fine Grid Zone 1，2）同时运算。在每个时间步长，粗网格从模式外部得到边界条件，进行积分计算；然后把计算结果传递给细网格作为边界条件，细网格在同一个时间步长里进行积分计算；同时细网格将计算结果反馈给粗网格。根据风电场功率预测实际需要，在实时预报模式中采用双向嵌套方式。WRF 模式在时间积分方面采用三阶或者四阶的 Runge-Kutta 差分方案。对不同频率的天气现象采用不同时间步长积分，例如较高频的声波或蓝姆波使用较短的时间步长，而低频的重力波或 Rossby 波则使用较大的时间步长，因此可容许较大的积分时间步长，在保证计算稳定性的同时大大提高了计算效率。Runge-Kutta 每个时间步长的积分过程分为三个步骤，虽然 3 阶的 Runge-Kutta 的计算步骤较多，但是可以得到更准确、更稳定的计算结果。Runge-Kutta 时间差分法同时允许较高阶的空间差分。

7.2 气候变化预估

联合国政府间气候变化专门委员会（IPCC）是由世界气象组织（WMO）和联合国环境规划署（UNEP）于 1988 年联合建立的，其主要职责是评估有关气候变化问题的科学信息以及评价气候变化的环境和社会经济后果，并制定现实的应对策略。自成立起，IPCC 撰写了一系列评估报告（1990 年、1995 年、2001 年、2007 年、2013 年）、特别报告、技术文件、方法报告，这些报告已经成为标准参考资料被决策者、科学家、专家和学生广泛引用。2013 年 9 月 30 日，在瑞典首都斯德哥尔摩，联合国政府间气候变化专门委员会通过了《第五次评估报告》（AR5）。报告考虑了气候变化的新证据，这些新证据建立在对气候系统观测、古气候档案、气候过程理论研究和气候模式模拟等的独立科学分析基础之上。

其中，IPCC 第一工作组（WGI）对气候变化的预估需要关于未来温室气体排放的浓度、气溶胶以及其他气候驱动因子的信息。目前定义了一套新的 4 个情景，称为典型浓度路径（RCPs）。这 4 个情景中，一个为极低强迫水平的减缓情景（RCP2.6），两个为中等稳定化情景（RCP4.5 和 RCP6.0），一个为温室气体排放非常高的情景（RCP8.5）。大多数 CMIP5 和地球系统模式模拟都按规定的 CO_2 浓度运行，即到 2100 年大约为 421ppm（RCP2.6）、538ppm（RCP4.5）、670ppm（RCP6.0）和 936ppm（RCP8.5）。

AR5 报告指出，气候系统的变暖是毋庸置疑的，自 20 世纪 50 年代以来，观测到的许多变化在几十年乃至上千年的时间里都是前所未有的。全球平均陆地和海洋表面温度的线性趋势计算结果表明，在 1880—2012 年温度升高了 0.85℃。基于现有的一个单一最长数据集，1850—1900 年和 2003—2012 年的平均温度之间的总升温幅度为

0.78℃。与1850—1900年平均值相比，预估到21世纪末全球表面温度变化在RCP4.5、RCP6.0和RCP8.5情景下可能都超过1.5℃（高信度）。在RCP6.0和RCP8.5情景下，升温可能超过2℃（高信度），在RCP4.5情景下多半可能超过2℃（高信度），但在RCP2.6情景下升温不可能超过2℃（中等信度）。在RCP2.6、RCP4.5和RCP6.0情景下升温不可能超过4℃（高信度），在RCP8.5情景下可能超过4℃（中等信度）。几乎可以确定的是，随着全球平均温度上升，在日和季节尺度上，大部分陆地区域的极端暖事件将增多，极端冷事件将减少。热浪发生的频率很可能更高，时间更长，偶尔仍会发生冷冬极端事件。

1901年以来，全球陆地区域平均降水变化在1951年之前为低信度，之后为中等信度。1901年以来，北半球中纬度陆地区域平均降水有所增加（在1951年之前为中等信度，之后为高信度）。对于其他纬度，区域平均降水的增加或减少的长期趋势只具有低信度。在21世纪，全球水循环对变暖的响应不均一。干湿地区之间和干湿季节之间的降水差异将会增大，尽管有的区域例外。在RCP8.5情景下，到20世纪末，高纬度地区和赤道太平洋年平均降水可能增加，很多中纬度和副热带干旱地区平均降水将可能减少，很多中纬度湿润地区的平均降水可能增加。随着全球平均表面温度的上升，中纬度大部分陆地地区和湿润的热带地区的极端降水事件很可能强度加大、频率增高。与降水减少的区域相比，更多陆地区域出现强降水事件的数量已增加。在北美洲和欧洲，强降水事件的频率或强度均已增加，在其他各洲强降水事件变化的信度最高为中等。全球范围内受季风系统影响的地区在21世纪可能增加，在季风可能减弱的同时，由于大气湿度增加，季风降水可能增强。季风开始日期可能提前，或者变化不大。季风消退日期可能推后，导致许多地区的季风期延长。

21世纪全球海洋将持续变暖，热量将从海面输送到深海，并影响海洋环流。预计海洋变暖最强的区域是热带和北半球副热带地区的海表面。到21世纪末，上层100m内海洋变暖幅度的最佳估计值为0.6℃（RCP2.6情景）～2.0℃（RCP8.5情景），1000m深的海洋变暖幅度为0.3℃（RCP2.6情景）～0.6℃（RCP8.5情景）。全球平均海平面将持续上升，在所有RCP情景下，由于海洋变暖以及冰川和冰盖冰量损失的加速，海平面上升速率很可能超过1971—2010年观测到的速率。与1986—2005年相比，2081—2100年全球平均海平面上升区间可能为：0.26～0.55m（RCP2.6情景），0.32～0.63m（RCP4.5情景），0.33～0.63m（RCP6.0情景），0.45～0.82m（RCP8.5情景）。在RCP8.5情景下，2100年年底全球平均海平面将上升0.52～0.98m，2081—2100年的上升速度为每年8～16mm。

7.3 陆-气耦合的径流短期预报

由于全球变暖、淡水资源匮乏等许多环境问题日益为人们所重视，近年来国际上气候与水文交叉的学科的研究十分活跃。地球水文循环由许多部分组成，主要包括降水、地下水、蒸散、冰、河流及融雪径流。降水超过陆地蒸发的净水汽通量主要来自海洋，大陆径流又返回到海洋，以保持全球大陆和海洋之间长期处于一个水分平衡状态。气候变化影响了人类赖以生存的全球水资源的分布，河流径流是地球水资源分布和水文循环的一个重要方面，也是气候系统的一个主要部分。陆-气耦合模型指的是通过气候模式对大气环流形式预报以及降水、气温等天气要素进行预报，利用预报的天气要素驱动陆面水文模型进行陆面水文过程预报，并将陆面水文模型预报得到的蒸散发、土壤含水量等水文要素反馈到气象模式中，以改进气象模式中的陆面过程描述。根据模型间变量的交互情况，陆-气耦合有单向耦合和双向耦合两种方式。单向耦合指的是，数值天气预报模式只提供输入数据给陆面水文模型，而不接受陆面水文模型的反馈，其中陆面通量主要包括降水、感热通量、潜热通量、表面反照率以及湿度等；双向耦合则指的是天气预报模式不仅提供输出数据给陆面水文模型，而且还接受陆面水文模型提供的陆面通量反馈。双向耦合涉及气象模式和陆面模型间变量的互相交换，较单向耦合更为复杂。

7.3.1　分布式水文模型

在水文循环过程中，影响流域降雨径流形成的气候因子（如降雨、蒸发等）和下垫面因子（如地形、地貌、地质、土壤、植被、土地利用等）均呈现空间分布不均匀状态。分布式水文模型（Distributed Hydrological Model）能够客观地考虑气候和下垫面因子的空间分布对流域降雨径流形成的影响，所以能较真实地模拟现实世界的流域降雨径流形成的物理过程。分布式水文模型是通过水循环的动力学机制来描述和模拟流域水文过程的数学模型。在分布式水文模型中，流域是一个有机的系统，其内部地理要素存在空间差异，这也导致了水文过程的空间差异。分布式模型用严格的数学物理方程表述水文循环的各个子过程，充分考虑了流域地理要素对水文过程的影响，还考虑到流域内不同水文过程之间的相互作用和联系，采用偏微分方程对水量和能量过程进行模拟，从而能够更加真实地模拟流域降雨径流形成的物理过程。此外，分布式水文模型将流域划分成若干个小的独立计算单元，它不仅能得到水文过程的结果，而且能给出水文过程的动态变化，这对于水文过程的进一步认识及提高水文预测的准确性具有重要意义。

分布式水文模型的结构一般比较复杂，但过程严密，具有一定的物理基础，能客观地反映水文循环过程。分布式水文模型按照系统内部功能的聚集程度，把模型划分为一个个功能不同且相对独立的子系统，每一个子系统都通过数学语言来描述水文循环的过程。通用功能模块主要有：一维降水冠层截留，一维辐射传输，一维蒸散发，一维融雪，一维包气带水分垂向运移，二维表面漫流，一维河流/渠道汇流，二维饱和壤中流/地下水模拟和二维灌溉。如果考虑到水质和土壤侵蚀问题，还应包括：一维包气带内溶质运移和化学反应过程，三维饱和带内溶质运移和化学反应过程和土壤侵蚀与沉积物运移。

根据模型的结构，分布式水文模型可分为三类：分布式物理模型、分布式概念模型和半分布式模型。各分布式物理模型尽管在结构形式上不同，但其核心部分均为流域水循环过程。其一般结构如图7.4所示，主要包括8个部分：输入模块、冠层截留与蒸散发、入渗与土壤水、地表径流、地下径流、坡面汇流和河道汇流、积雪融雪和人工侧支循环。分布式概念模型根据流域的特征将流域离散为众多水文单元，在每个水文单元上运用概念性水文模型计算子流域出口断面的流量过程，再按空间拓扑关系演算至流域出口断面。半分布式模型一方面仅考虑流域水循环中某些部分如产汇流过程的分布性特征，而不考虑其他部分如降雨、蒸发过程的分布性特征，对水循环过程有一定的简化；另一方面，在对水循环过程的描述中既可用水动力学方程也可用单位线、线性水库等方法。

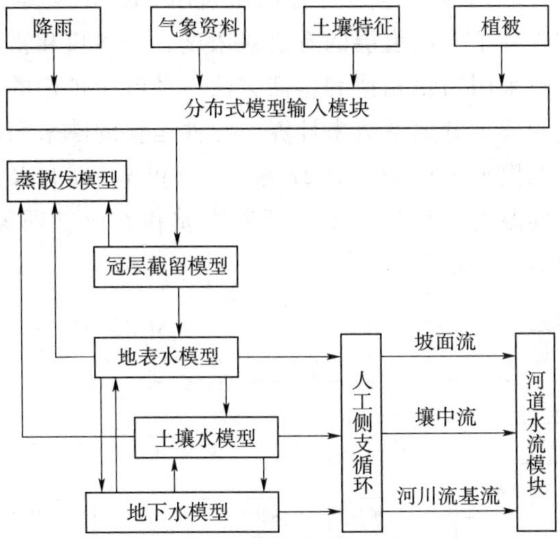

图 7.4 分布式物理模型的一般结构

7.3.2 SWAT 模型简介

SWAT（Soil and Water Assessment Tool）模型是美国农业部农业研究局开发的基于流域尺度的一个长时段的分布式流域水文模型。它主要基于 SWRRB 模型，并吸取了 CREAMS、GLEAMS、EPIC 和 ROTO 的主要特征。SWAT 模型具有很强的物理基础，能够利用 GIS 和 RS 提供的空间数据信息模拟地表水和地下水的水量和水质，用来协助水资源管理，即预测和评估流域内水、泥沙和农业化学品管理所产生的影响。该模型主要用于长期预测，模型主要由 8 个部分组成：水文、气象、泥沙、土壤温度、作物生长、营养物、农业管理和杀虫剂。SWAT 模型拥有参数自动率定模块，其采用的是 Q. Y. Duan 等在 1992 年提出的 SCE－UA 算法。模型采用模块化编程，由各水文计算模块实现各水文过程模拟功能，其源代码公开，方便用户对模型的改进和维护。

SWAT 模型在进行模拟时，首先根据 DEM 把流域划分为一定数目的子流域，子流域划分的大小可以根据定义形成河流所需要的最小集水区面积来调整，还可以通过增减子流域出口数量进行进一步调整。然后在每一个子流域内再划分为水文响应单元 HRU。HRU 是同一个子流域内有着相同土地利用类型和土壤类型的区域。每一个水文响应单元内的水量平衡是基于降水、地表径流、蒸散发、壤中流、渗透、地下水回流和河道运移损失来计算的。地表径流估算一般采用 SCS 径流曲线法。渗透模块采用存储演算方法，并结合裂隙流模型来预测通过每个土壤层的流量，一旦水渗透到根区底层以下则成为地下水或产生回流。在土壤剖面中壤中流的计算与渗透同时进行。每一层土壤中的壤中流采用动力蓄水水库来模拟。河道中流量演算采用变动存储系数法或马斯京根演算法。模型中提供了三种估算潜在蒸散发量的计算方法：Hargreaves、Priestley－Taylor 和 Penman－Monteith。每一个子流域内侵蚀和泥沙量的估算采用改进的 USLE 方程，河道内泥沙演算采用改进的 Bagnold 泥沙运移方程。植物吸收的氮采用供需方法计算，植物的氮日需求量是植物与生物量中氮浓度的函数。地表径流、壤中流和渗透过程运移的硝态氮量由水量和土壤层中的平均硝态氮浓度来估计。泥沙中运移的有机氮采用 McElroy 等开发的负荷方程，后经进一步改进。该负荷方程基于土壤表层的有机氮浓度、泥沙量和富集率来估计径流中的有机氮损失。植物吸收的磷采用与氮相似的供需方法。径流中带走的可溶解磷采用土壤表层中的不稳定磷、径流量和磷土分离系数来计算。泥沙运移的磷采用与有机氮运移相同的方程，河道中营养物的动态模拟采用 QUAL2E 模型。SWAT 模型水文循环陆地阶段主要有水文、天气、沉积、土壤温度、作物产量、营养物质和农业管理等部分组成。SWAT 模型产流计算流程图如图 7.5 所示。

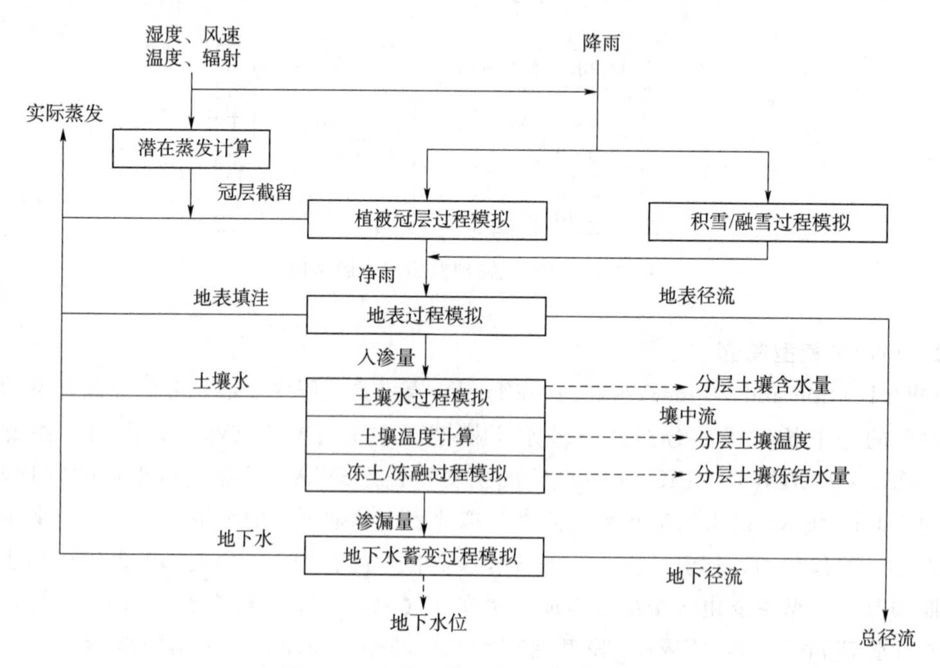

图 7.5　SWAT 模型产流计算流程图

7.3.3　双向耦合模型

从目前地气系统相互作用的研究成果来看，虽然已发展了许多陆面过程模式，考虑了生物圈的作用以及地面的蒸发作用，但地表径流的计算是气候模式中相对不准确的部分，这是因为对陆地水圈与大气圈之间的相互作用尚不清楚。气候模式中许多与径流有关的方案计算产生的差异相当大，很难辨别哪种计算方案更好。由于径流的计算受到降水、蒸发和渗透的影响，尽管许多陆面过程模式考虑了地表水文过程，但是很难在 GCM 中准确表示地表径流。因此应该将大气、陆面、地表水作为一个完整的系统进行研究，需要既能正确表述陆面水文过程，又能很容易地与气候模式耦合的水文模式。Giorgi 等（1999）评述了区域气候的发展历史并指出，耦合具有物理基础的水文过程是区域气候模式的主要发展方向之一。水文模型与气候模式的双向耦合研究的开展对预测未来气候、水资源变化等问题的研究具有十分重要的意义。但是目前为止，有关区域气候模型与水文模型耦合的相关研究工作仍处于起步阶段。

其中，曾新民等人较早在国内开展了详细的水文模型与区域气候模式双向耦合的工作，其结果显示出水文模型与区域气候模式双向耦合对区域气候、尤其是水文的模拟有重要影响。在区域气候模式 RegCM3 中，陆面过程的参数化方案（BATS）中，地表径流率假定为土壤表层与根层的液水相对饱和度的简单函数，求得后再算入渗率。从物理过程上来说，不能渗入土壤的降水或融雪才形成地表径流。因此这种地表径流的处理是一种缺乏物理基础的经验方法。Zeng 等（2002，2003）开发的水文模型 VXM，是 VIC 模型与新安江模型的结合结果，该模型考虑了入渗非均匀性对降水分均匀及非均匀两种处理方法。由于径流的处理是水文模型的关键，这里用 VXM 取代了 BATS 中地表径流的计算，而并入后的动量、感热、潜热通量的计算仍用原 BATS 方案。VXM 模型并入后与 BATS 已有的土壤水分运移部分及植被蒸腾部分共同组成了一个完整的双向耦合水文模型，与原 RegCM3 的大气部分实现了土壤-植被-大气的相互反馈。李凯和曾新民（2008）将更符合物理过程实际的考虑入渗非均匀和降水非均匀的水文模型 VXM 并入区域气候模式 RegCM3 模式，利用此区域水文气候模式分别对旱年、正常年、涝年 3 个不同气候年份的水文气候进行了模拟。从对地表径流模拟情况的分析可以看出，径流模拟对是否考虑入渗非均匀和降水非均匀非常敏感，RegCM3 与 VXM 的耦合（方案 2）所模拟的整个区域径流量增大，径流区范围更广，特别是在江淮流域、华南等地更突出。模式对南方径流的模拟能力得到了很大的提高，湿润地区的径流更多，这与湿润地区的径流实际是一致的。

图 7.6 给出了实测和两种方案模拟的我国六个区域逐月径流量平均曲线图，可以看出，两种方案的径流逐月变化趋势并无太大变化。无论对哪个区域，模拟值都在每年 6—

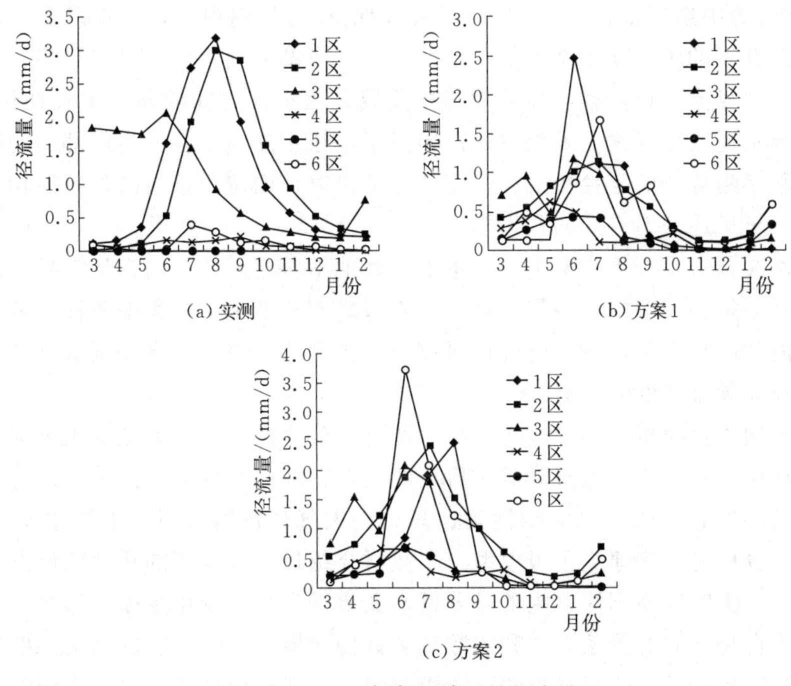

图 7.6 1991 年各区域逐月径流量

9 月出现最大值，此时我国正值多雨季节，而在 10 月至次年 2 月，多数区域径流量的模拟值很小。采用气候模型与水文模型耦合的模拟结果中（方案 2），各区域逐月模拟的日平均地表径流量普遍增大，与观测更为接近，尤其是对我国南方地区径流情况的模拟有很大程度的改善。但同时还看出，两种方案的径流逐月变化趋势并无太大变化，且与实际存在一定的差异，也说明了径流方案的改变对径流趋势模拟的影响较小，即使径流年平均甚至季节平均的模拟方面有所提高，但并不意味着在更小时间尺度上效果更好。张红平等（2006）通过建立不均匀的地表径流算法，修改 RegCM 的径流方案，设计了一个适合与气候模式耦合、能模拟水文站流量的汇流模式，并模拟了 1998 年 6—8 月降水的空间分布，分析了该径流方案对降水、地表热量通量、地表径流、土壤湿度产生的影响。研究发现在耦合的区域气候和水循环模式中，模拟的长江两个站的流量基本上反映了实测流量的变化趋势，特别是对 6 月两站流量的上升过程和 8 月的波动情况模拟较好，表明耦合模式基本能描述 1998 年夏季长江流域大暴雨期间的地表水文过程。

7.4　基于统计理论的径流中长期预测

水文预报除了利用数值模拟技术以外，还可以使用数理统计理论，也就是依据预报变量与其他因素的关系，建立合适的变量与因子的物理关系方程，进而达到预报变量的目的。

根据前期水文气象要素，用成因分析与数理统计的方法，对未来较长时间的水文要素进行科学的预测，称为中长期水文预报。视预报的对象与内容的不同，通常把预见期在 3 天至 15 天的称为中期预报，15 天以上一年以内的称为长期预报，一年以上的则称为超长期预报。目前开展的中长期水文预报包括径流、江河湖海的水位、旱涝趋势、冰情及泥沙等预报项目。对径流预报而言，预见期超过流域最大汇流时间的即为中长期预报。目前，中长期水文预报还处于探索、发展阶段。预报精度还不能满足各个生产部门的需要。一般来讲，大面积旱涝趋势的定性预报有一定的参考价值，而定量预报的误差还较大，特别对特大的洪涝、干旱还缺乏有效的预报能力。

中长期水文预报是介于水文学、气象学与其他学科之间的一门交叉学科。因此，要提高预报精度就必须开展多学科协作，进一步弄清影响长期水文过程中各种因素的物理本质以及它们之间的内在联系，特别要着重研究引起大旱大涝的环流异常原因及其演变规律，这是提高中长期预报精度的关键。

国内外长期预报模型众多，这些模型大致可以分为两类：一类是从探索预报对象本身的历史演变规律出发，找出预报对象前后期的关系，并以此建立预报模型；另一类是从探索预报对象的外界影响因素（太阳活动、海温、大气环流特征量、上游水文站流量）着手，应用统计分析等方法建立预报模型。本教材介绍目前较常用的几种统计方法，大体上可分为三大类：①时间序列法，主要是分析水文要素本身的变化规律，如周期、趋势、与前期水文要素自身之间的关系等，利用数理统计构建模型。②物理成因法，把江河水量等预报对象作为随机变量，分析对象的可能影响因子，然后应用统计方法进行因子筛选，用线性回归法定量预测。③人工智能法，基于分析可能影响因子，应用人工智能方法进行定量预测。

由于一切水文要素的变化都有其特定的物理机制，从物理成因上解释预报因子的合理性，从形成水文现象的物理机制分析入手，使预报模型建立在严格的物理成因基础上，是进行中长期径流预报应遵循的基本原则。

水文系统是一个复杂的系统，水文要素的时空变化具有高度的非线性、复杂性及水文要素变化的不确定性，将各种方法结合起来，即采用所谓的集合预报，也是一种可行的途径。另外，尝试引进新的分析途径，如模糊分析、人工神经网络，以及其他非线性科学方法都可能成为有效的方法，多途径对比分析，择优取舍，都有可能改善预测效果。

7.4.1　时间序列分析

7.4.1.1　周期均值叠加法

1. 方法的基本思路

一个水文要素随时间变化的过程尽管多种多样，但总可以把它看成是有限个具有不同周期的周期被互相重叠而形成的过程。

（1）定义。利用概率统计的方法，找出历史资料中要素值的演变周期，利用周期均值外推、叠加作出预报。

（2）基本思路。水文要素随时间的变化过程是复杂的，尽管如此我们也能够将这一变化过程看作是不同周期的周期波互相叠加而形成的综合波，其数学模型为

$$x(t)=\sum_{i=1}^{n}P_i(t)+\varepsilon(t) \tag{7.2}$$

式中：$x(t)$ 为水文要素序列；$P_i(t)$ 为第 i 个周期波序列；t 为误差项。

只要根据实测的水文要素数据，分析识别出水文要素所含有的周期，而且这些周期在预测区间内仍然保持不变的话，那么就可以根据分析出来的周期分别进行外延，然后再叠加起来进行预报，这种方法称为周期叠加。显然这个方法的关键是如何对实测量数据进行周期分析的问题。这里所指的周期不可能像天体运动、潮汐现象所具有的严格周期，而只是概率意义上的周期。也就是只能理解为某一水文现象出现之后，经过一定的时间间隔，这种现象再次重复出现的可能性较大而已。

由于各种水文要素过程线的外形比较复杂，在图形上不易直接判断它是否存在某种周期，因此，需要借助于某些数理统计方法来对它进行识别。周期分析应该解决的问题是：①某一水文要素是否存在周期。②如果存在周期，周期是多少。③根据实测数据分析得到的周期，它的可靠性如何。分析周期的方法很多，在这一节里主要介绍应用方差分析识别周期的概念和计算方法。

2. 应用方差分析识别周期

在介绍方差分析之前，先看几个假想具有 5 年严格周期的特例。设某一水文要素具有 20 年的观测资料。其数据如下：

如果按其存在的周期分组排列成表 7.1 时，由表可见，各组组内的数据都一样，没有任何差异，而各组的组平均值之间却差异较大。

如果不按它存在的周期排列，而按另一种时间间隔（比如 4 年）排列成表 7.2 时，则可以看到各组的组平均值完全相同，没有任何差异，但各组内部的数据却差异较大。

表7.1　　数据按5年周期排列表

项数	一	二	三	四	五
1	10	8	7	6	5
2	10	8	7	6	5
3	10	8	7	6	5
4	10	8	7	6	5
组合计	40	32	28	24	20
组平均	10	8	7	6	5

表7.2　　数据按4年周期排列表

项数	组别			
	一	二	三	四
1	10	8	7	6
2	5	10	8	7
3	6	5	10	8
4	7	6	5	10
5	8	7	6	5
组合计	36	36	36	36
组平均	7.2	7.2	7.2	7.2

一般情况而言，如果这一要素存在周期性变化，那么，按其存在周期分组排列时，处在同一组内的各个数据应该是在同一位相之下的观测值，不同组的数据则为不同位相下的观测值。在各个周期高峰时期的观测值平均来说比较大，而在各低谷时期的观测值则比较小，峰谷之间的转换时期是中等的。因此，在同组之内的数据差异应该相对较小，而组与组之间的数据差异应该较大。组间与组内数据差异的情况可分别用计算离差平方和的方法把它反映出来，并且把它们进行比较，从而推断是否有周期存在，这就是利用方差分析作为周期分析的基本概念。

3. 方差比 F 的确定与 F 检验

在周期分析时，由于事先不知道周期数目。因此需要从可能存在的周期中反复排列各种数值的周期试验表，同时计算各种试验周期的 S_1 与 S_2，然后分析比较，决定存在哪种周期。由于不同的试验周期在分组数目与每组含有的项数上都有不同，因此为了能够互相比较，还要计算它们的平均情况，即平均组间离差平方和（组间方差）与平均组内离差平方和（组内方差）。它们的计算公式如下：

$$组间方差=\frac{S_1}{f_1}$$

$$组内方差=\frac{S_2}{f_2}$$

式中：f_1、f_2 分别为组间离差平方和与组内离差平方和的自由度。

自由度的意义可理解为：如果要获得一个系列 x_1，x_2，…，x_n，倘若对这个系列没有任何附加条件，则系列中的 n 个变数可以自由选择，不受任何限制，在这种情况下，称它具有 n 个自由度，即 $f=n$。如果对这个系列加了一个限制条件，比如，要这个系列的平均值等于 $\bar{x}$，那么系列的 n 个变数中，只有 $n-1$ 个可以自由选择，而其余一个由于 $\bar{x}$ 条件的限制，不能再自由选取。在这种情况下就只具有 $n-1$ 个自由度了，即 $f=n-1$。同样，如果有 k 个限制条件，则自由度 $f=n-k$。组间离差平方和的自由度 f_1 只是由 b 个组的组平均值的离差平方和构成，当其中任意 $b-1$ 项确定之后，最后一项就不能再任意变动，所以，组间离差平方和的自由度 $f_1=b-1$。组内离差平方和的自由度是由 b 个组的组内离差平方和构成，而每个组又由 a 项构成。每组的自由度为 $a-1$，现共有 b 个组，故组内离差平方和的自由度 $f_2=b\ (a-1)\ =\ (b\times a)\ -b=n-b$。这组资料总的离差平方和的自由度显而易见为 $f=n-1$。故有 $f=f_1+f_2$，称为自由度的分解。

有了组间方差与组内方差之后，就可对各个试验周期的组间、组内数据离散情况进行比较，但是要达到什么标准才算组间方差显著地大于组内方差，还需要计算他们之间的比值来确定，即方差比 F 为

$$F=\frac{\dfrac{S_1}{f_1}}{\dfrac{S_2}{f_2}}=\frac{\dfrac{\sum\limits_{j=1}^{b}\dfrac{T_j^2 T^2}{a_j n}}{b-1}}{\dfrac{\sum\limits_{j=1}^{b}1\sum\limits_{i=1}^{a}x^2ij-\sum\limits_{j=1}^{b}\dfrac{T^2j}{a_j}}{n-b}} \tag{7.3}$$

在一定条件下，可以证明方差比 F 是个随机变量，而且是服从 F 分布的。F 分布有专用的 F 分布表可查。因此，可以应用 F 检验的方法检验组间方差是否显著地大于组内方差（详细的推导可参看周华章编的《工业技术应用数理统计学》下册）。

在实际应用时，先根据实测资料计算出方差比 F 的数值，然后由计算得到的自由度 f_1，与选定的信度 α（信度的意义可理解为发生判断错误可能性的概率，如 $a=0.05$，表示发生判断错误的可能性的概率为 5%，也可以说判断正确的保证率为 95%）。在 F 分布表中查出相应的 F_α，如果：

$F>F_\alpha$ 则表明在这信度水平上，差异显著，有周期存在。

$F\leqslant F_\alpha$ 则表明在这信度水平上，差异不显著，无周期存在。

在分析水文要素的数据是否存在周期时，可根据数据的数目 n，列出可能存在的周期，一般可能存在的周期为 2，3，…，k。n 为偶数时，$k=n/2$；n 为奇数时，$k=\ (n-1)\ /2$。然后按 2，3，…，k 的数值，分别排表计算他们的方差比 F，在这些 F 值中挑选最大的 F 值与选定信度下的 F 临界值 F_α 作比较分析，决定是否存在周期和存在何种周期。

4. 讨论

应用周期叠加方法进行预报时，实际上假定了分析得到的周期在未来一段时间内是保持不变的，这样才能进行预报。但是，自然界是在不断变化和发展的。水文要素的变化决不会按照固定的周期循环反复，何况目前水文资料的观测年代有限。因此，它只能反映一段时间内历史演变的规律，也只能作为在一段时间内的预报依据，绝不能无限制地外推下

去，当水文要素的演变规律发生转折时，再使用原有的周期去预报就会导致失败。

7.4.1.2　自回归模型

1. 原理

自回归模型即 AR（P）模型就是用已知的前期数据作出当前时刻的预报。它表示变量自身在不同时刻之间的相关关系。对于一中心化的水文平稳序列，可把 X_t'表示为自身前 1 个时间间隔到前 P 个时间间隔的数据与相应的加权系数乘积之和。其拟合误差为白噪声。数学模型为

$$X_t' = \sum_{i=1}^{P} \phi_i \cdot X_{t-i} + a_t \tag{7.4}$$

其中：假定 a_t 与以往的观测数据 $X_n'(n<t)$ 不相关，即 $\sum a_t \cdot X_n' = 0$。

2. 回归模型的求解

在其数学模型的基础上，作一定的统计运算，经推导得到如下方程组：

$$\begin{cases} \phi_1 R(0) + \phi_2 R(1) + \cdots + \phi_p R(p-1) = R(1) \\ \phi_1 R(1) + \phi_2 R(0) + \cdots + \phi_p R(p-2) = R(2) \\ \vdots \\ \phi_1 R(p-1) + \phi_2 R(p-2) + \cdots + \phi_p R(0) = R(p) \end{cases} \tag{7.5}$$

方程组（7.5）就称为 yule - walker 方程组。

在实际工作中，我们是以样本函数 X（t）来分析的，因此用样本函数计算的 r（t）作为相关函数 R（t）的估计值代入方程，得到自回归系数 ϕ_i 的估计值 b_i 满足的 P 阶线性代数方程组。

$$\begin{cases} b_1 r(0) + b_2 r(1) + \cdots + b_p r(p-1) = r(1) \\ b_1 r(1) + b_2 r(0) + \cdots + b_p r(p-2) = r(2) \\ \vdots \\ b_1 r(p-1) + b_2 r(p-2) + \cdots + b_p r(0) = r(p) \end{cases} \tag{7.6}$$

对此方程组可用递推解法求解，求出 P 阶模型的回归系数，回代到模型，即可作出 t 时刻的预报。

求解自回归系数 b_i，b_j，b_k 的标准方程组为

$$\begin{cases} r(i-i)b_i + r(j-i)b_j + r(k-i)b_k = r(i) \\ r(i-j)b_i + r(j-j)b_j + r(k-j)b_k = r(j) \\ r(i-k)b_i + r(j-k)b_j + r(k-k)b_k = r(k) \end{cases} \tag{7.7}$$

从联立方程组中解出 b_i，b_j，b_k，即可得到自回归方程。

7.4.2　物理成因法

水文要素的长期变化是受降水等气象要素的长期变化制约的。从组成水量平衡的降水、径流、蒸发、流域蓄水变量等四要素来看，当下垫面条件变化不大时，径流量的变化主要取决于降水量与蒸发量的变化。大气环流又制约着一个流域或地区上降水与蒸发的变化，从而影响到水文循环的各个环节。

7.4.2.1 影响长期水文过程的可能因子

1. 大气环流

大气环流一般指大范围空气运行的现象，它的水平尺度在数千公里，垂直尺度在10km以上。时间尺度在10^5s以上。这种大范围的空气运行不仅制约着大范围的天气变化。同时也制约着水文要素的变化。大气环流的异常发展势必造成天气、气候的异常，导致旱、涝发生。在天气、气候学中常把多年（一般需30年）平均状况视为正常情况，把对多年平均状况的偏差称为异常。地球上各地每年的水文状况和它们的多年平均状况相比是经常发生异常的，而这种异常的水文状况总可以在环流状况的异常中找到原因。例如，我国东部地区各主要河流汛期的开始和结束与西太平洋副热带高压脊的活动有着密切的关系。在正常情况下，雨带随着副高脊线位置的北移，先后自珠江流域移到长江中下游，再到黄淮流域，然后移至海河流城。如果副高脊线在某一位置上长期停留，就会引起相应流域发生异常洪涝。如近几十年以来长江流域最大的丰水年为1954年。该年梅雨持续时间最低。相应的7月份副高脊线位置一直在20°～25°N之间，又如1958年是长江流域的旱年，该年副热带高压迟迟没有北跳，但后来很快跳过了25°N造成该年的“空梅”。由此可见。分析和揭露大气环流异常发展的原因，找出它长期变化的规律，对长期水文预报无疑是十分重要的。

2. 太阳活动

既然非绝热性是长期天气过程的主要特性，那么从供给大气运动能量的来源来考虑，就必然会考虑到地球大气上界获得的太阳总辐射能会不会发生变化，如果发生变化，就会引起大气运动的一系列变化。太阳活动是指太阳大气发生的一系列物理现象和物理过程，它们会引起太阳电磁波辐射和微波辐射的变化。因此，如果太阳活动发生变化，就会引起环流变化，从而影响到水文过程。

一些研究认为，太阳活动增强引起的异常辐射，能使高层大气得到异常加热，改变那里的大气热状况，从而影响到大气环流状况。太阳活动对大气环流的影响随时间尺度而异，一般认为，时间尺度越长，其影响越明显。但是，对于太阳活动怎样影响环流的机制，至今尚无公认的理论。

3. 下垫面因素

尽管大气运动的根本能量来源于太阳辐射，但是，大气直接接收的太阳辐射不多。大部分太阳辐射（短波辐射）透过大气被地表所吸收，然后通过长波辐射、感热与潜热释放给大气。若以到达大气上界的太阳辐射能作为100个单位，则以全年平均情况来看，大气系统年平均辐射和热量收支如图7.7所示。由图可见，大气得到的热量中有73%是来自地球表面。来自下垫面的这部分热量中，以水汽蒸发潜热通量为最大。

下垫面中，海洋占据了相当大的范围。海洋对大气的影响可以从下面来阐述：

(1) 海洋在地-气系统热平衡中的作用。

1) 海洋是大气热机运转的主要燃料供应地。根据布迪科的计算，海洋的辐射差额(R)比大陆大得多，全年海洋每平方厘米面积上比大陆上多储存近70%的太阳辐射能。一年中海洋通过单位面积以感热和潜热的形式供给大气的热量比大陆平均多21kcal。海洋单位面积上向大气输送的潜热(LE)全年平均达68kcal，而大陆只有27kcal，前者约为

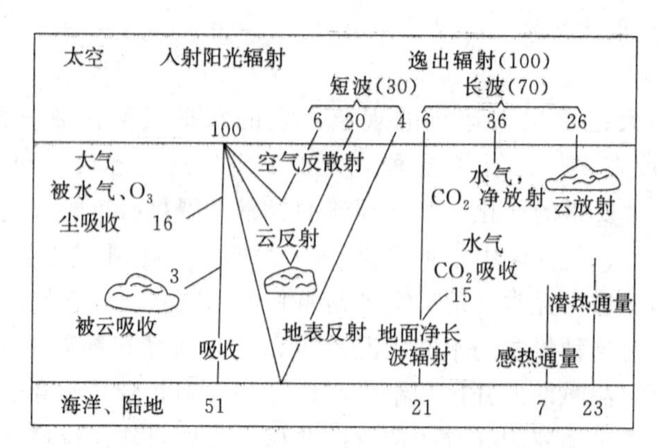

图 7.7　大气系统年平均辐射和热量收支

后者的 2.5 倍。从感热输送（PT）来讲，每平方厘米的海面全年比陆面少 10kcal。

全球海洋的总面积为 $36.1\times10^{16}\text{cm}^2$，大陆面积为 $14.9\times10^{10}\text{cm}^2$。所以，一年中海洋对大气提供的总热量（$\sum R$）为 2.78×10^{20}kcal，而大陆为 0.69×10^{20}kcal，前者约为后者的 4 倍。其中海洋提供的总潜热（$\sum LE$）约为大陆的 6.1 倍，而海洋提供的总感热（$\sum P_T$）约为大陆的 1.18 倍。由此可见，在下垫面中，海洋是一个比大陆重要得多的大气热源，海洋是大气热机运转的主要燃料供应地。当然，上面说的只是气候平均状况，要造成长时期的天气异常，还必须有热源的异常分布。

2）海洋是地-气系统热量的“贮存器”。太阳辐射能收支的差额，简称辐射差额（或辐射平衡），在一年四季中是不同的。北半球地-气系统的辐射差额：春季平均为＋0.052cal/(cm^2 · min)，夏季平均为＋0.072cal/(cm^2 · min)，秋季平均为－0.044cal/(cm^2 · min)，冬季平均为－0.085cal/(cm^2 · min)。因此，就全年而论，北半球地一气系统获得的热量与失去的热量近似平衡。即在春、夏两季储存了大量的热能以弥补秋冬的亏空。由于大气和地球体部分的热容量要比海洋小得多，所以春、夏盈余的热能大部分（89%）储存在海洋中，其效果表现为春、夏两季海水温度升高。北半球海洋面积占 61%，如果这些热量都储存在海洋中，也只能使海洋上层 200m 海水平均温度升高。因此，在海洋中储存的这些热量在秋冬季节释放时，如果由于某种原因在某一有限区域内释放了异于正常的热量，致使某一海域零点几度的温度异常变化，就足以对大气进行异常的非绝热加热。使大气环流产生明显的异常变化。

3）海洋是地-气系统能量的“调节棒”。大气运动的最终原因是太阳辐射能随纬度的不均匀分布。在北半球 40°N 以北，地-气系统的年辐射差额为负。在此纬度以南年辐射差额为正。但在 0°N 以北地区并没有出现逐年变冷。在 40°N 以南也没有出现逐年变暖的现象。这说明在一年以内北半球地-气系统在高、低纬度之间存在着热量自动调节的过程。即为了保持各纬带热量的平衡，必须通过大气和海洋这两个流动介质中发生的复杂过程将低纬盈余的热量输送到高纬去，而海洋在净能量输送中有显著的贡献。在 0°～20°N 纬圈，海洋的输送超过大气。海洋承担的补偿辐射亏空的最大值达 74%，而大气输送的最大值出现在 50°N。因此，可以认为在能量的经向输送中，首先，主要依靠海洋环流把低纬度的热量向中纬度输送，然后，海洋将热量交给大气，再由大气进一步向高纬度输送，人们称之为海-气的“接力输送过程”。平均而言，在通过赤道到 70°N 的各个纬度的向北能量输送中，海洋的贡献约为 40%。

（2）海洋在地-气系统水平衡中的作用。

1）海洋蒸发的重要性。据鲁德洛夫（Rudloff）估计，整个大气包含的水汽平均约为 1.24×10^{10}g，相当于 24mm 厚的水层。地球的年平均降水量为 3.36×10^{20}g，其中 2.97×10^{20}g 降在洋面上，0.69×10^{20}g 降在陆面上，总降水量相当于 780mm 厚的水层。因此，大气中的水汽平均每年要更换约 32 次，或者说，平均每隔 11 天就要更换一次。对于全球来讲，由于水分平衡，年蒸发量应当和年降水量具有同一量级。由此可见，海洋蒸发的水汽在大气中凝结而放出的潜热在地-气系统能量交换中的重要性。

2）热带海洋信风区在水分平衡中的作用。根据地-气系统年平均降水量、蒸发量随纬度分布的统计可知：从极地南、北纬 40°和从赤道到南、北纬 10°的范围内降水量大于蒸发量，而在两半球副热带地区则蒸发量大于降水量。副热带地区的蒸发量 50%以上发生在海洋信风区，这部分潜热形式的能量向赤道辐合区输送。在那里通过积云对流，在对流层上都把潜热释放出来，再向高纬度输送。所以，热带海洋信风区提供的潜热形式的能量在推动大气热机中有重要的贡献。

此外，在大气与下垫面组成的系统中。大气是一个低惯性的迅速变化的分量，而海洋则是具有很大热惯性的相对缓慢的分量。据估计，海洋 100m 水层冷却 0.1℃所释放的热量若全部用来加热大气，则可使整个大气增温 6℃。因此可以设想，世界海温活动层中初始热量的分布能够决定相当长时期内大气过程的演变。

在陆地下垫面因素中，青藏高原无论在热力作用与动力作用方面对大气环流特别是东亚大气环流有着显著的作用，这不但早已为人们所注目，而且也已为数值试验与模拟试验所证实。此外，一些研究结果表明，陆地下垫面能量的储放也是引起长期天气变化的重要因素。

综上所述，在研究影响长期水文过程的因素时，必须考虑下垫面的因素，而且既要注意陆地因素，更要注意海洋因素。

4. 其他天文地球物理因素

除了上述因素外，一些研究结果还表明地极移动、地球自转速度的变化、行星运动、火山爆发等因素对大气运动与水文过程有一定的影响，并有一定的对应关系。

在以上这些因素中，大气环流对长期水文过程的影响是最直接、最主要的，其他因素对水文过程的影响也是通过它实现的。按照现有科学水平，这些因素与水文过程的相互联系示意图见图 7.8。

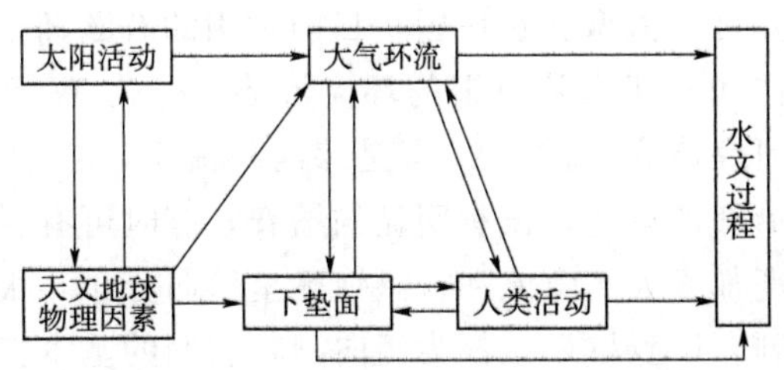

图 7.8 影响长期水文过程的因素与水文过程相互联系示意图

7.4.2.2　回归分析之预报因子挑选

从当前的数据情况来看，有两类挑选预报因子的途径：一是基于国内外较为成熟的再分析大气环流、海温、海冰和积雪等资料，二是基于当前国内外发布的影响大气环流的重要天气气候系统指数。前者是空间场，后者是独立指数。针对两类资料，分别介绍如何挑选影响径流等水文要素的因子。

1. 从前期环流形势方面挑选

环流是影响水文过程最直接的因素，而从大气运动获得能量的观点来看，环流本身就能对大气运动获得的能源产生影响，外界能源也通过大气运动本身才起作用。因此，如何从前期环流形势中挑选预报因子，早就为从事长期水文气象预报的工作者所重视。

在分析环流形势时，目前采用的资料主要有平均图与距平图两种。

由于每日天气图上表现出来的大气水平扰动是包含了由波长极长的超长波一直到波长极短的声波等的合成波。因此，为要达到中长期预报的目的，要尽可能地把短波及其以下的各种扰动分量滤掉，以便突出长波和超长波部分。所以，在作长期预报时主要采用的是月平均图。而在中期预报中，则采用旬平均或候平均图，从而突出长波和超长波的特点。一般来说，旬平均与候平均图上长波与超长波兼而有之，而在月平均图上则主要是超长波，它能反映平均超长波的特点。至于常用的 100hPa、500hPa 和 1000hPa 三个等压面图中，以 500hPa 等压面的应用居多。

距平图是用给定时段的平均图减去同时段的多年平均图而得到的差值图。距平图表示该时段的平均状况对其多年平均的偏差。如果是气压距平图或位势高度距平图就表示该时段平均环流状况的异常。

考虑到长期天气过程全球性的特点，在作大范围的长期预报时，目前一般均采用北半球图。在具体做法上，经常采用的方法是相关普查。所谓相关普查是指计算出前期平均图上各个格点上高度数值与预报对象之间的相关系数，勾绘出相关系数等值线图。然后分析影响预报对象的“关键区”与“关键时段”，再考虑时间与空间上的连续性与天气学上的意义。

由于大气运动的复杂性，表现在平均环流形势上也是多变的，为了把复杂的环流形势简化，常常在一定的要求下用一个或几个简单的量来描述平均环流形势的一些特点。下面介绍几个常用的定量指标。

（1）环流型。每天的环流形势不仅与它们的多年平均状况有差异，而且各天之间也有很大的差别。根据天气学原理，可以把环流形势相似的各天归纳为同一类型的环流，这种工作称为环流分型。例如，根据大气长波、急流和高空行星锋区的位置、强度及其演变，把各种环流形势划分为几种环流型。在我国，目前常用的有欧洲—大西洋环流型。这种环流型是根据北半球大西洋和欧亚大陆范围的环流形势，分为 W 型、E 型、C 型。这一分型体系是由苏联南北极研究所完成的。W 型是纬向环流型，它的基本特征是对流层中部西风带平直，基本气流沿纬向运行，没有明显的槽脊，有时可有一些自西向东迅速传播的短波系统，经向气压梯度都很大。急流和行星锋区呈纬向分布，很少有分支现象，热量和水汽的纬际交换受到抑制。E 型与 C 型都为经向型，它们的基本特点是平直的西风带被破坏，对流层中部在某些特定区域出现准静止的长波槽脊，其前部和后部出现方向几乎相反的纬向温度梯度，急流呈经向分布，热量和水汽的纬向交换大大加强，对流层下部常发生集潮爆发、气旋活动等较强烈的天气过程。E 型与 C 型的差别是长波槽脊所在的位置相反。因此，两者在特定区域内造成的天气截然不同。划分环流型做法的优点是能综合考虑与天气密切相关的大气环流成员的特征。不足之处是缺乏客观定量的标准，分型时不易掌握。分型工作确定后，可统计每个环流型在一个月中出现的日数，由此看出该月何种环流占优势。

(2) 环流指数。为了获得环流形势的定量特征，可计算一组能描述大气环流基本特征的定量指标。这种指标称为环流指数。常用的有以下两种。

1) 纬向环流指数 I_z。在选定的纬度范围内，用单位纬距的平均西风作为大气环流纬向强度的指标。一般来讲，纬向环流指数高时，气流平直，锋区较强，经向度小。反之经向大或锋区较弱。

2) 经向环流指数 I_m。与纬向环流指数相似。可用经向环流指数来分析大型环流的经向（南北向）分量的强度。目前，中国气象局气象台长期预报组计算的环流指数有亚欧范围（0°～150°E，45°～65°N）和亚洲范围（60°～150°E，45°～65°N）两种。

(3) 其他常用的环流特征量。

1) 副高面积指数。副热带高压的强弱一般与其面积的大小（即 588 位势什米等值线所占的范围）有着密切的关系。通常副高体面积指数大时副高也强，反之副高则弱。因此在 500hPa 月平均图上，取 10°N 以北，110°～－180°E 内大于 588 位势什米的网格点的数目作为副高面积指数。

2) 副高强度指数。为了进一步考虑副高的强度变化，在上述范围内（10°N 以北，110°～180°E）将网格点上高度值等于 588 位势什米的编码为 1，589 编码为 2，590 编码为 3，…，以此类推。然后将这些编码值累加起来，称为副高强度指数。

副高西伸脊点（以经度表示）。副高平均脊线位置（以纬度表示）等。此外还有一些反映东亚槽位置、强度及极涡位置和强度的一些环流特征量，这里不再多述。

以上这些反映环流特征的指标可以作为挑选预报因子的对象。

2. 从供给大气运动的能量来源方面挑选

前面已说过，要使大范围大气运动从一种状态转变到另一种状态或长期维持，光靠大气系统本身的能量是不可能的，必须要有巨大的外界能源。太阳辐射是大气运动的根本能量来源。因此，在研究太阳活动的变化与大气运动及水文现象变化之间的对应关系上已做了很多工作。目前应用最多的指标为黑子相对数以及与它相关联的地磁指数。此外，如太阳十厘米波射电流量等均可作为因子来进行挑选。

3. 从下垫面因素方面挑选

由于大气运动的能量来源主要是下垫面，从这一点出发一般认为长期供应大范围大气运动状态演变的能源要具有两个特性：

(1) 相对大气来说，下垫面的热容量要大得多，这样才能把吸收的能量贮存起来，然后缓慢地放出。长期地影响大气运动，使大气在比较长的时间内能沿着比较一定的方向变化。

(2) 有足够大的面积能影响大范围的大气运动。

从这两个条件来考虑，可以作为长期水文预报因子的有海洋状况（主要是海水表层温度与海冰等）、高纬度的冬季积蓄、我国青藏高原的热状况以及深层地温等，均可作为挑选的因子。

4. 从前期水文气象要素方面挑选

一个地区前期水文气象要素的观测值是前期环流形势的一定反映，某一地区被一种天气系统长期控制，单站水文、气象要素的记录上也能在一定程度上反映出环流的异常。同时单站水文、气象要素还能反映出当地的一些特性。因此，可以分析预报对象与前期水文、气象（包括高空与地面）要素之间的对应关系或计算它们之间的相关系数来挑选预报因子。

5. 尺度对应问题

挑选预报因子除了上述考虑外，在实际工作中还必须注意“尺度对应”或“尺度匹配”这一问题，尺度对应可分为两个方面，一是时间尺度的对应，二是空间尺度的对应。

所谓时间尺度的对应是指预报对象的时间尺度应与因子的时间尺度相对应。例如预报对象是月径流量、月平均流量或月最大、最小水文特征值时，那么用来分析挑选预报因子的资料应是月平均环流形势图、月平均海温分布图等；如果预报对象是旬平均、旬总量等水文特征值时，那么用来分析的资料应相应地采用旬平均图，不应该再采用月平均图等资料。因为在月平均图或月环流特征量等已把各旬的环流特点均化了，无法显示各旬的特点。

所谓空间尺度的对应，是指预报对象的流域面积或地区大小应与采用资料的空间尺度的大小相对应。我国水文测站的流域面积大小悬殊，大江大河上测站的控制权可达几十万或上百万平方公里，而一些小河测站或一些水库站的流域面积只有几千、几百平方公里，甚至只有几十平方公里。对于大流域的测站当然应该采用亚欧范围、北半球范围甚至南半球的资料来考虑，对小流域来讲，还必须采用反映当地特点的一些预报因子（可称为“地方因子”）。当然，挑选小流域因子时也要考虑大范围的背景，如果单单考虑大范围的背景而不考虑当地特点的因子，就不够全面。江苏省南京水文分站在作秦淮河流域（流域面积为 $2000\mathrm{km}^2$）预报时，经过3年的对比分析，发现仅仅采用大范围环流因子的预报效果不如采用能反映当地特点的水文气象因子或大范围因子和地方因子相结合的预报效果好。

前面的方法分类已经说明，目前能够应用于预见期较长的中长期预报中的物理成因法是最后一种，即以表征环流特征的各种环流指数与环流特征量和其他影响水文长期变化过程的因子，采用逐步回归或其他多元分析方法与预报对象建立定量联系，据此进行预报。构建模型的方法较多，大体上一类可视为回归模型，另一类可归为智能模型。这种利用环流指数与预报对象构建预报模型的方法，目前应用最为广泛。

6. 预报因子的统计挑选

（1）单相关系数。在中长期预报中，通常先考察起报月之前的逐月因子与预报对象之间的单相关系数。单相关系数可以定量反映两个序列之间的相似程度，用 r 表示，表达式为

$$r=\frac{\sum_{t=1}^{n}(x_t-\bar{x})(y_t-\bar{y})}{\sqrt{\sum_{t=1}^{n}(x_t-\bar{x})^2\sum_{t=1}^{n}(y_t-\bar{y})^2}} \tag{7.8}$$

式中：y_t、x_t 分别代表径流和预报因子序列值；$\bar{y}$、$\bar{x}$ 分别代表其平均值。

可查询单相关系数检验表，查询计算的 r 是否通过信度检验。r 绝对值越接近 1，表示两个变量越相关。

（2）Spearman 相关系数。Spearman 秩次相关检验通过分析观测序列 X_t 与其时序 t 的相关性检验时间序列的趋势性。计算过程中，X_t 以其对应秩次 R_t（即把观测序列 X_t 由大到小排列，X_t 为所对应的序号）表示，t 仍表示为时序（$t=1,2,\cdots,n$），则秩次相关系数可用下式计算：

$$r=1-\frac{6\sum_{t=1}^{n}d_t^2}{n^3-n} \tag{7.9}$$

式中：n 为时间序列长度；$d_t=R_i-t$。

若秩次 X_t 与时序 t 较为相近，则 d_t 越小，秩次相关系数则较大，趋势性较为显著。相关系数 r 是否等于零，常采用 t 检验法。其统计量计算公式如下：

$$T=r\left(\frac{n-4}{1-r^2}\right)^{1/2} \tag{7.10}$$

统计量 T 服从自由度为（$n-2$）的 t 分布。

若假设原观测序列无趋势，选择显著水平 α 在 t 分布表中查出其临界值 $t_{\alpha/2}$；当 $|T|<t_{\alpha/2}$ 时，则拒绝原假设，表明序列随时间具有相依关系，可推断出观测序列趋势显著；否则，接受原假设，趋势不显著。

7.4.2.3 一元回归

预报因子选定以后，下一步就是如何综合预报因子与预报对象的关系，建立起两者之间的定量表达式。这实际上是一个多元分析的问题，目前经常应用的方法之一是回归分析法。

1. 回归分析的概念

一切客观事物本来是互相联系并具有内部规律的，而且每一事物的运动都和它周围的事物互相联系互相影响着，变量与变量之间是互相联系互相依存的。一般而言，表示物理现象的任何观测数据都可以分为两大类，即确定性的与非确定性的。能够用明确的数学表达式来描述的数据称为确定性数据，也就是变量之间的关系是确定性的，可以用方程精确地表示。其次有许多物理现象，产生的数据不是确定性的，变量之间的关系不能用一个方程精确地表示。这类变量在性质上是随机的，只能用概率与统计平均来描述，这种关系称为统计相关关系。回归分析就是处理变量与变量之间这种统计相关关系的一种数理统计方法。

在分析研究中，应用回归分析需解决的问题如下：

（1）确定几个预报因子与预报对象之间是否存在着相关关系。如果存在的话，找出它们之间合适的数学表达式。

（2）根据一个或几个预报因子，预测预报对象（因变量）的取值，并且估计它的精度。

（3）分析共同影响预报对象的若干个预报因子中间的重要因子、次要因子及这些因子之间的关系。

一元线性回归分析是回归分析中最简单的情况，但却包含了回归分析中最基本的概念，进而再讨论多元回归与逐步回归等。

2. 一元线性回归

(1) 概念。若已知变量 x 与变量 y 之间存在着某种相关关系，变量 y 的数值在某种程度上随着变量 x 的数值变化而变化。在水文长期预报中，一般称 y 为预报对象，x 为预报因子。现要求根据 y 与 x 过去的观测数据，找出能描述预报对象与预报因子之间关系的定量表示式，为此举例，预报对象为伊犁河雅马渡站年平均流量，自 1953—1974 年有 22 年的观测记录，预报因子为伊犁气象站上一年 11 月至本年 3 月的降水总量。因子的选取是根据经验分析影响年平均径流量的主要因素，例如，如果前冬降水量大，表明在气温增高后融雪水量也大，从而使年平均流量增大。依据这样的物理背景，经过相关系数的显著性检验，再进行因子挑选。现在要求根据预报对象与预报因子的 22 年观测数据建立预报方程。把预报对象与预报因子的数据点绘相关图。

从图中可见预报对象的数值随因子数据的值大而增大，而且它们之间大致存在线性关系（图 7.9）。因此，可用一条直线方程来表示两者的关系。

$$y=b_0+b_1x \tag{7.11}$$

这一条直线就称为 y 对 x 的回归直线。式（7.11）称为 y 对 x 的回归方程，回归直线的斜率 b 称为回归系数。它表示当 x 增加一个单位时，y 平均增加的数量；b_0 为常数，当 b_0 与 b_1 确定后，方程也就确定了。本例经计算，其回归方程为

$$y=270+10.554x \tag{7.12}$$

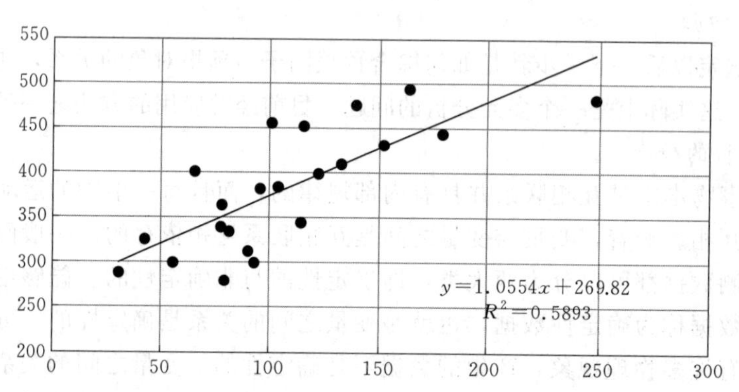

图 7.9　伊犁河上一年 11 月至本年 3 月平均流量与降水量相关图

以这一回归方程作为预报方程。根据前期已经出现的预报因子的数值来预报 y 的数值。下面介绍确定回归方程参数 b_0 与 b_1 的原则与方法。

(2) 确定回归系数的原则与回归系数的最小二乘估计。设预报对象与预报因子有 n 组观测数据，用 y_i 与 x_i 表示（$t=1, 2, \cdots, n$），把每组 x 的观测数据代入方程（7.12）后就可得到一个 y 的估计值。这样一共可以得到 n 个 y 的估计值，而估计值与实测值 y_i 之间有一误差 e_i，也称"残差"。

误差的大小依赖于回归系数 b_0，b_1。为了使估计值尽量接近实测值 y_i，当利用历史资料建立回归方程时，要求利用上述方程计算出的估计值与实测值 y_i 的总误差最小。如

何表示这个总误差，显然用误差 e_i 的代数和来表示是不行的。因为这些误差中有正有负，单纯地相加会使正负抵消而不能代表真正的总误差。为此，可用以下两种方法来表示：

1）用误差的绝对值之和来表示，即

$$\sum_{i=1}^{n}|e_t| = |e_1| + |e_2| + \cdots + |e_n| \tag{7.13}$$

2）用误差的平方和相加来表示，即

$$Q = \sum_{i=1}^{n} e_1{}^2 + e_2{}^2 + \cdots + e_n{}^2 \tag{7.14}$$

式中：Q 为残差平方和。

用各次误差绝对值之和表示总误差，并以它的最小值来确定回归系数的原则，虽然比较合理。但是由于式中带有绝对值的符号给运算过程带来很大的不便。因此，目前一般采用以残差平方和 Q 来表示总误差，并以 Q 值最小作为确定回归系数 b_0，b_1 的原则，也就是回归系数的确定是使回归方程中的系数 b_0，b_1 能满足残差平方和 Q 值达到最小值的要求。即

$$Q = \sum_{t=1}^{n} e_t{}^2 = \sum_{t=1}^{n}(y_t - \overline{y}_t)^2 = \sum_{t=1}^{n}(y_t - b_0 - b_1 x_t)^2 \text{ 为最小} \tag{7.15}$$

这一原则不仅适用于一个预报因子的线性回归，而且也适用于多个预报因子的多元回归。这就是通常所称的最小二乘准则。式（7.15）中 x_i 与 y_i 都是已知的实测数据，b_0 与 b_1 是需要决定的两个未知数。所以，Q 是 b_0 与 b_1 的函数。根据数学分析中的极值原理，要使 Q 达到最小。只需在式（7.15）中分别对 b_0 与 b_1 求偏导，并令它们等于 0，即可求使得 Q 达到最小的 b_0 与 b_1 值。推算如下：

$$\begin{aligned}\frac{\partial Q}{\partial b_0} &= 2\sum_{t=1}^{n}(y_e - b_0 - b_1 x_t)(-1) = -2\left(\sum_{t=1}^{n} y_t - \sum_{t=1}^{n} b_0 - b_1 \sum_{t=1}^{n} x_t\right) \\ &= -2n(y_t - b_o - b_1 x_t) = 0\end{aligned} \tag{7.16}$$

$$\begin{aligned}\frac{\partial Q}{\partial b_1} &= 2\sum_{t=1}^{n}(y_t - b_0 - b_1 x_t)(-x_t) = -2\left(\sum_{t=1}^{n} y_t x_t - b_0 \sum_{t=1}^{n} x_t - b_1 \sum_{t=1}^{n} x_t^2\right) \\ &= -2\left(\sum_{t=1}^{n} y_t x_t - b_0 n x_t - b_1 \sum_{t=1}^{n} x_t^2\right) \\ &= 0\end{aligned} \tag{7.17}$$

或改写成

$$\begin{cases} b_0 + b_1 x = y \\ n x b_0 + b_1 \sum_{t=1}^{n} x_t^2 = \sum_{t=1}^{n} y_t x_t \end{cases} \tag{7.18}$$

上式称为正规方程组，在观测数据给定的条件下，上式中各求和号内的数值都可一一算出。因此，求回归系数的问题就归结为解上述正规方程组的问题。

式（7.18）经过归并整理后，可得 b_0 与 b_1 的解如下：

$$b_0 = \overline{y} - b_1 \overline{x}$$

$$b_1=\frac{\sum_{t=1}^{n}(x_t-\bar{x})(y_t-\bar{y})}{\sum_{t=1}^{n}(x_t-\bar{x})^2}$$

令

$$S_{xx}=\sum_{t=1}^{n}(x_t-\bar{x})^2$$

$$S_{xy}=\sum_{t=1}^{n}(x_t-\bar{x})(y_t-\bar{y})$$

$$S_{yy}=\sum_{t=1}^{n}(y_t-\bar{y})^2$$

$$b_1=\frac{S_{xy}}{S_{xx}}$$

回归直线方程 $y=b_0+b_1x$ 可确定。为了进一步理解回归系数的意义，将 b_0 代入 $y=b_0+b_1x$ 内，可得

$$\hat{y}-\bar{y}=b_1(x-\bar{x}) \tag{7.19}$$

上式表明，预报对象估计值的距平与预报因子的距平成比例。其比例系数就是回归系数 b_1，它表示 x 的距平变化一个单位时，平均来说 y 的距平将变化多少。它表明了预报因子 x 和预报对象 y 的平均关系，这就有可能根据目前的预报因子 x 已出现的数值计算出预报对象 y 的估计值。

7.4.2.4 多元回归

上一节讨论的只是一个自变量的回归问题，其中预报对象只与一个预报因子有关，这是最简单的情况。在水文长期预报中，由于影响因素的复杂性，只考虑一个因子是不够的，必须考虑多个预报因子对预报对象的影响。这类问题就是多元回归分析所要解决的问题。

首先讨论简单而又最一般的线性回归。然后再推广到非线性的问题上去。多元线性回归分析的原理与一元线性回归分析完全相同，但在计算工作上要复杂得多。

设经过分析，已经挑选到 m 个预报因子要求通过回归分析，建立这些因子与预报对象 y 的关系，这就是一个多元回归分析的问题。当建立了它们之间相互关系的多元线性回归方程后，就把这一方程为预报方程。根据前期已出现的预报因子数值对预报对象 y 未来可能出现的数值进行估计，它的数学模型为 $y=b_0+b_1x_1+b_2x_2+\cdots+b_mx_m$，其中 $b_1,b_2,\cdots,b_m$ 为回归系数，亦称预报系数，根据 y 与各个 x 过去的实测资料，把 $b_1,b_2,\cdots,b_m$ 确定后，方程也就确定了。上述模型严格地讲应称多元线性正态回归模型，所谓多元是指因变量 y 依赖于不止一个自变量 x；所谓线性是指回归方程是关于参数 $b_i(i=0,1,2,\cdots,m)$的线性函数，所谓正态是指预报对象 y 是服从正态分布的随机变量，或 y 的各次实测值 y_i 与它估计值的误差是相互独立地服从正态分布的。

多元回归中，预报对象与多个预报因子有关。多元线性回归分析的原理与一元线性回归分析相同。假定有 m 个预报因子 $x_1,x_2,\cdots,x_m$，多元回归的数学模型为

$$\hat{y}=b_0+\sum_{i=0}^{m}b_ix_i \tag{7.20}$$

其中，$b_i(i=0,1,\cdots,m)$为回归系数。

采用最小二乘准则建立回归系数的正规方程组，求解确定回归系数。并对回归方程的回归效果进行检验。预报对象 y 的总离差平方和可分解为回归平方和与残差平方和两部分，即

$$S_{yy}=U+Q \tag{7.21}$$

$$Q=\sum_{t=1}^{n}(y_t-\hat{y}_t)^2 \tag{7.22}$$

式中：S_{yy} 为离差平方和，$S_{yy}=\sum_{t=1}^{n}(y_t-\bar{y})^2$；$U$ 为回归平方和，$U=\sum_{t=1}^{n}(\hat{y}_t-\bar{y})^2$；$Q$ 为残差平方和；y 为实测序列；$\bar{y}$ 为实测序列均值；$\bar{y}_t$ 为估计序列。

定义无量纲指标 R，$R=\sqrt{\frac{U}{S_{yy}}}=\sqrt{1-\frac{Q}{S_{yy}}}$，$R$ 称为复相关系数，表示相关紧密的程度，用来衡量回归效果的好坏，R 越接近 1，回归效果就越好。

为了定量地对回归效果进行检验，引入统计量 F：

$$F=\frac{\frac{U}{m}}{\frac{Q}{n-m-1}} \tag{7.23}$$

F 服从 F 分布，若在给定信度下，$F>F_\alpha$，则回归效果显著。

7.4.2.5 逐步回归

1. 逐步回归的基本思路

有了多元回归分析，就可根据预报因子与预报对象的观测数据建立回归方程，据此对未来出现的数值进行预测。由上节的介绍可知，多元回归不论这 m 个因子对预报对象是否同样重要，一律按最小二乘估计，确定它们的回归系数，并建立回归方程。因此，实际上对这些因子是平均看待的，没有分析它们与预报对象的主次关系。其次，多元回归并没有考虑因子之间的独立性，即包括在方程中的各个因子，可能某些因子对预报对象的影响是互相重复的。再次，从衡量预报的精度看，如果剩余标准差 S 越小，则预报精度要高些，反之则差些。如果回归方程中包含了对 y 不起作用或作用很小的因子时，则残差平方和 Q 不会由于有了这个因子而减少多少。相反可能由于剩余方差自由度的减少使剩余标准差增大，从而降低预报精度。如果这些对 y 影响不显著的因子进入方程会影响回归方程的稳定性。从实用的观点看，因子太多的方程在使用上不太方便。

解决这些问题的办法是不要把全部预报因子一起都放入回归方程，而是先定义一个衡量因子对预报对象重要性的指标，以便从中挑选出对 y 影响最显著的因子。因子的挑选是逐步进行的，在建立回归方程的过程中，每一步只挑选出一个因子，要求当步选出的这个因子是所有可供筛选的因子之中，能使残差平方和下降最多的一个，并还要通过指定信度的显著性检验 F 检验。假如第一步挑选的因子为 x_1 则组成第一步过渡方程，为

$$Y=b_0^{(1)}+b_1^{(1)}x_1 \tag{7.24}$$

式（7.24）中，上标（1）表示第一步方程的回归系数。再根据衡量因重要性的标准挑选第二个因子，设此因子为 x_2，则组成第二步方程为

$$Y=b_0^{(2)}+b_1^{(2)}x_1+b_2^{(2)}x_2 \tag{7.25}$$

这种步骤一直继续下去，直至在还未引入回归方程的因子中，不存在对 y 作用显著的因子为止。但还要看到随着因子的逐个引入，由于因子之间的相互配合关系，可能产生当后面的因子引入以后会引起前面（已引入方程）的因子对 y 的作用显著变小，甚至不显著，如果发生这种情况，还要在已建立的过渡方程中把这一不显著的因子加以剔除。因此，在逐步回归中每一步（引入一个因子或剔除一个因子都称为一步）都要作剔除（首三步可以不作）和引进因子的检验，直至方程中既不能引入也不能剔除因子为止。这样，最后得到的方程中只包含了对预报对象影响显著的因子，而没有进入方程的因子，如添加任何一个，都不会对回归效果有显著的改进。这就是逐步回归的基本思想。

在目前的各种方法中，由于衡量因子重要性的指标不同，以及具体计算过程中处理的差异，逐步回归的计算方法也是各式各样的，甚至在方法的名称上也有所不同。本节介绍的逐步回归是指“双重检验”的逐步回归，按照目前的习惯简称为逐步回归。

显然，要实现上述要求的计算是比较复杂的，在实际计算时，所具有的资料只是预报对象 y 与各个预报因子 x 的观测数据，据此计算出来的一个正规方程组，利用这个正规方程组，用最小的计算工作量来实现上述要求，为此，要寻找一种方法来解决以下问题：

（1）寻找一种解正规方程组的方法，当因子个数改变后，能尽量利用以前的结果进行较少的计算就能获得新的回归系数。也就是要寻找一组矩阵交换公式，对引进因子与剔除因子都能用这组公式计算。

（2）寻找一个衡量因子重要性的标准——方差贡献（偏回归平方和），以判别哪些因子对 y 影响显著，哪些影响不显著，这也是要进行计算的，希望这些计算工作能利用正规方程组的元素来实现。

（3）引进与剔除因子均要作 F 检验，每步都需计算残差平方和、回归平方和以及复相关系数的数值，这些计算能直接利用正规方程组的元素来进行。

2. 逐步回归使用的矩阵变换法

根据上述要求，在逐步回归中采用的正规方程组一般是标准化正规方程组，即

$$\begin{cases} r_{11}b'_1+r_{12}b'_2+\cdots+r_{1m}b'_m=r_{1y} \\ r_{21}b'_1+r_{22}b'_2+\cdots+r_{2m}b'_m=r_{2y} \\ \qquad\vdots \\ r_{m1}b'_1+r_{m2}b'_2+\cdots+r_{mm}b'_m=r_{my} \end{cases} \tag{7.26}$$

其系数与常数项组成的零步增广矩阵 $R(^0)=(r_{ij})$ 为

$$R(0)=\begin{pmatrix} r_{11} & r_{12} & \cdots & r_{1m} & r_{1y} \\ r_{21} & r_{22} & \cdots & r_{2m} & r_{2y} \\ \vdots & \vdots & & \vdots & \vdots \\ r_{m1} & r_{m2} & \cdots & r_{mm} & r_{my} \\ r_{y1} & r_{y2} & \cdots & r_{ym} & r_{yy} \end{pmatrix} \tag{7.27}$$

式（7.27）中，主对角线元素 $r_{11}=r_{22}=\cdots=r_{mm}=r_{yy}=1$，其余元素对主对角线是对称的。

逐步回归中引进因子，实质上就是要在正规方程组中解出它的回归系数，并据此列出过渡方程，例如在第 i 步要引进因子，就要对第 l 步的正规方程组 $R(l)$ 进行消去变换，消去第 p 个变量。这样，在位置上经过变换后的数值即为标准化回归系数。因此，引进因子就相当于一个消元过程。

反之，如果在第 l 步过渡方程要剔除因子，则相当于把位置上的数值，即将回归系数变换到没有引进以前的数值。因此，剔除因子就相当于一个加元过程。

至于消去变换的方法，在逐步回归中采用的是求解求逆紧凑方案的矩阵变换公式。设第一步对变量进行变换，则 l 步矩阵元素与（$l+1$）步矩阵元素的关系为

$$r_{ij}^{(i+1)}=\begin{cases}\dfrac{r_{ij}^{(i)}}{r_{kk}^{(i)}}(i=k,j\neq k)\text{第 }k\text{ 行上的元素}\\ r_{ij}^{(i)}-\dfrac{r_{ik}^{(i)}r_{kj}^{(i)}}{r_{kk}^{(i)}}(i\neq k,j\neq k)\text{其他元素}\\ -\dfrac{r_{ik}^{(i)}}{r_{kk}^{(i)}}(i\neq k,j=k)\text{第 }k\text{ 列上的元素}\\ \dfrac{1}{r_{kk}^{(i)}}(i=k,j=k)k\text{ 行 }k\text{ 列交叉点上的元素}\end{cases}\tag{7.28}$$

经过式（7.27）对增广矩阵进行 l 步变换后的元素有以下性质：

1）变换公式（7.27）满足交换律，即前 l 步消去因子的次序可以任意交换而不影响第 1 步的变换结果。这是因为式（7.27）实质上是高斯-约当消去法，其特点是在消去过程中最后得到的解与消去变量 $x_1,x_2,\cdots,x_m$ 的先后次序无关。

2）如果将变换公式（7.27）对同一因子 x_k 施行两次变换运算，则矩阵的元素不变。这就是说如果在前（$l-1$）步中为了引进因子，对矩阵进行了一次 $k=p$ 的变换。现在在第 l 步运算中对 $k=p$ 又进行了一次变换。则自动回复到的状态，即相当于未对 $k=p$ 进行过任何运算。所以，对 $k=p$ 进行第二次变换运算，就等于把因子 x_p 剔除出方程。因此，无论引进或剔除因子都可应用上述矩阵。

3）经过 l 步变换后，可以得到第 l 步增广矩阵。

3. 衡量因子重要性的标准——方差贡献（偏回归平方和）

（1）方差贡献的概念。设在回归方程中含有 m 个预报因子，从下列角度考察每个因子在总回归中所起的作用。若回归方程中包含全部预报因子时，其残差平方和为 Q_m（下标 m 表示方程中有 m 个因子），若在方程中去掉第 i 个因子 x_i 后，用（$m-1$）个因子建立一个新的回归方程，则相应的残差平方和为 Q_{m-1}。由于考虑的因子越多，其残差平方和越小（或回归平方和越大），因此，去掉因子 x_i 后，回归方程的残差平方和只会增大不会减少，即有 $Q_{m-1}>Q_m$。若增加的数值越大，则表明该因子在回归方程中起的作用越大，也就是说该因子对 y 的影响更显著。现称 V_i 为预报因子 x_i 对预报对象 y 的方差贡献或偏回归平方和。这里 V_i 可以理解为在考虑了（$m-1$）个因子对 y 的影响的基础上，增加因子 x_i 以后对回归效果所做的改进。显然，V_i 不仅与因子 x_i 对 y 的作用有关，而且

也依赖于方程中其他（$m-1$）个因子。下面介绍逐步回归进行到第 l 步时，因子 x_i 对 y 的方差贡献。

（2）方差贡献的计算。

1）一元情况。首先考察回归方程中只有一个因子的情况。设此时因子为 x_i，则回归方程为 $y=b_0+b_ix_i$。

当采用标准化正规方程组时，有方差贡献如下：

$$V_i=r_{iy}^2/r_{ii}^2 \tag{7.29}$$

2）多元情况。多元情况下方差贡献的计算公式与一元情况完全一样。当采用标准正规方程组时，第 i 个因子的方差贡献为

$$V_i=r_{iy}^2/r_{ii}^2V_i=r_{iy}^2/r_{ii}^2 \tag{7.30}$$

（3）剔除因子时方差贡献的计算。

设方程中已有 l 个因子。所谓剔除因子，就是把 l 个因子中对 y 的方差贡献最小的剔出方程，因此只需利用式（7.30）分别计算它们的方差贡献，择其中最小者 $\min V$，进行剔除检验，如果经 F 检验，的确对 y 的贡献不显著，则应从方程中剔除。计算公式为

$$V_i^{(l)}=[r_{iy}^{(l)}]^2/r_{ii}^{(l)} \tag{7.31}$$

（4）引进因子时方差贡献的计算

设方程中已有 l 个因子，现要把因子 x_i，作为第（$l+1$）个因子引进方程，则由式（7.31）得方差贡献为

$$V_i^{(l+1)}=[r_{iy}^{(l)}]^2/r_{ii}^{(l)} \tag{7.32}$$

由此可见，无论剔除或引进因子，都可利用中间结果应用同一计算公式，进行一次乘法，一次除法运算即可获得。

4. 引入或剔除因子的检验标准及计算

上面讲的各个因子方差贡献的大小只是一个相对重要的标准，究竟方差贡献达到多大才能引进，小到什么程度才可剔除，这仍应用 F 检验的方法来进行。设逐步回归已进行到 l 步，方程中已有 p 个因子，现要引进或剔除因子 x_i 的检验，则定义方差比为

$$F_i=\frac{V_i/l}{Q^{(i)}/(n-p-l)} \tag{7.33}$$

式中，V_i 为因子 x_i 的方差贡献，其自由度为 1。$Q^{(i)}$ 为 l 步的残差平方和，其自由度为（$n-p-1$）。在此假设下，统计量 F 服从 F 分布。因此，在给定置信度 α 后，就能判断能否引进或剔除因子 x_i。

以 F_{1i} 和 F_{2i} 分别表示引进或剔除因子 x_i 时计算的 F 值（下标 1 表示引进，下标 2 表示剔除），则计算公式为：

$$\begin{aligned} F_{1i}&=\frac{V_i/l}{Q^{(i)}/(n-p-2)}=\frac{V_i(n-p-2)}{Q^{(i+1)}} \\ F_{2i}&=\frac{V_i/l}{Q^{(i)}/(n-p-1)}=\frac{V_i(n-p-1)}{Q^{(i)}} \end{aligned} \tag{7.34}$$

当利用第 l 步矩阵变换的结果的元素来计算 F 时，有

$$
\begin{aligned}
Q^{(l)} &= r_{yy}^{(l)} \\
Q^{(i+1)} &= r_{yy}^{(l)} - V_i^{(l)}
\end{aligned} \tag{7.35}
$$

因此，式（7.35）可改写为

$$
\begin{aligned}
F_{1i} &= \frac{V_i^{(l)}(n-p-2)}{r_{yy}^{(l)} - V_i^{(l)}} \\
F_{2i} &= \frac{V_i^{(i)}(n-p-1)}{r_{yy}^{(l)}}
\end{aligned} \tag{7.36}
$$

在剔除因子 x_i 检验时，首先应对方程中的 p 个因子，分别计算它们的方差贡献，然后选取方差贡献最小者，予以剔除。由式（7.36）计算 F_{2i}，若其为最小者，则应予剔除，否则，方程中的每个因子都不能剔除。

在对引进因子检验时，应对尚未引入方程（$m-p$）个因子（设总共有 m 个因子）分别计算它们的方差贡献，然后选方差贡献最大者。

由于在同一置信度 α 下，F_{1i} 和 F_{2i} 分别是自由度（$n-p-2$）与（$n-p-1$）的函数。当自由度相当大时，该置信度 α 的 F 分布中的临界值 F_α 变化很小，因此当 n 较大时，为了计算方便，常用同一临界值 F^* 来代替，即把引进与剔除因子的 F 检验临界值均取 F^*。

5. 最后结果的整理

至此，已介绍完了前面所提出的逐步回归计算中所要解决的问题。应用这些方法进行逐步回归计算，若至第 l 步，方程中含有 P 个因子，这些因子均不能被剔除，方程外的因子也无法再引进，则逐步回归到此结束。下面列出标准化的回归方程为

$$
y'_t = \sum_{i=1}^{p} b'_i x'_i \tag{7.37}
$$

然后，根据标准化前后数据之间的关系，将它们转换为标准化前的原值，即

$$
y'_t = \frac{y_t - \bar{y}}{\sqrt{S_{yy}}},\quad x'_{ii} = \frac{x_{it} - \overline{x_i}}{\sqrt{S_{ii}}},\quad b_i = \frac{\sqrt{S_{yy}}}{\sqrt{S_{ii}}} b'_i
$$

此外，总离差平方和 S_{yy} 标准化后 $S'_{yy} = r_{yy} = 1$，所以标准化后的残差平方和、回归平方和及方差贡献等数值均与原值差一比例因子 S_{yy}。例如残差平方和 $Q^{(1)} = r_{yy}^{(1)} S_{yy}$。

根据上述关系，就可写出最后结果。

7.4.3　人工智能法

7.4.3.1　BP 神经网络

人工神经网络技术是依靠人类大脑的信息处理机制建立起来的一种非线性的信息处理方法。它是依靠大量神经元之间的相互作用和相互连接来决定一个系统的整体行为，不光可以模拟人类大脑的非局域特点，而且还有自适应、自组织、自学习的能力。目前常用的有 BP 神经网络（Back Propagation Neural Network）和 GRNN 神经网络（General Regression Neural Network），具体介绍如下。

所谓的 BP 神经网络即误差反传前向网络（Error Back Propagation）。其算法过程如

下：网络将一系列输入经过连接权重加权，从输入层向前到隐含层，再传送到输出层，计算出实际输出与期望输出的误差，若大于界定值，再将误差送回，重新调整权系数，再进行迭代，直到满意为止。BP神经网络模型是一种基于误差反向传播算法训练的多层前馈神经网络。该模型包括输入层、隐藏层和输出层，每层由一个至多个并行运算的神经元组成，网络同一层神经元间并无相互连接的关系，而层与层之间的神经元则采用全连接方式互连。已有研究表明含有三层神经网络拓扑结构具有良好的非线性能力、自组织、自适应性以及容错性等特点，这决定了该模型可以以高精度逼近任何具有有限间断点的非线性函数。因此，在实际应用中，三层BP神经网络在水文预报中得到了广泛应用，其结构如图7.10所示。

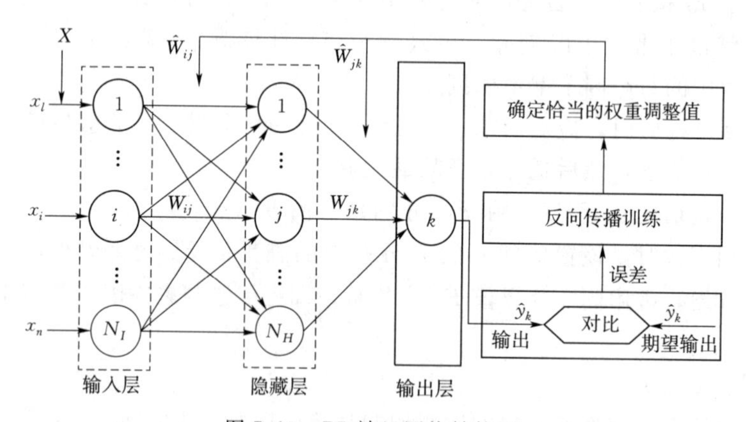

图7.10　BP神经网络结构图

设网络的学习样本输入和期望输出 A_k，C_k($k=1,2,\cdots,m$，为学习矩阵的模式输入对个数)，随机地给出网络从输入层到隐含层的初始连接权系数 W_{ij} 以及隐含层单元和输出层单元的阈值 θ_i、γ_i。然后对学习样本的输入和期望输出 A_k，C_k($k=1,2,\cdots,m$)进行下列计算：

根据连接权矩阵（初始时刻为给定的一组随机小量）和学习样本的输入，计算隐含层新的激活值：

$$b_i = f(\sum_{h=1}^{n} a_h v_{hi} + \theta_i) \tag{7.38}$$

其中 $i=1,2,\cdots,p$，为隐含层节点数；$h=1,2,\cdots,n$，为输入层节点数。

节点的转移函数为Sigmoid函数：

$$f(x) = 1/(1+\mathrm{e}^{-x}) \tag{7.39}$$

计算输出层单元的激活值：

$$C_j = f(\sum_{i=1}^{p} W_{ij} v_i + \gamma_j) \tag{7.40}$$

其中 $j=1,2,\cdots,q$，为输出层节点数，初始时刻 W_{ij} 为一组给定的随机小量。

计算输出层单元的一般误差：

$$d_j = c_j(1-c_j)(c_j^k - c_j) \tag{7.41}$$

其中 $j=1,2,\cdots,q$，为输出层单元 j 的期望输出。

计算隐含层各单元相对于第个 d_j 的误差：

$$e_i = b_i(1-b_i)\sum_{j=1}^{q} w_{ij}d_j \tag{7.42}$$

其中 $i=1,2,\cdots,p$。

调整隐含层单元到输出层单元的连接权：

$$\Delta w_{ij} = \alpha b_i d_j \tag{7.43}$$

其中 $i=1,2,\cdots,p$ 和 $j=1,2,\cdots,q$，α 为学习因子（$0<\alpha<1$）。

高速输出层单元的阀值：

$$\Delta \gamma_j = \alpha d_j \tag{7.44}$$

其中 $j=1,2,\cdots,q$。

调整输入层单元到隐含层单元的连接权：

$$\Delta v_{hi} = \beta a_h e_i \tag{7.45}$$

其中 $h=1,2,\cdots,p$ 和 $i=1,2,\cdots,q$，β 为学习因子（$0<\beta<1$）。

调整隐含层单元的阀值

$$\Delta \theta_i = \beta e_i \tag{7.46}$$

其中 $i=1,2,\cdots,p$。

重复上述过程后，可以计算总体误差：

$$E = \frac{1}{2}\sum_{t=1}^{n}\sum_{j=1}^{q}(y_{jt} - \hat{y}_{jt})^2 \tag{7.47}$$

判断 $E(K)$ 是否小于事先给定的一个小的误差值，或者判断最后这次的总体误差与上一次的误差已经变化很小了，即 $E(K)-E(K-1)$ 已经很小了，则可以停止训练。用最后一次迭代计算得到的输入层到隐层的各神经元连接权矩阵 V_{hi} 以及隐层神经元阀值 θ_l 代入式（7.38）计算出隐含层神经元老派激活值 b_i，并将与最后一次迭代得到的隐层到输出神经元的连接权矩阵 W_{lj}，输出层阀值向量 γ_j 一起代入式（7.40），便可得到最后的预报值。

一般来讲，通过以上的迭代计算便可以用连接权矩阵和阀值向量计算出预报值，但是通常由于 ANN 方法学习能力较强而推广能力较差，所以当网络模型训练好以后要用一定量的独立样本作为预测集对模型试验，效果满意才能用于预报。

当然真正的神经网络模型调试由于 ANN 的拓扑结构灵活可便，可调参数又多，有时误差函数还会出现振荡、不收敛的问题，所以模型调试还有一些技术方法，需要进一步深入研究。

总体认为，ANN 方法用好了，肯定比我们传统的一些方法要好，尤其是它具有很好的处理非线性问题的能力，而大量的天气预报问题都具有非线性演变特征，所以这种方法的应用前景还是十分好的。同样，经验表明，利用神经网络方法得到的水文预报模型，拟合效果很好，但预报效果则要差很多，甚至不如其他简单的回归模型，这也是该方法不断迭代的过程所决定，会出现“过拟合”问题。需要指出的是，物理因子的选择对预报效果有比较明显的影响。

7.4.3.2　GRNN 神经网络

广义回归（GRNN）神经网络模型是由 Specht 博士 1991 年提出的一种基于非线性回归理论的神经网络模型，属于径向基神经网络（RBF）的一种变形，该模型不仅具有很强非线性映射能力，同时还具有高度的鲁棒性和容错性，这些特点使得此种模型非常适用于解决非线性问题。GRNN 神经网络模型一般包括输入层、模式层、求和层和输出层 4 层，其神经网络结构如图 7.11 所示。

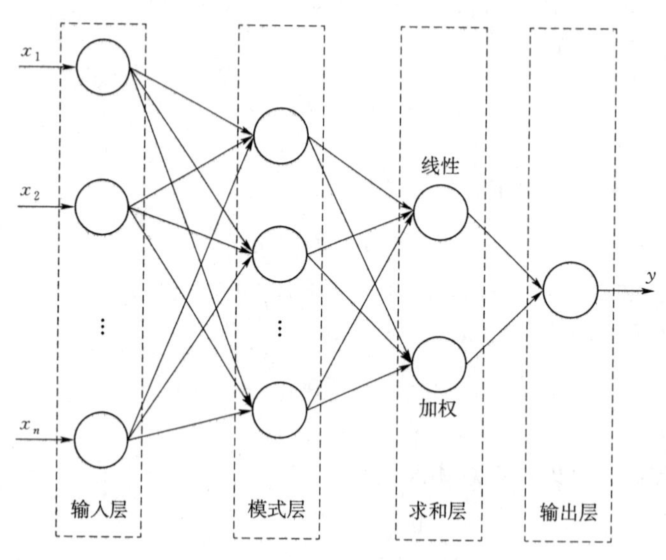

图 7.11　GRNN 神经网络结构图

GRNN 神经网络的输入层神经元个数为输入向量的维数，利用简单的线性函数将输入变量传递到隐含层中；其模式层的神经元个数等于训练样本的个数，传递函数采用高斯函数；求和层使用两类神经元，第一类神经元对模式层的神经元输出进行算术求和，模式层神经元与该神经元连接权重为 1，称为分母神经元；第二类神经元则计算模式层神经元的加权和，权重为各训练样本的期望输出值，称为分子神经元；输出层将求和层的分子神经元与分母神经元的输出相除，即得到了 y 的估算值。

由以上介绍可知，当训练样本确定后，GRNN 模型结构和各神经元之间的连接权重即可确定，训练时只需对光滑因子 σ 进行寻优，因此其训练速度要比 BP 模型快。

7.4.3.3　随机森林

随机森林（Random Forests）是用随机的方式建立一个森林，森林里面有很多的决策树组成，随机森林的每一棵决策树之间是没有关联的。随机森林模型是一种比较新的机器学习模型。20 世纪 80 年代 Leo Breiman 等发明了分类树的算法，通过反复二分数据进行分类或回归，使计算量大大降低。2001 年 Breiman 把分类树组合成随机森林，在每棵决策树的构建过程中使用了两次随机，一是构建决策树时使用的训练样本是通过 bootstrap 法在原始数据集中随机获取的；二是每棵决策树所使用的解释变量也是在原有特征集的基础上随机获取，生成很多分类树，再汇总分类树的结果。随机森林模型在运算量没有显著提高的前提下提高了预测精度。由于随机森林模型对多线性不敏感，预测结果对缺失数据和非平衡的数据比较稳健，可以很好地预测多达几千个解释变量的作用，被誉为当前最好的算法之一。

决策树是随机森林模型的基础分类器，其构造由一个独立同分布的随机向量决定，图7.12就是决策树的示意图。如果将决策树看成分类任务中的一个专家，那么随机森林模型就是许多专家在一起对某种任务进行分类。随机森林模型是由多个决策树 $\{h(X, \theta_k)\}$ 组成的分类器，其中 θ_k 是独立同分布的随机变量。输入向量 X 的最终所属类别由森林中所有决策树投票决定。

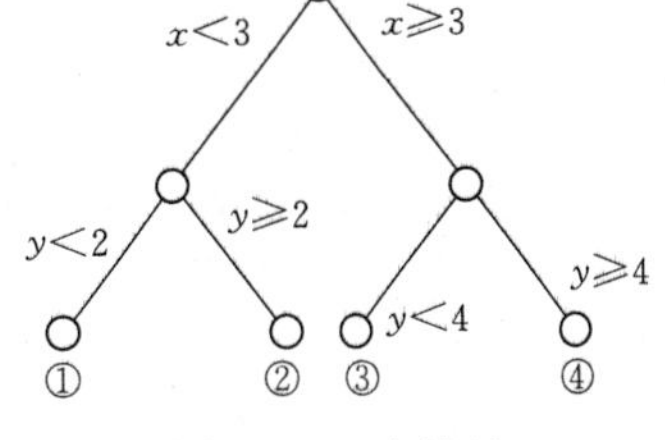

图7.12　决策树

在随机森林模型中，当决策树的数目很大时，遵循大数定律。随机森林模型不会随着分类树的增加而过度拟合，但有一个有限的泛化误差值，这表明随机森林模型可以为未知实例预测提供很好的参考思路。随机森林模型也可以用来处理回归问题。有关随机森林模型的基本理论的介绍详见文献。随机森林可以用于分类和回归。

分类：在得到森林之后，当有一个新的输入样本进入的时候，就让森林中的每一棵决策树分别进行判断，看看这个样本应该属于哪一类，然后看看哪一类被选择最多，就预测这个样本为那一类。分类树就是某叶节点预测的分类值应是造成错判损失最小的分类值。

回归：在决策树的根部，所有的样本都在这里，此时树还没有生长，这棵树的残差平方和就是回归的残差平方和。然后选择一个变量也就是一个属性，这个变量使得通过这个进行分类后的两部分的分别残差平方和的和最小。然后在分叉的两个节点处，再利用这样的准则，选择之后的分类属性。一直这样下去，直到生成一颗完整的树。回归树就是预测值为叶节点目标变量的加权均值。

算法思想解释：在上述中，这些决策树好比是臭皮匠，森林就是臭皮匠的聚集之地。在分类中，倘若臭皮匠大部分都决策出选择类别A（多数表决法），那么这就是最终的结果A（三个臭皮匠顶过一个诸葛亮）。

算法知识点：决策树就是利用实例的特征进行生成。决策树实际上是将空间用超平面进行划分的一种方法，每次分割的时候，都将当前的空间一分为二，需要信息熵的知识点。比如说下面的决策树：

在这里，x 与 y 分别表示实例中的某个特征。因此，在决策树中就涉及了对特征的选取。

在建立每一棵决策树的过程中，有两点需要注意：采样与完全分裂。首先是两个随机采样的过程，随机森林对输入的数据要进行行、列的采样。

对于行采样：bootstrap方式是采用有放回的方式，也就是在采样得到的样本集合中，可能有重复的样本。假设输入样本为 N 个，那么采样的样本也为 N 个。这样使得在训练的时候，每一棵树的输入样本都不是全部的样本，使得相对不容易出现过拟合。因此，针对 N 个样本中的某一个样本，可能不被选中，也可能被选中多次，这样组合成为一组训练集（N 个样本）。

然后进行列采样：m 个属性是用来做决策的，是从 M 个属性中，选择 m 个（$m<<M$）。之后就是对采样之后的数据使用完全分裂的方式建立出决策树，这样决策树的某一个叶子节点要么是无法继续分裂的，要么里面的所有样本都是指向的同一个分类。一般很多的决策树算法都有一个重要的步骤-剪枝，但是这里不这样做，由于之前的两个随机采样的过程保证了随机性，所以就算不剪枝，也不会出现过拟合。

参 考 文 献

[1] American Meteorological Society. Meteorological drought policy statement [J]. Bulletin of American Meteorological Society, 1997, 78 (5): 847 - 849.

[2] Anderton S. P. White S. M. and Alvera B. Evaluation of spatial variability in snowwater equivalent for a highmountain catchment [J]. Hydrol. Process., 2004, 18: 435 - 453.

[3] Arora, V K, Chiew F H S, Grayson R B. Effect of sub - grid scale variability of soil moisture and precipitation intensity on surface runoff and streamflow [J]. J. Geophys. Res., 2001, 106 (D15): 17073 - 17091.

[4] 毕宝贵，矫梅燕，廖明，等.2003年淮河流域大洪水的雨情、水情特征分析 [J]. 应用气象学报，2004，15 (6): 681 - 687.

[5] Bhalme H N, Mooley D A. Large - Scale Droughts/Floods and Monsoon Circulation [J]. Monthly Weather Review, 1980, 108: 1197.

[6] Bogardi I, Matyasovszky I, Bardossy A, et al. A hydroclimatological model of areal drought [J]. Journal of Hydrology, 1994, 153 (1 - 4): 245 - 264.

[7] Bras R. L. Hydrology: An Introduction to Hydrologic Science. Reading [M]. MA: Addison - Wesley Publishing Company, 1990.

[8] Bretherton C. S. and Park S. A new moist turbulence parameterization in the Community Atmosphere Model [J]. J. Climate., 2009, 22 (12): 3422 - 3448.

[9] 陈江南，王云璋，徐建华，等. 水土保持生态建设对黄河水资源、泥沙影响评价方法研究 [M]. 郑州：黄河水利出版社，1998.

[10] 陈文，杨修群，黄荣辉，等. 中国南方洪涝和持续性暴雨的气候背景 [M]. 北京：气象出版社，2013.

[11] 陈鲜艳，周兵，钟海玲，等.2011年长江中下游春旱的气候特征分析 [J]. 长江流域资源与环境，2014，23 (1): 139 - 145.

[12] 程航，孙国武，冯呈呈，等. 亚非地区近百年干旱时空变化特征 [J]. 干旱气象，2018，36 (2): 196 - 202.

[13] Clark, M. P. and Vrugt, J. A. Unraveling uncertainties in hydrologic model calibration: addressing the problem of compensatory parameters [J]. Geophys. Res. Lett., 2006, 33, L06406, doi: 10.1029/2005GL025604.

[14] Collins W D, Raseh P J, et al. Description of the NCAR Conununity Atmosphere Model (CAM3.0), National Center for Atmospheric Research [M]. Boulder. Colorado, 210. 2004.

[15] Cubasch U, Waszkewitz J, Hegerl G, et al. Regional climate changes as simulated in time - slice experiments [J]. Climatic Change, 1995, 31 (2 - 4): 273 - 304.

[16] 邓伟涛. 利用CAM - RegCM嵌套模式预测我国夏季降水异常 [D]. 南京信息工程大学博士学位论文，2008.

[17] 丁彪，曾新民. 一种区域气候模式地表产流方案的改进及数值试验 [J]. 气象科学，2006，26 (1): 31 - 38.

[18] 丁一汇，张晶. 一个改进的陆面过程模式及其模拟试验研究 [J]. 气象学报，1998，13 (4): 385 - 400.

[19] 丁一汇，人类活动与全球气候变化及其对水资源的影响 [J]. 中国水利，2008，596 (2):20 - 27.

[20] 丁一汇，王遵娅．中国雨季的气候学特征 [M]. 北京：气象出版社，2007.

[21] 丁一汇，张建云．暴雨洪涝 [M]. 北京：气象出版社，2009.

[22] Deser C，Phillips A S，Tomas R A，et al. ENSO and pacific decadal variability in the community climate system model version 4 [J]. J. Climate，2012，25 (8)：2622 - 2651.

[23] Dickinson R E，Errico M，Giorgi F，et al. A region al climate model for the western USA [J]. Climatic Change，1989，15 (3)：383 - 412.

[24] Dingman，S. L. Physical Hydrology [M]. Englewood Cliffs，NJ：Prentice Hall，1994.

[25] 冯平，朱元甡．供水系统水文干旱的识别 [J]. 水利学报，1997 (11)：71 - 76.

[26] 符淙斌，王淑瑜，熊喆，等．亚洲区域气候模式比较计划的进展．气候与环境研究，2004，9 (2)：225 - 239.

[27] Frederick K. Lutgens and Edward J. Tasa. 气象学与生活 [M]. 陈星，黄樱，等，译．北京：电子工业出版社，2016.

[28] 高绍凤，陈万隆，朱超群，等．应用气候学 [M]. 北京：气象出版社，2004.

[29] Garen D C. Revised Surface - Water Supply Index for Western United States [J]. Journal of Water Resources Planning & Management，1993，119 (4)：437 - 454.

[30] Gent P R，Danabasoglu G，Donner L J，et al. The community climate system model version 4 [J]. J. Climate，2011，24 (19)：4973 - 4991.

[31] Gettelman A，Morrison H and Ghan S J. A New Two - Moment Bulk Stratiform Cloud Microphysics Scheme in the Community Atmosphere Model，Version 3 (CAM3)．Part Ⅱ：Single - Column and Global Results [J]. J. Climate，2008，21 (15)：3660 - 3679.

[32] Gibbs W J，Maher J V. Rainfall deciles as drought indicators [C]. Australian Bureau of Meteorology，1967，No. 48，Commonwealth of Australia.

[33] Giorgi F，Bates G T. The climatological skill of regional model over complex terrain [J]. Mon. Wea. Rev.，1989，117 (11)：2325 - 2347.

[34] Giorgi F，Marinuci M R，Bates G T. Developmentofasecond generation regional climate model (REGCM2). Boundary layer and radiative transferprocesses [J]. Mon. Wea. Rev.，1993，121：2794 - 2813.

[35] Giorgi F，MearnsL O. Introduction to special section：Regional climate modeling revisited [J]. J. Geophys. Res.，1999，104：6335 - 6352.

[36] Grell G. Prognostic evaluation of assumptions used by cumulus parameterizations [J]. Mon. Wea. Rev.，1993，121：764 - 78.

[37] 和渊，苏炳凯，赵鸣．区域气候模式 RegCM3 对标量粗糙度的敏感性试验 [J]. 气象科学，2000，21 (2)：136 - 143.

[38] 胡庆芳，张建云，王银堂，等．2018 城市化对降水影响的研究综述 [J]. 水科学进展，2018，29 (1)：138 - 140.

[39] 胡玉恒，荣艳淑，魏佳等．华南前汛期降水与前期印度洋海温的相关性分析 [J]. 水资源保护，2017，33 (5)：106 - 116.

[40] Hack J J. 1994. Parameterization of moist convection in the National Center for Atmospheric Research community climate model (CCM2) [J]. J. Geophys. Res.，99 (D3)：5551 - 5568.

[41] Hao Z，Agha Kouchak A. A nonparametric multivariate multi - index drought monitoring framework [J]. Journal of Hydrometeorology，2014，15 (1)：89 - 101.

[42] Heim R R J. A review of twentieth - century drought indices used in theUnited States [J]. Bull. amer. meteor. soc，2002，83 (8)：1149 - 1165.

[43] Hodgkins，G. A. and Dudley，R. W. Changes in the timing of winter - spring streamflows in eastern

North America，1913 - 2002. Geophys. Res. Lett.，2006，33，L06402，doi：10.1029/2005GL025593.

[44] Hulme M，Marsh R，Jones P. Global changes in a humidity index between 1931 - 60 and 1961 - 90 [J]. Climate Research，1992，2（1）：1 - 22.

[45] IPCC. 气候变化 2007：综合报告．政府间气候变化专门委员会第四次评估报告第一、第二和第三工作组的报告．IPCC，瑞士，日内瓦，2007，1 - 104.

[46] IPCC. 气候变化 2013：综合报告．政府间气候变化专门委员会第四次评估报告第一工作组的报告. IPCC，瑞士，日内瓦，2013，1 - 27.

[47] 蒋益荃．人为气溶胶排放对东亚气候影响的数值模拟研究 [D]. 南京大学博士学位论文，2013.

[48] 金蓉玲，胡琴．1998 长江大洪水成因初析 [J]. 水利规划，1998，（增）：93 - 96.

[49] Jacobs J. M.，Myers D. A. and Whitfield B. M. Improved rainfall/runoff estimates using remotely sensed soil moisture [J]. J. Amer. Water Resour. Assoc.，2003，39：313 - 24.

[50] 金义蓉．太湖流域城市化对降水影响的统计诊断研究 [D]. 南京水利科学研究院硕士学位论文，2017.

[51] 康尔泗，程国栋，蓝永超．西北干旱区内陆河流域出山径流变化趋势对气候变化响应的模型 [J]. 中国科学，1999，20（增刊）：47 - 54.

[52] Kai TU，Zhongwei YAN and Wenjie DONG：Climatic Jumps in Precipitation and Extremes in Drying North China during 1954 - 2006. Journal of the Meteorological Society of Japan，2010，88（1）：29 - 42.

[53] Kao S C，Rao S G. A copula - based joint deficit index for droughts [J]. Journal of Hydrology，2010，380（1）：121 - 134.

[54] Kite G W. Frequency and risk analyses in hydrology [M]. Water Resources Publications，2000.

[55] 李崇银，穆明权，毕训强．大气环流的年际变化Ⅱ：GCM 数值模拟研究 [J]. 大气科学，2000，24（6）：740 - 748.

[56] 李凯，曾新民．一个区域气候模式水文过程的改进及年尺度模拟研究 [J]. 气象科学，2008，28（3）：308 - 315.

[57] 李庆祥，刘小宁，李小泉．近半个世纪华北干旱化趋势研究 [J]. 自然灾害研究，2002，11（3）：50 - 56.

[58] 李鑫．CAM5 模式的评估与一次有机碳气溶胶的气候模拟 [D]. 中国气象科学研究院硕士学位论文，2012.

[59] 李熠，陈幸荣，谭晶，等．基于 CESM 气候模式的 ENSO 后报试验 [J]. 海洋学报，2015，37（9）：39 - 50.

[60] 林元弼，汤明敏，陆森娥，等．天气学 [M]. 南京：南京大学出版社，1988.

[61] 刘国维．水文循环的大气过程 [M]. 北京：科学出版社，1997.

[62] 陆汉城．中尺度天气原理和预报 [M]. 北京：气象出版社，2004.

[63] 陆其峰，潘晓玲，钟科，等．区域气候模式研究进展 [J]. 大气科学学报，2003，26（4）：557 - 565.

[64] 罗梦森，曾明剑，景元书，等．GPS 反演的大气可降水量变化特征及其与降水的关系研究 [J]. 气象科学，2014，33（4）：418 - 423.

[65] 罗霄，李栋梁，王慧. 华西秋雨演变的新特征及其对大气环流的响应 [J]. 高原气象，2013，32（4）：1019 - 1031.

[66] 吕星玥，荣艳淑，石丹丹，2010/2011 年长江中下游秋冬春三季连旱成因的再分析 [J]. 干旱气象，2019，37（2）.

[67] Linacre E. Climate Data and Resources：A Reference and Guide [M]. London：Rountledge，1992.

[68] Liu X，Penner J E，Ghan S J and Wang M. Inclusion of Ice Microphysics in the NCAR Community Atmospheric Model Version 3（CAMS）[J]. J. Climate.，2007，20（18）：4526 - 4547.

[69] Lu E. Determining the start, duration, and strength of flood and drought with daily precipitation: rationale [J]. Geophysical Research Letters, 2009, 36 (12): 1179.

[70] Luce, C. H. Forests and wetlands. In Environmental Hydrology [M]. ed. A. D. Ward and W. J. Elliot. New York, NY: Lewis Publishers, 1995.

[71] 马柱国，华丽娟，任小波．中国近代北方极端干湿事件的演变规律 [J]. 地理学报，2003，58 (z1): 69 - 74.

[72] Ma M, Ren L, Singh V P, et al. Evaluation and application of the SPDI - JDI for droughts in Texas, USA [J]. Journal of Hydrology, 2015, 521: 34 - 45.

[73] Mansell, M. G. Rural and Urban Hydrology [M]. London: Thomas Telford Publishing, 2003.

[74] Marks D. and Winstral A. Comparison of snow deposition, the snow cover energy balance, and snowmelt at two sites in a semiarid mountain basin [J]. J. Hydrometeor., 2001, 2: 213 - 227.

[75] Mays L. W. Water Resources Engineering [M]. New York, NY: John Wiley and Sons, 2005.

[76] Mckee T B, Doesken N J, Kleist J. The relationship of drought frequency and duration to time scales [C] //American Meteorological Society. Proceedings of the 8th Conference on Applied Climatology. Anaheim, California, USA, 1993: 179 - 184.

[77] Meier, M. F. Snow and ice. In Surface Water Hydrology [M]. ed. M. G. Wolman and H. C. Riggs. The Geology of North America, Vol. 0 - 1. Boulder, CO: Geological Society of America, 1990.

[78] Michel C., Andréassian V., Perrin, C. Soil conservation service curve number method: how to mend a wrong soil moisture accounting procedure? [J]. Water Resour. Res., 2005, 41: W02011, doi: 10.1029/2004W R003191.

[79] Nalbantis I, Tsakiris G. Assessment of Hydrological Drought Revisited [J]. Water Resources Management, 2009, 23 (5): 881 - 897.

[80] Neale R., Chen C., Gettelman A., et al. Description of the NCAR Community Atmosphere Model (CAM 5.0) [C]. NCAR Technical Notes, NCAR/TN - 486+STR, 2012.

[81] Ohmura, A. Physical basis for the temperature - based melt - index method [J]. J. Appl. Meteor., 2001, 40: 753 - 761.

[82] Oke T. R. Boundary Layer Climates [M]. 2nd edn. London: Methuen and Company, 1987.

[83] Palmer W C. Meteorological drought [M]. Washington, DC, USA: US Department of Commerce, Weather Bureau, 1965.

[84] Pilgrim D. H. and Cordery I. Flood runoff. In Handbook of Hydrology [M]. ed. D. R. Maidment. New York, NY: McGraw - Hill, Inc. pp. 9.1 - 9.42. (1993).

[85] Plüss C. and Ohmura A. Longwave radiation on snow - covered mountainous surfaces. J. Appl. Meteor., 1997, 36: 818 - 824.

[86] Pomeroy J. W., Toth B., Granger R. J., et al. Variation in surface energetics during snowmelt in a subarctic mountain catchment [J]. J. Hydrometeor., 2003, 4: 702 - 719.

[87] 彭广，刘立成，刘敏，等．洪涝 [M]. 北京：气象出版社，2003.

[88] 彭京备，张庆云，布和朝鲁．2006年川渝地区高温干旱特征及其成因分析 [J]. 气候与环境研究，2007，12 (3): 464 - 474.

[89] 彭艳．分布式陆气耦合模型在洪水预报中的应用研究 [M]. 武汉：华中科技大学，2013.

[90] 齐艳军，张人禾，Tim Li. 1998年夏季长江流域大气季节内振荡的结构演变及其对降水的影响 [J]. 大气科学，2016，40 (3): 451 - 462.

[91] 钱维宏．大气中的对流和结构 [M]. 北京：气象出版社，1996.

[92] 秦建国，张泉荣，洪国喜，等．太湖地区2011年春季严重干旱成因与预测 [J]. 水资源保护，2012，28 (6): 29 - 32.

[93] 荣艳淑，段丽瑶，徐明 . 1997—2002 年华北持续性干旱气候诊断分析 [J]. 干旱区研究，2008，25 (6)：842 - 850.

[94] 荣艳淑，巩琳，卢寿德 . 2009—2014 年云南地区水文气象干旱特征及成因分析 [J]. 水资源保护，2018，34 (3)：22 - 29.

[95] 荣艳淑，胡玉恒，张亮，等 . 红水河汛期径流与印度洋海温异常的关系 [J]. 热带气象学报，2017，33 (6)：831 - 840.

[96] 荣艳淑，石丹丹，吕星玥 . 拉尼娜事件对长江中下游旱涝的影响 [J]. 水资源保护，2019，35 (3)：6 - 17.

[97] Rango，A. and Martinec，J. Revisiting the degree - day method for snowmelt computations [J]. Water Resour. Bull.，1995，31：657 - 669.

[98] Rantz，S. E. Runoff Characteristics of California Streams. U. S. Geological Survey Water - Supply Paper 2009 - A [M]. Washington，D. C.：U. S. Government Printing Office，1972.

[99] Rose，C. An Introduction to the Environmental Physics of Soil，Water and W. atersheds [M]. Cambridge：Cambridge University Press，2004.

[100] 沈永平，王国亚 . IPCC 第一工作组第五次评估报告对全球气候变化认知的最新科学要点 [J]. 冰川冻土，2013，35 (5)：1068 - 1076.

[101] 施雅风，沈永平，李栋梁，等. 中国西北气候由暖干向暖湿转型的特征和趋势探讨 [J]. 第四纪研究，2003，23 (2)：152 - 164.

[102] 史学丽，丁一汇，刘一鸣 . 区域气候模式对中国东部夏季气候的模拟试验 [J]. 气候与环境研究，2001，6 (2)：249 - 254.

[103] 舒媛媛 . 城市化对降雨、径流影响的研究 [D]. 西安：长安大学硕士论文，2014.

[104] 宋晓猛，张建云，占车生，等 . 气候变化和人类活动对水文循环影响研究进展 [J]. 水利学报，2013，44 (7)：779 - 790.

[105] 孙照渤，陈海山，谭桂容，等 . 短期气候预测基础 [M]. 北京：气象出版社，2010.

[106] 索渺清，丁一汇 . 冬半年副热带南支西风槽结构和演变特征研究 [J]. 大气科学，2009，33 (3)：425 - 442.

[107] Seidel K. and Martinec J. Remote Sensing in Snow Hydrology：Runoff Modelling，Effect of Climate Change [M]. Chichester：Springer - Praxis Publishing，2004.

[108] Shukla S，Wood A W. Use of a standardized runoff index for characterizing hydrologic drought [J]. Geophysical Research Letters，2008，35 (2)：226 - 236.

[109] Storch V H，Zorita E，Cubasch U，et al. Downscaling of global climate change estimates to regional scales：an application to Iberrian rainfall in wintertime [J]. J. Climate，1993，6 (6)：1161 - 1171.

[110] Sundqvist H，Berge E，and Kristjansson J E. The effects of domain choise on summer precipitation simulation and sensitivity in a regional climate model [J]. J. Climate，1989，11，2698 - 2712.

[111] Suzuki，K. and Ohta，T. Effect of larch forest density on snow surface energy balance [J]. J. Hydrometeor.，2003，4：1181 - 1193.

[112] 陶诗言 . 中国之暴雨 [M]. 北京：科学出版社，1980.

[113] Tsakiris G，Pangalou D，Vangelis H. Regional Drought Assessment Based on the Reconnaissance Drought Index (RDI) [J]. Water Resources Management，2007，21 (5)：821 - 833.

[114] Tsakiris G，and Vangelis H. Establishing a Drought Index Incorporating Evapotranspiration [J]. European Water，2005，9 (10)：3 - 11.

[115] U. S. Army Corps of Engineers. Snow Hydrology：Summary Report of the Snow Investigations [M]. Portland，OR：North Pacific Division，1956.

[116] Van Rooy M P. A rainfall anomaly index independent of time and space. Notos，1965，14：43 - 48.

[117] Vertenstein M, Craig T, Middleton A, et al. CESM 1.0.4 User's Guide [M].
[118] Vicente - serrano S M, Beguería S, Lópezmoreno J I. A Multiscalar Drought Index Sensitive to Global Warming: The Standardized Precipitation Evapotranspiration Index [J]. Journal of Climate, 2010, 23 (7): 1696 - 1718.
[119] Vicente - Serrano S M, López - Moreno J I, Beguería S, et al. Accurate Computation of a Streamflow Drought Index [J]. Journal of Hydrologic Engineering, 2012, 17 (2): 318 - 332.
[120] 万修全，刘泽栋，沈飙，等．地球系统模式CESM及其在高性能计算机上的配置应用实例 [J]. 地球科学进展，2014，29 (4)：482 - 491.
[121] 汪岗，范昭．黄河水沙变化研究 [M]. 郑州：黄河水利出版社，2002.
[122] 王绍武．气候模拟研究进展 [J]. 气象，1994，20 (12)：9 - 18.
[123] 王澄海，王芝兰，郭毅鹏．GEV干旱指数及其在气象干旱预测和监测中的应用和检验 [J]. 地球科学进展，2012，27 (9)：957 - 968.
[124] 王春林，陈慧华，唐力生，等．基于前期降水指数的气象干旱指标及其应用 [J]. 气候变化研究进展，2012，8 (3)：157 - 163.
[125] 王国庆，气候变化和人类活动对河川径流影响的定量分析 [J]. 中国水利，2008，596 (2)：55 - 58.
[126] 王国庆，王云璋，康玲玲．黄河上中游径流对气候变化的敏感性分析 [J]. 应用气象学报，2002，13 (1)：117 - 121.
[127] 王家祁．中国暴雨 [M]. 北京：中国水利水电出版社，2002.
[128] 王劲松，郭江勇，倾继祖．一种 K 干旱指数在西北地区春旱分析中的应用 [J]. 自然资源学报，2007，22 (5)：709 - 717.
[129] 王全喜，王自发，郭虎．北京"城市热岛"效应现状及特征 [J]. 气候与环境研究，2006，11 (5)：627 - 636.
[130] 王文，徐红．Palmer干旱指数在淮河流域的修正及应用 [J]. 地球科学进展，2012，27 (1)：60 - 67.
[131] 王彦君，王随继，苏腾．降水和人类活动对松花江径流量变化的贡献率 [J]. 自然资源学报，2015，30 (2)：304 - 314.
[132] 王勇，何荣，杨彬云，等．GPS反演的可降水量与降水的对比分析研究 [J]. 测绘科学，2010，35 (5)：80 - 82.
[133] 魏凤英，张京江．1885—2000年长江中下游梅雨特征量的统计分析 [J]. 应用气象学报，2004，15 (3)：313 - 321.
[134] 吴杰峰，陈兴伟，高路，等．基于标准化径流指数的区域水文干旱指数构建与识别 [J]. 山地学报，2016 (3)：282 - 289.
[135] 吴友均，师庆东，常顺利．1961—2008年新疆地区旱涝时空分布特征 [J]. 高原气象，2011，30 (2)：391 - 396.
[136] 伍荣生．现代天气学原理 [M]. 北京：高等教育出版社，1999.
[137] Wang Ai - Hui, Dennis P. Lettenmaier, Justin Sheffield. Soil Moisture Drought in China [J], 1950 - 2006. Journal of Climate, 2011, 24: 3257 - 3271.
[138] Wang Ai - Hui, FU Jian - Jian. Changes in Daily Climate Extremes of Observed Temperature and Precipitation in China [J]. Atmospheric and Oceanic Science Letters, 2013, 6 (5): 312 - 319
[139] Ward, A. D. Surface runoff and subsurface drainage [M]. In Environmental Hydrology, ed. A. D. Ward and W. J. Elliot. New York, NY: Lewis Publishers, pp. 133 - 73, 1995.
[140] Ward R. C. and Robinson M. Principles of Hydrology [M]. 4th edn. London: McGraw - Hill, 2000.
[141] Waseem M, Ajmal M, Kim T W. Development of a new composite drought index for multivariate

drought assessment [J]. Journal of Hydrology, 2015, 527: 30 - 37.

[142] Wells N, Goddard S, Hayes M J. A Self - Calibrating Palmer Drought Severity Index [J]. Journal of Climate, 2010, 17 (12): 2335 - 2351.

[143] Williamson D L, Kiehl J T, Ramanathan V, Diekinson R E, and Haek J J. Deseription of NCAR Conununity Climate Model (CCMI) [J]. National Center for Atmospheric Researeh, Boulder, Colorado, 112pp., 1987.

[144] Wu Z, Lin Q, Lu G, et al. Analysis of hydrological drought frequency for the Xijiang River Basin in South China using observed streamflow data [J]. Natural Hazards, 2015, 77 (3): 1655 - 1677.

[145] 徐敏，田红．淮河流域 2003 年梅雨时期降水与水汽输送的关系 [J]. 气象科学，2005，25 (3)：265 - 271.

[146] 许武成，马劲松，王文．关于 ENSO 事件及其对中国气候影响研究的综述 [J]. 气象科学，2005，25 (2)：212 - 220.

[147] 闫会平．运用大气模式 CAM5 模拟的降水和气溶胶晓颖的参数敏感性和不确定性研究 [D]. 兰州：兰州大学博士学位论文，2015.

[148] 叶柏生，丁永建，刘潮海．不同规模山谷冰川及其径流对气候变化的响应过程 [J]. 冰川冻土，2001，23 (2)：103 - 111.

[149] 叶柏生，赖祖铭，施雅风．气候变化对天山伊犁河上游河川径流的影响 [J]. 冰川冻土，1996，18 (1)：29 - 36.

[150] 于淑秋，卞林根，林学椿．北京城市热岛“尺度”变化与城市发展 [J]. 中国科学 D 辑，2005，35 (增)：97 - 106.

[151] 詹道江，邹进上．可能最大暴雨与洪水 [M]. 北京：水利电力出版社，1983.

[152] 张波，陈润，张宇．旱情评价综合指标研究 [J]. 水资源保护，2009，25 (1)：21 - 24.

[153] 张红平，周锁铨，薛根元，等．区域气候模式 (RegCM2) 与水文模式耦合的数值试验 [J]. 大气科学学报，2006，29 (2)：158 - 165.

[154] 张建云，气候变化对水的影响研究及其科学问题 [J]. 中国水利，2008，596 (2)：14 - 18.

[155] 张景书．干旱的定义及其逻辑分析 [J]. 干旱地区农业研究，1993，3：97 - 100.

[156] 张亮，荣艳淑，魏佳．冬半年南支槽与乌江流域汛期径流的关系探讨 [J]. 气象科学，2017，37 (6)：766 - 776

[157] GB/T 20481—2006 气象干旱等级 [S]. 中华人民共和国国家标准．北京：中国标准出版社，2006：1 - 17.

[158] 张胜利，李倬，赵文林．黄河中游多沙粗沙区水沙变化原因及发展趋势 [M]. 郑州：黄河水利出版社，1998.

[159] 张艳，鲍文杰，余琦，等. 超大城市热岛效应的季节变化特征及其年际差异 [J]. 地球物理学报，2012，55 (4)：1121 - 1128.

[160] 张玉玲，仲雅琴．东北低压大风天气的数值预报与模式诊断分析 [J]. 气象学报，1985 (1)：99 - 107.

[161] 章国材，毕宝贵，鲍媛媛．2003 年淮河流域强降水大尺度环流特征及成因分析 [J]. 地理研究，2004，23 (6)：805 - 814.

[162] 章国材．暴雨洪涝预报与风险评估 [M]. 北京：气象出版社，2012.

[163] 周建玮，王咏青．区域气候模式 RegCM3 应用研究综述 [J]. 气象科学，2007，27 (6)：702 - 708.

[164] 周丽英，杨凯．上海降水百年变化趋势及其城郊的差异 [J]. 地理学报，2001，56 (4)：467 - 476.

[165] 周淑贞，束炯．城市气候学 [M]. 北京：气象出版社，1994.

[166] 周玉良，周平，金菊良，等．基于供水水源的干旱指数及在昆明干旱频率分析中应用 [J]. 水利学报，2014，45 (9)：1038 - 1047.

[167] 周自江，宋连春，李小泉．1998年长江流域特大洪水的降水分析 [J]. 应用气象学报，2000，11 (3)：287 - 296.

[168] 朱乾根，林锦瑞，寿绍文，等．天气学原理和方法 [M]. 北京：气象出版社，2005.

[169] Zeng X M，Zhao M，Su B K，et al. Simulations of a hydrological model as coupled to a regional climate model [J]. Adv. Atmos. Sci.，2003，227 - 236.

[170] Zeng X M，Zhao M，Su B K. Effect of subgrid heterogeneities in soil infiltration capacity and precipitation on regional climate：A sensitivity study [J]. Theor Appl Climatol，2002，73：207 - 221.